人工智能

科学与技术丛书

Keras深度学习开发实战

马修·穆卡姆 (Matthew Moocarme)

[英] 玛拉·阿伯杜拉乃德 (Mahla Abdolahnejad) 著

瑞提什·巴格瓦特 (Ritesh Bhagwat)

邹 伟　张良谋　刘亚明 译

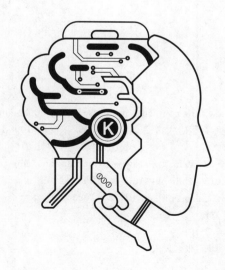

清华大学出版社

北京

北京市版权局著作权合同登记号 图字：01-2021-2893

本书封面贴有清华大学出版社防伪标签,无标签者不得销售。
版权所有,侵权必究。举报：010-62782989,beiqinquan@tup.tsinghua.edu.cn。

图书在版编目(CIP)数据

Keras 深度学习开发实战/(英)马修·穆卡姆(Matthew Moocarme),(英)玛拉·阿伯杜拉乃德(Mahla Abdolahnejad),(英)瑞提什·巴格瓦特(Ritesh Bhagwat)著；邹伟,张良谋,刘亚明译.—北京：清华大学出版社,2023.4

（人工智能科学与技术丛书）
ISBN 978-7-302-62764-7

Ⅰ.①K…　Ⅱ.①马…②玛…③瑞…④邹…⑤张…⑥刘…　Ⅲ.①机器学习　Ⅳ.①TP181

中国国家版本馆 CIP 数据核字(2023)第 031795 号

责任编辑：刘　星
封面设计：刘　键
责任校对：申晓焕
责任印制：宋　林

出版发行：清华大学出版社
　　　　网　　　址：http://www.tup.com.cn,http://www.wqbook.com
　　　　地　　　址：北京清华大学学研大厦 A 座　　邮　　编：100084
　　　　社 总 机：010-83470000　　　　　　　邮　　购：010-62786544
　　　　投稿与读者服务：010-62776969,c-service@tup.tsinghua.edu.cn
　　　　质量反馈：010-62772015,zhiliang@tup.tsinghua.edu.cn
　　　　课件下载：http://www.tup.com.cn,010-83470236
印 装 者：三河市君旺印务有限公司
经　　销：全国新华书店
开　　本：186mm×240mm　　印　张：15.5　　　　　字　　数：373 千字
版　　次：2023 年 5 月第 1 版　　　　　　　　　印　　次：2023 年 5 月第 1 次印刷
印　　数：1～1500
定　　价：79.00 元

产品编号：089546-01

译者序
FOREWORD

如果评选最近十年对工业实践影响最大的科技新发展,我想深度学习必然是热门候选之一。由于在图像识别、自然语言处理、语音识别、数据挖掘等领域的重要应用,深度学习成为人工智能领域的重要力量。在具体代码实践中,Keras 框架因其简洁的接口函数被众多 AI 工程师所使用。单词 Keras 源自古希腊语 $\kappa\acute{\epsilon}\rho\alpha\varsigma$(牛角)或 $\kappa\rho\alpha\acute{\iota}\nu\omega$(实现),意为将梦境化为现实的"牛角之门"。在荷马史诗《奥德赛》第 19 卷描述了这样一个场景,摆在我们面前的有两座门,一座门由牛角制成,另一座门由象牙制成。象牙之门的里面光彩夺目,却似海市蜃楼难以实现;牛角之门朴实无华,却可以将梦想变成现实。

Keras 即是将深度学习从理想变成现实的牛角之门。

深度学习是一个全新而又饱含历史的学科。虽然从 2006 年杰弗里·辛顿(Geoffrey Hinton)提出该名词至今只有短短十几年的时间,但它的前身神经网络却可以追溯到 1943 年沃伦·麦卡洛克(Warren McCulloch)和沃尔特·皮茨(Walter Pitts)在神经网络领域的开山著作《神经活动中内在思想的逻辑演算》(*A Logical Calculus of the Ideas Immanent in Nervous Activity*)——彼时的计算机尚处于萌芽状态。

我从 2013 年开始从事深度学习的技术探索和实践,转换了多个深度学习平台。而 Keras 在 2015 年 6 月横空出世,带来了深度学习代码书写的极大简化。Keras 的最初版本以 Theano 为后台,后来增加了 TensorFlow,2017 年 6 月又增加了 CNTK。在 2019 年 9 月 Keras 2.3 版本之后,Keras 集中于 TensorFlow 后台,多后台 Keras 的开发优先度被降低。至此,Keras 和 TensorFlow 进行了深度捆绑,也客观上得到了结构的简化。这非常适合初学者在掌握深度学习原理的同时,快速进行代码实现和工业实践。

本书从数据集、数据清理开始谈起,在介绍机器学习的建模方式后,第 2 章详细说明了机器学习与深度学习所涉及的矩阵、向量等技术。第 3 章使用 Keras 搭建深度学习模型,也介绍了激活函数、损失函数、反向传播、过拟合或欠拟合等问题。第 4 章给出了训练深度学习模型的过程中可能存在的交叉验证问题。当需要提高模型精度时,可以考虑参考第 5 章中的 L1/L2 正则化、丢弃正则化、早停等方式。第 6 章讲解模型评估问题,在太平洋飓风数据集上指出准确率的局限性,从而引出混淆矩阵、ROC 曲线、AUC 评分等概念。接下来的 3 章介绍卷积神经网络、迁移学习、循环神经网络等问题,这些内容在工业实际项目中占据核心地位,值得大家多写代码、多实践。

本书配套的程序代码和彩色图片,可扫描下页二维码获取。

配套资源

　　感谢山东交通学院的程文党、侯珂两位同学花费了大量时间对全文进行了认真的校对，还要感谢翻译过程中所有帮助我们的各位老师和同仁，不当之处请不吝赐教。

邹　伟

2023 年 1 月

前 言

PREFACE

配套资源

如果您了解数据科学和机器学习的基础知识,并想开始学习先进的机器学习技术,如人工神经网络和深度学习,那么本书非常适合您。为了更有效地掌握本书中解释的概念,必须具备Python编程经验,以及熟悉统计和逻辑回归等知识。

本书内容

第1章:Keras 机器学习简介。本章通过 scikit-learn 包介绍基础的机器学习概念。将介绍如何使用数据,然后用一个真实存在的数据集训练一个逻辑回归模型。

第2章:机器学习与深度学习。本章介绍了传统机器学习算法和深度学习算法的不同。您将学习建立神经网络,并学习用 Keras 库建立第一个神经网络所需的线性转换。

第3章:Keras 深度学习。本章将扩展您对神经网络构建的了解,您将学习如何构建多层神经网络,在训练数据时判断模型是否过拟合或欠拟合。

第4章:基于 Keras 包装器的交叉验证评价模型。本章将教大家如何将 Keras 模型整合到 scikit-learn 工作流程中。用交叉验证来评估您的模型并使用此技术来选择最佳超参数。

第5章:模型精度的提高。本章介绍了多种正则化方法,用于防止在训练数据时模型过拟合。可通过多种方法获得最优超参数以达到模型最高正确率。

第6章:模型评估。本章演示了模型评估所需要的各种方法。除正确率外,还将介绍更多模型评估指标,如灵敏度、特异性、精确度、误报率、ROC 曲线和 AUC 评分,以了解模型的表现。

第7章:基于卷积神经网络的计算机视觉。本章介绍了如何使用卷积神经网络构建图形分类器。介绍卷积神经网络的所有组件,然后构建图像处理程序对图像进行分类。

第8章:迁移学习和预训练模型。本章介绍了迁移学习的基本概念,即如何通过一个模型解决其他问题。您将通过使用不同的预训练模型并将其稍微修改为不同的应用程序来实现这一目标。

第9章:基于循环神经网络的顺序建模。本章将教大家如何为顺序数据集建立模型。介绍了循环神经网络的架构,以及如何训练它们并预测后续数据。您将通过预测各种股票的未来价值来检测您的学习成果。

代码演示

本书中通过实操在屏幕中出现的代码,将以如下形式展现:

```
# import libraries
import pandas as pd
from sklearn.model_selection import train_test_split
```

跨多行的代码行使用反斜杠(\)分割。当代码执行时，Python将忽略反斜杠，并将下一行的代码视为当前行的直接延续，如下所示：

```
history = model.fit(X, y, epochs=100, batch_size=5, verbose=1, \
                    validation_split=0.2, shuffle=False)
```

代码中"＃"用于标示单行文字注释，如下所示：

```
# Print the sizes of the dataset
print("Number of Examples in the Dataset = ", X.shape[0])
print("Number of Features for each example = ", X.shape[1])
```

多行注释使用三引号括起来，如下所示：

```
"""
Define a seed for the random number generator to ensure the
result will be reproducible
"""
seed = 1
np.random.seed(seed)
random.set_seed(seed)
```

配置编译环境

在学习本书前，先安装以下软件和工具。

1. 安装 Anaconda

本课程将使用 Anaconda：一个 Python 发行版，带有内置的包管理器和经常用于机器学习和科学计算的预安装包。按照适用于自己操作系统的相应安装说明进行操作。

安装 Anaconda 后，可以通过 Anaconda Navigator 或 Anaconda Prompt 与其进行交互。

验证安装是否正确，可以在 CMD/终端上执行 anaconda-navigator 命令。如果安装正确，将会打开 Anaconda Navigator。

2. 安装工具库

pip 预装在 Anaconda 中。在机器上安装 Anaconda 后，可以使用 pip 安装所有必需的库，如 pip install numpy。或者使用 pip install-r requirements. txt 安装所有必需的库。可以在 https://packt. live/3hhZ2v9 找到 requirements. txt 文件。

训练和实践将在 Jupyter Notebook 中执行。Jupyter 是一个 Python 库，可以通过与其他 Python 库相同的方式安装——使用 pip install jupyter 安装，但它已经预装在了 Anaconda 里。

3. 运行 Jupyter Notebook

可以通过 Anaconda Navigator 中的相应链接启动 Jupyter，或通过在 Anaconda Prompt/CMD/Terminal 中执行命令 jupyter notebook 来启动 Jupyter。

Jupyter 在浏览器中打开，可以在其中导航到工作目录并创建、编辑和运行代码文件。

目 录
CONTENTS

配套资源

## 第 1 章

Keras 机器学习简介

本章介绍了使用 Python 语言进行机器学习,使用真实的数据集讲解机器学习基础知识。其中包括为机器学习模型预处理数据,以及使用 scikit-learn 构建逻辑回归分类器。然后,使用正则化提高模型性能。本章学习结束后,您就能使用 Python 中的 scikit-learn 库来创建模型解决分类任务,并有效地评估这些模型的性能。

1.1　机器学习简介

机器学习是一门用机器来模拟人类任务,并随时间不断提高其执行该任务性能的科学。人们通过观测真实事件得到数据,再把观测到的数据转换为机器数据然后再提供给机器去学习。它们可以开发出可优化目标函数的模式和关系,例如二元分类任务的准确率或回归任务中的误差。

一般来说,机器学习的用处在于机器能够在大型数据集中学习高度复杂和非线性的关系,并多次复制该学习的结果。机器学习算法的一个分支——人工神经网络（Artificial Neural Network,ANN）在学习与大型、非结构化数据集（如图像、音频和文本数据）相关的高度复杂和非线性关系方面显示出很大的潜力,然而,人工神经网络的构建、训练和评估都很复杂,这对于初学者来说并不容易。Keras 是 Python 的一个库,它提供了构建、训练和评估人工神经网络的平台,非常适合初学者。

举例来说,如图 1.1 所示,将一个猫和狗混合的图片集进行分类。如果让人来分类很简单,且正确率非常高,但是对每单张图片分类需要一秒钟。当需要分类的图片数量不断增加时,就需要很多人参与到这项工作中。如果用机器进行分类的话,虽然机器在完成这项任务时不一定能达到与人类相同的准确度,但机器每秒可以对许多图像进行分类,并且可以通过增强单台机器的处理能力,使分类算法更加高效,轻松提高分类效率。

虽然对猫狗进行分类的任务对人类来说很简单,但为此创建的机器学习模型却可以用于其他人类难以完成的分类问题上。这里

图片　　　　　标签

？

？

？

？

图 1.1　猫狗混合图片集

有一个识别核磁共振(MRI)图像上肿瘤的例子,对于人类来说,正确的识别可能需要具有多年经验的医学专家,但机器可能只需要标记图像的数据集,图 1.2 显示了大脑的 MRI 图像,其中一些包含肿瘤。

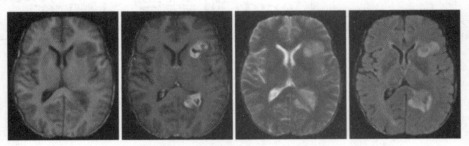

图 1.2 包含肿瘤大脑的 MRI

1.2 数据展示

构建模型,可以了解正在训练的数据以及数据集特征之间的关系。当观察到新的结果时,这种学习就会反馈给我们。然而现实世界的观察结果和机器学习模型训练所需的数据格式大不相同。比如说当阅读文本时,我们能够很轻松地理解每个单词,并将其与上下文联系起来。但是,机器无法理解语境信息,除非被专门编码,否则机器是不知道如何将文本转换为数字输入的。因此,选择合适的数据表现形式,通常是通过转换非数值数据类型实现的。例如,将文本、日期和分类变量转换为数值变量。

1.2.1 数据表格

机器学习用到的大部分数据均是二维的,可以使用行和列来表示。图像是一个很好的二维例子,但图像集也可以是三维或者四维的。每个图像虽然都是二维的(高和宽),但几个图像加在一起就是三维的,当有颜色(红、绿、蓝)时,维度就会增加到四维。

图 1.3 显示了从 UCI 存储库中获取的数据集中的几行,该数据集记录了一个购物网站各种用户的在线会话活动。数据集的列表示会话活动的各种属性和页面的一般属性,而行表示各种会话,对应不同的用户。名为 Revenue 的列表示用户是否通过从网站购买产品来结束会话。

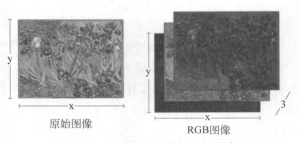

图 1.3 一个彩色图像及其红绿蓝表示

◆ 说明:记录购物网站各种用户在线会话实践的数据集可以在网址 https://packt.live/

39rdA7S 中找到。

　　分析数据集的一个目标是尝试并使用给定的信息来预测给定的用户是否会从该网站购买产品。然后，比较预测结果与名为 Revenue 的列，以此来检查预测结果是否正确。这样做的好处是可以使用模型来识别会话或网页的重要属性，这些属性可以预测购买意图，如图 1.4 所示。

Related_Duration	BounceRates	ExitRates	PageValues	SpecialDay	Month	OperatingSystems	Browser	Region	TrafficType	VisitorType	Weekend	Revenue
0.000000	0.200000	0.200000	0.0	0.0	Feb	1	1	1	1	Returning_Visitor	False	False
64.000000	0.000000	0.100000	0.0	0.0	Feb	2	2	1	2	Returning_Visitor	False	False
0.000000	0.200000	0.200000	0.0	0.0	Feb	4	1	9	3	Returning_Visitor	False	False
2.666667	0.050000	0.140000	0.0	0.0	Feb	3	2	2	4	Returning_Visitor	False	False
627.500000	0.020000	0.050000	0.0	0.0	Feb	3	3	1	4	Returning_Visitor	True	False
154.216667	0.015789	0.024561	0.0	0.0	Feb	2	2	1	2	Returning_Visitor	False	False
0.000000	0.200000	0.200000	0.0	0.4	Feb	2	4	3	3	Returning_Visitor	False	False
0.000000	0.200000	0.200000	0.0	0.8	Feb	1	2	1	5	Returning_Visitor	True	False
37.000000	0.000000	0.100000	0.0	0.8	Feb	2	2	2	3	Returning_Visitor	False	False
738.000000	0.000000	0.022222	0.0	0.4	Feb	2	4	1	2	Returning_Visitor	False	False
395.000000	0.000000	0.066667	0.0	0.0	Feb	1	1	3	3	Returning_Visitor	False	False
407.750000	0.018750	0.025833	0.0	0.4	Feb	1	1	4	3	Returning_Visitor	False	False
280.500000	0.000000	0.028571	0.0	0.0	Feb	1	1	1	3	Returning_Visitor	False	False
98.000000	0.000000	0.066667	0.0	0.0	Feb	2	5	1	3	Returning_Visitor	False	False
68.000000	0.000000	0.100000	0.0	0.0	Feb	3	2	3	3	Returning_Visitor	False	False
1668.285119	0.008333	0.016313	0.0	0.0	Feb	1	1	9	3	Returning_Visitor	False	False
0.000000	0.200000	0.200000	0.0	0.0	Feb	1	1	4	3	Returning_Visitor	False	False
334.966667	0.000000	0.007692	0.0	0.0	Feb	1	1	1	4	Returning_Visitor	True	False
32.000000	0.000000	0.100000	0.0	0.0	Feb	2	2	1	3	Returning_Visitor	False	False
2981.166667	0.000000	0.010000	0.0	0.0	Feb	2	4	4	4	Returning_Visitor	False	False

图 1.4　网购者购买意图数据集

1.2.2　加载数据

　　数据以多种形式存在于许多地方。对于初学者来说，数据集通常以二维的平面格式给出，有行和列。常见的数据形式包括图像、JSON 对象、文本文档。每种类型的格式都必须以特定方式加载，比如，可以使用 Python 中处理矩阵的 NumPy 库加载数值数据。但不能用 NumPy 加载图 1.4 所示的.CSV 网页数据，因为这些数据含有字符串。

　　Pandas 库能够轻松处理各种数据类型，如字符串、整数、浮点和二进制数值，所以此数据集需要使用 Pandas 库进行操作。Pandas 使用 NumPy 来对数值进行操作，使用 SQL 查询读取 JSON、Excel 文档和数据库，因此 Pandas 库深受从业者的喜爱。

　　下面是用 NumPy 加载.CSV 文件的例子。使用 skiprows 语句跳过文件的第一行，因为第一行往往是每列的抬头。

```
import numpy as np
data = np.loadtxt(filename, delimiter=",", skiprows=1)
```

下面是用 Pandas 加载数据的例子。

```
import pandas as pd
data = pd.read_csv(filename, delimiter=",")
```

在加载.CSV 文件时，默认分隔符是逗号。Pandas 库也可以处理非数值数据，而且与

NumPy 相比更加灵活。

```
import pandas as pd
data = pd.read_json(filename)
```

Pandas 库将 JSON 扁平化,并返回一个 DataFrame。该库甚至可以直接连接到数据库,查询指令可以直接传递给函数,返回的表格以 Pandas 库的 DataFrame 格式加载。

```
import pandas as pd
data = pd.read_sql(con, "SELECT * FROM table")
```

有很多方法可以使该函数正常执行,采用哪种主要取决于选择的数据库。其他形式的数据例如图像和文本,在之后的内容中将会涉及。

➪ 说明:可以在 https://Pandas. pydata. org/Pandas-docs/stable/里找到所有关于 Pandas 的文档。NumPy 的文档可以在 https://docs. scipy. org/doc/找到。

◆ 训练 1.01　从UCI机器学习代码库加载一个数据集

➪ 说明:对于本章的所有训练和实践,都需要安装好 Python 3.7、Jupyter 和 Pandas。训练和实践都将在 Jupyter 上操作,推荐将不同的笔记分开保存。所有的笔记都可以从 https://packt. live/2OL5E9t 下载。

在这个训练中,将从 UCI 机器学习代码库中加载一个名为"用户在线购买意图"的数据集。本训练的目标是加载 CSV 数据,并确定要预测的目标变量和用于对目标变量建模的特征变量。最后,分离特征列和目标列,并将它们保存到.CSV 文件中,以便后续使用。

下面这个链接包含了消费者浏览网页的行为记录和购买记录。按照以下步骤完成此训练。

(1) 打开一个新的 Jupyter Notebook,并用 Pandas 库的 read_csv 函数加载数据。调用 Pandas 库并在 data 文件里访问。

```
import pandas as pd
data = pd.read_csv('../data/online_shoppers_intention.csv')
```

➪ 说明:上述代码假定用的是和 GitHub 代码库一样的文件名和文件结构。如果出现"找不到文件"的报错,先确定工作路径是否正确。也可以在代码中更换路径,同时需要注意保存和加载文件时路径的一致性。

(2) 为了验证数据是否加载成功,可以用"data. head(20)"命令打印前 20 行的数值,如图 1.5 所示。

(3) 通过"data. shape"打印 DataFrame 的 shape。

```
data.shape
```

打印输出结果如下所示,显示 DataFrame 有 12330 行和 18 列。

```
(12330, 18)
```

这样就成功地将数据加载到内存中了,然后清理数据并训练模型。机器学习需要将数据转换为数值数据才能进行训练。比如图 1.5 第一行均为字符串类型数据,代表有些列由字符串构成,因此接下来需要将这些其他类型的数据转换为数值数据。

(4) 可以看到,数据集有一个给定的输出变量,定义为"Revenue"用于记录用户是否从网

	Administrative	Administrative_Duration	Informational	Informational_Duration	ProductRelated	ProductRelated_Duration	BounceRates	ExitRates	
0	0	0.0	0	0.0	1	0.000000	0.200000	0.200000	
1	0	0.0	0	0.0	2	64.000000	0.000000	0.100000	
2	0	0.0	0	0.0	1	0.000000	0.200000	0.200000	
3	0	0.0	0	0.0	2	2.666667	0.050000	0.140000	
4	0	0.0	0	0.0	10	627.500000	0.020000	0.050000	
5	0	0.0	0	0.0	19	154.216667	0.015789	0.024561	
6	0	0.0	0	0.0	1	0.000000	0.200000	0.200000	
7	1	0.0	0	0.0	0	0.000000	0.200000	0.200000	
8	0	0.0	0	0.0	2	37.000000	0.000000	0.100000	
9	0	0.0	0	0.0	3	738.000000	0.000000	0.022222	
10	0	0.0	0	0.0	3	395.000000	0.000000	0.066667	
11	0	0.0	0	0.0	16	407.750000	0.018750	0.025833	
12	0	0.0	0	0.0	7	280.500000	0.000000	0.028571	
13	0	0.0	0	0.0	6	98.000000	0.000000	0.066667	
14	0	0.0	0	0.0	2	68.000000	0.000000	0.100000	
15	2	53.0	0	0.0	23	1668.285119	0.008333	0.016313	
16	0	0.0	0	0.0	1	0.000000	0.200000	0.200000	
17	0	0.0	0	0.0	13	334.966667	0.000000	0.007692	
18	0	0.0	0	0.0	2	32.000000	0.000000	0.100000	
19	0	0.0	0	0.0	20	2981.166667	0.000000	0.010000	

图 1.5　Pandas DataFrame 的前 20 行 8 列

站购买了产品。这是一个合适的预测目标,因为网站的设计和特色产品的选择都可能基于用户的行为来选择。建立"feats"和"target"数据集如下。

```
feats = data.drop('Revenue', axis=1)
target = data['Revenue']
```

◆ 说明：axis ＝ 1 这个参数告诉函数删除列而不是行。

(5) 为了验证输出的数据集是否有问题,打印 rows 和 columns。

```
print(f'Features table has {feats.shape[0]} \
rows and {feats.shape[1]} columns')
print(f'Target table has {target.shape[0]} rows')
```

输出结果为：

```
Features table has 12330 rows and 17 columns
Target table has 12330 rows
```

可以看到两个重要的结果：第一,Feature DataFrame 和 Target DataFrame 行数相同,均为 12330 行。第二,Feature DataFrame 的列数比总 DataFrame 少一列,target DataFrame 的列数为 1。

除此之外,需要验证目标没有被包含在特征数据集中。如果包含在特征数据集中的话模型将很快发现这是将误差最小化所需的唯一列,一直到零。目标列可以不只一列,但对于二元分类问题,只能是一列。这些机器学习模型在试图最小化代价函数,使其目标变量成为代价函数的一部分,通常一点点的差异都决定着预测值和目标变量是否一致。

(6) 最后,将 DataFrames 保存为 CSV 文件以便后续使用。

```
feats.to_csv('../data/OSI_feats.csv', index=False)
target.to_csv('../data/OSI_target.csv', \
             header='Revenue', index=False)
```

◆ 说明：header＝'Revenue'参数用来提供列的名字，之后还会用到。index ＝ False 参数用来表示不保存索引列。

在本节中，演示了如何用 Pandas 将数据加载到 Python 中。对大多数表格数据来说，这是将数据加载入内存的基础。图像和文档需要以其他形式加载，这些将在后续章节进行讨论。

◆ 说明：源代码网址为 https：//packt. live/2YZRAyB，在线运行代码网址为 https：//packt. live/3dVR0pF。

1.3　数据处理

要将模型转换为数据，必须以数值格式表示。学习如何将特征转换为数值表示是本节的一个目标。举例来说，在二进制文本中，所有的值都能用 1 和 0 来表示。详情如图 1.6 所示，猫被表示为 0，狗被表示为 1。

另一个目标是选择适当的数值格式表示数据——"适当的"意思是通过数值分布以数值的方式进行编码。例如，对月份进行编码即使用该月份对应的月份数字。如一月被编为 1，十二月被编为 12，该例子的编码如图 1.7 所示。

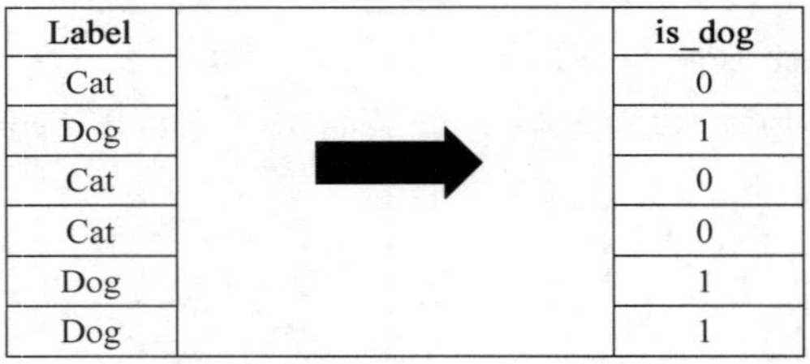

Label	is_dog
Cat	0
Dog	1
Cat	0
Cat	0
Dog	1
Dog	1

month	month
January	1
March	3
October	10
April	4
July	7
January	1

图 1.6　二进制文本的数值编码 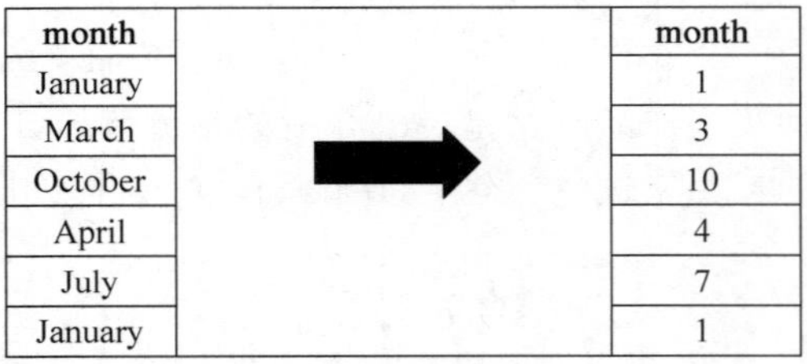　　　　　　图 1.7　月份的数值编码

如果不能很好地将信息进行数字编码，机器学习模型就无法很好地表示特征数据和目标变量的关系，机器学习对人类也将毫无用处。

如果对选择的机器学习算法有一定的了解，就能将特征编码为数值表示。分类任务用到的人工神经网络（ANN）和逻辑回归之类的算法容易受到特征规模大小的影响，导致拟合能力变弱。

举例来说，一个试图将房屋属性（平方英尺面积，卧室数量）与房价相匹配的回归问题。房屋的面积可能是 0～5000 的任何大小，而卧室数量很可能只在 0～6 内变化，因此变量的尺度之间存在很大的差异。

应对特征之间规模差异较大的一个有效方法就是数据归一化。数据归一化可以适当地缩放数据，使其具有相似的量级。这确保任何模型的系数或权重都可以被正确地比较。决策树之类的算法不受到数据大小的影响，所以，如果使用决策树算法模型，则可以忽略上述步骤。

本节展示了多种不同的数字编码方式，还有无数种替代方式可以继续去探索。在这里，将展示一些简单而流行的方法，这些方法可用于处理常见的数据格式。

◆ **训练 1.02**　**清理数据**

要适当地清理数据，以便将其用于模型的训练。清理数据通常包括将非数值数据类型转换为数值数据类型。本训练的重点是将要素数据集中的所有列转换为数值列。要完成训练，需执行以下步骤。

（1）首先，加载特征数据集。

```
%matplotlib inline
import pandas as pd
data = pd.read_csv('../data/OSI_feats.csv')
```

（2）打印前 20 行确保数据加载成功。

```
data.head(20)
```

图 1.8 显示了上述代码的输出结果。

	Administrative	Administrative_Duration	Informational	Informational_Duration	ProductRelated	ProductRelated_Duration	BounceRates	ExitRates	
0	0	0.0	0	0.0	1	0.000000	0.200000	0.200000	
1	0	0.0	0	0.0	2	64.000000	0.000000	0.100000	
2	0	0.0	0	0.0	1	0.000000	0.200000	0.200000	
3	0	0.0	0	0.0	2	2.666667	0.050000	0.140000	
4	0	0.0	0	0.0	10	627.500000	0.020000	0.050000	
5	0	0.0	0	0.0	19	154.216667	0.015789	0.024561	
6	0	0.0	0	0.0	1	0.000000	0.200000	0.200000	
7	1	0.0	0	0.0	0	0.000000	0.200000	0.200000	
8	0	0.0	0	0.0	2	37.000000	0.000000	0.100000	
9	0	0.0	0	0.0	3	738.000000	0.000000	0.022222	
10	0	0.0	0	0.0	3	395.000000	0.000000	0.066667	
11	0	0.0	0	0.0	16	407.750000	0.018750	0.025833	
12	0	0.0	0	0.0	7	280.500000	0.000000	0.028571	
13	0	0.0	0	0.0	6	98.000000	0.000000	0.066667	
14	0	0.0	0	0.0	2	68.000000	0.000000	0.100000	
15	2	53.0	0	0.0	23	1668.285119	0.008333	0.016313	
16	0	0.0	0	0.0	1	0.000000	0.200000	0.200000	
17	0	0.0	0	0.0	13	334.966667	0.000000	0.007692	
18	0	0.0	0	0.0	2	32.000000	0.000000	0.100000	
19	0	0.0	0	0.0	20	2981.166667	0.000000	0.010000	

图 1.8 特征 DataFrame 的前 20 行 8 列

这里可以看到有许多列需要转换成数值格式。其中不需要我们修改的数字列有如下几个：Administrative，Administrative_Duration，ProductRelated，ProductRelated_Duration，BounceRates，ExitRates，PageValues，SpecialDay，OperatingSystems，Browser，Region 和 TrafficType。

表里还有一个二进制列 Weekend，含有一个或两个值。

最后，可以注意到表里也有内容为字符串的类别列，如名为 Month 和 VisitorType 的列，但该列可以选择的选项数量有限（＞2）。

（3）对于数值列，使用 describe 函数可以迅速得到列的边界。

```
data.describe()
```

如图 1.9 显示了上述代码的输出结果。

（4）将二进制列 Weekend 转换为数值列。通过输出每个值的计数并绘制结果来检查可能的值，然后将其中的一个值转换为 1，另一个值转换为 0。如果合适，重命名该列。

从前文可知，查看每个值的分布很有必要。可以用 value_counts 函数来实现这点。

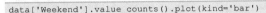

	Administrative	Administrative_Duration	Informational	Informational_Duration	ProductRelated	ProductRelated_Duration	BounceRates	ExitRates
count	12330.000000	12330.000000	12330.000000	12330.000000	12330.000000	12330.000000	12330.000000	12330.000000
mean	2.315166	80.818611	0.503569	34.472398	31.731468	1194.746220	0.022191	0.043073
std	3.321784	176.779107	1.270156	140.749294	44.475503	1913.669288	0.048488	0.048597
min	0.000000	0.000000	0.000000	0.000000	0.000000	0.000000	0.000000	0.000000
25%	0.000000	0.000000	0.000000	0.000000	7.000000	184.137500	0.000000	0.014286
50%	1.000000	7.500000	0.000000	0.000000	18.000000	598.936905	0.003112	0.025156
75%	4.000000	93.256250	0.000000	0.000000	38.000000	1464.157214	0.016813	0.050000
max	27.000000	3398.750000	24.000000	2549.375000	705.000000	63973.522230	0.200000	0.200000

图 1.9　describe 函数的输出

```
data['Weekend'].value_counts()
```

还可以通过调用 plot 方法生成一个 DataFrame 结构的条形统计图,传递意为“类型＝条形统计图”的参数 kind＝'bar'。

```
data['Weekend'].value_counts().plot(kind='bar')
```

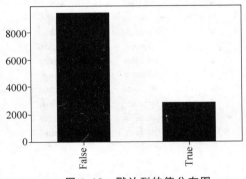

图 1.10　默认列的值分布图

说明:系统默认为折线图。kind＝'bar'参数将数据绘制为条形图。在 Jupyter Notebook 中绘图时,可能需要运行以下命令:％matplotlib inline。

图 1.10 显示了运行结果。

(5)通过图 1.10 可以看到该分布偏向于 False。True 代表网购发生在周末,False 表示网购发生在工作日。由于工作日比周末多,这种分布是符合常理的。除了将 True 值转为 1,False 值转为 0,还可以将列名从其默认的 Weekend 改为 is_weekend,使该列的含义更加明显。

```
data['is_weekend'] = data['Weekend'].apply(lambda \
                         row: 1 if row == True else 0)
```

说明:apply 函数遍历列中的每个元素,需要将一个函数作为参数提供给 apply。以上代码就是将 lambda 函数提供给了 apply。

(6)取原始列和转换列最后几行作为样本对比查看上述操作后的结果。

```
data[['Weekend','is_weekend']].tail()
```

说明:tail 函数与 head 函数相同,只是 tail 函数返回 DataFrame 底部的 n 个值而不是顶部的 n 个值。

输出结果,如图 1.11 所示。

(7)删除 Weekend 列,只需要 is_weekend 列即可。

```
data.drop('Weekend', axis=1, inplace=True)
```

(8)接下来,必须处理类别列。转换为数值的方法与上文的二进制列略有不同,但基本原理一样。要将每个类别列都转换为一组虚拟列,对于每组虚拟列,每个类别列将转换为 n 列,n 代表类别中唯一值的数量。列的内容为 0 或 1,这取决于类别列的值。此操作需 get_ dummies 函数来完成。

```
help(pd.get_dummies)
```

如图 1.12 所示为输出结果。

（9）接下来演示如何用"年龄"列操作"类别"列。同样，查看"年龄"的分布很重要，先输出"年龄"的计数并将它们画出来。

	Weekend	is_weekend
12325	True	1
12326	True	1
12327	True	1
12328	False	0
12329	True	1

图 1.11 原始列和操作后列，True 被转换为 1，False 被转换为 0

```
Help on function get_dummies in module pandas.core.reshape.reshape:

get_dummies(data, prefix=None, prefix_sep='_', dummy_na=False, columns=None, sparse=False, drop_first=
False, dtype=None)
    Convert categorical variable into dummy/indicator variables.

    Parameters
    ----------
    data : array-like, Series, or DataFrame
        Data of which to get dummy indicators.
    prefix : str, list of str, or dict of str, default None
        String to append DataFrame column names.
        Pass a list with length equal to the number of columns
        when calling get_dummies on a DataFrame. Alternatively, `prefix`
        can be a dictionary mapping column names to prefixes.
    prefix_sep : str, default '_'
        If appending prefix, separator/delimiter to use. Or pass a
        list or dictionary as with `prefix`.
```

图 1.12 pd.get_dummies 函数的帮助说明

```
data['VisitorType'].value_counts()
data['VisitorType'].value_counts().plot(kind='bar')
```

代码所输出图像如图 1.13 所示。

（10）给 VisitorType 列调用 get_dummies 函数并查看初始行旁边的其他行。

```
colname = 'VisitorType'
visitor_type_dummies = pd.get_dummies(data[colname], \
                                    prefix=colname)
pd.concat([data[colname], \
          visitor_type_dummies], axis=1).tail(n=10)
```

如图 1.14 所示为输出结果。

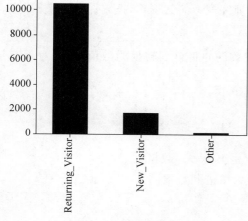

图 1.13 年龄的分布

	VisitorType	VisitorType_New_Visitor	VisitorType_Other	VisitorType_Returning_Visitor
12320	Returning_Visitor	0	0	1
12321	Returning_Visitor	0	0	1
12322	Returning_Visitor	0	0	1
12323	Returning_Visitor	0	0	1
12324	Returning_Visitor	0	0	1
12325	Returning_Visitor	0	0	1
12326	Returning_Visitor	0	0	1
12327	Returning_Visitor	0	0	1
12328	Returning_Visitor	0	0	1
12329	New_Visitor	1	0	0

图 1.14 VisitorType 列生成的虚拟列

可以看到,对于 VisitorType 下的每一行,都有一个为 1 的列与之对应。

事实上,在使用虚拟列时会产生一些冗余的值。因为有三个虚拟列,如果某一行对应的两个虚拟列值为 0,那么剩下的那列值必定为 1。消除特征中的冗余和相关性很重要,否则在减少误差时很难确定哪个特征的重要性最高。

(11) 可以删除最少出现的 VisitorType_Other 列以消除依赖性。

```
visitor_type_dummies.drop('VisitorType_Other', \
                          axis=1, inplace=True)
visitor_type_dummies.head()
```

	VisitorType_New_Visitor	VisitorType_Returning_Visitor
0	0	1
1	0	1
2	0	1
3	0	1
4	0	1

图 1.15　VisitorType 列的最终虚拟列

◆ 说明:在 drop 函数中,inplace 参数会在合适的地方应用函数,所以不必声明新的变量。

从输出中可以看到消除后剩余的虚拟列,如图 1.15 所示。

(12) 最后,将两个 DataFrame 连接并删除初始列,将虚拟列添加到原始特征数据中。

```
data = pd.concat([data, visitor_type_dummies], axis=1)
data.drop('VisitorType', axis=1, inplace=True)
```

(13) 对剩余的 Month 列,重复上述步骤。先检查 Month 列数值的分布。再生成虚拟列。然后删除其中一列消除冗余。最后将虚拟列连接成一个特征数据集。如下代码进行了该操作。

```
colname = 'Month'
month_dummies = pd.get_dummies(data[colname], prefix=colname)
month_dummies.drop(colname+'_Feb', axis=1, inplace=True)
data = pd.concat([data, month_dummies], axis=1)
data.drop('Month', axis=1, inplace=True)
```

(14) 现在已经有了全都由数值列构成的完整的数据集。检查每列的数据类型来验证这点。

```
data.dtypes
```

输出结果如图 1.16 所示。

(15) 现在验证了数据类型,有了一个可以用来训练模型的数据集,把它保存起来。

```
data.to_csv('../data/OSI_feats_e2.csv', index=False)
```

(16) 对 target 变量做同样的事情。首先,加载数据并将该列转换为数值列,并且保存该列到 CSV 文件。

```
target = pd.read_csv('../data/OSI_target.csv')
target.head(n=10)
```

输出结果如图 1.17 所示。

从图 1.17 可以看到每行有两个值,其中一个值是 Boolean 数据类型。

(17) 与对二进制列的操作类似,将这列也转换为二进制数值列。

```
target['Revenue'] = target['Revenue'].apply(lambda row: 1 \
                    if row==True else 0)
target.head(n=10)
```

输出结果如图 1.18 所示。

Administrative	int64
Administrative_Duration	float64
Informational	int64
Informational_Duration	float64
ProductRelated	int64
ProductRelated_Duration	float64
BounceRates	float64
ExitRates	float64
PageValues	float64
SpecialDay	float64
OperatingSystems	int64
Browser	int64
Region	int64
TrafficType	int64
is_weekend	int64
VisitorType_New_Visitor	uint8
VisitorType_Returning_Visitor	uint8
Month_Aug	uint8
Month_Dec	uint8
Month_Jul	uint8
Month_June	uint8
Month_Mar	uint8
Month_May	uint8
Month_Nov	uint8
Month_Oct	uint8
Month_Sep	uint8
dtype: object	

图 1.16 处理过后的特征数据集数据类型

	Revenue
0	False
1	False
2	False
3	False
4	False
5	False
6	False
7	False
8	False
9	False

图 1.17 target 数据集的前十行

	Revenue
0	0
1	0
2	0
3	0
4	0
5	0
6	0
7	0
8	0
9	0

图 1.18 转换为整数时,目标数据集的前十行

(18) 最后,将 target 数据集存为 CSV 文件。

```
target.to_csv('../data/OSI_target_e2.csv', index=False)
```

在本训练中,我们学习了如何适当地清理数据,以便将其用于训练模型。我们将非数值类型数据转换为数值类型,将特征数据集的所有列转换为数值列,并将其保存到一个 CSV 文件中以便后续使用。

◆ 说明:源代码网址为 https://packt.live/2YW1DVi,在线运行代码网址为 https://packt.live/2BpO4EI。

仔细检查在线购买者意图数据集后,发现有一些被定义为数值变量的列的分类变量已被赋予了数字标签。这些列为 OperatingSystems、Browser、TrafficType 和 Region。尽管它们是分类变量,但可以暂时将其看作数值变量,将其编码到特征中,构建的模型就能够学习特征和目标之间的关系。

这样做是因为在特征中编码了一些误导性的关系。例如,如果 OperatingSystems 字段的值等于 2,那么是否意味着该字段是值为 1 的字段的两倍? 不是,因为它们都表示的是操作系统。因此,需要将字段转换成一个分类变量。Browser、TrafficType 和 Region 列也需要进行同样的操作。

◆ 训练 1.03 数据的正确表示

这个训练要将 OperatingSystems、Browser、TrafficType 和 Region 这些列转换为类别列以便于准确地显示信息。为了做到这点,仿照训练 1.02 的做法,从列中创造虚拟变量,步骤如下。

(1) 打开 Jupyter NoteBook。

（2）将数据集加载到内存，并使用训练 1.02 生成的含有原始数值列 TrafficType、OperatingSystems、Browser 和 Region 的特征数据集。

```
import pandas as pd
data = pd.read_csv('../data/OSI_feats_e2.csv')
```

（3）查看 OperatingSystems 列的值的分布。

```
data['OperatingSystems'].value_counts()
```

```
2       6601
1       2585
3       2555
4        478
8         79
6         19
7          7
5          6
Name: OperatingSystems, dtype: int64
```

图 1.19　OperatingSystems 列的值的分布

输出结果如图 1.19 所示。

（4）从 OperatingSystem 列生成虚拟变量。

```
colname = 'OperatingSystems'
operation_system_dummies = pd.get_dummies(data[colname], \
                           prefix=colname)
```

（5）删除出现频率最低的虚拟变量并和原始数据合并。

```
operation_system_dummies.drop(colname+'_5', axis=1, \
                              inplace=True)
data = pd.concat([data, operation_system_dummies], axis=1)
```

（6）同样对 Browser 列重复此步骤。

```
data['Browser'].value_counts()
```

输出结果如图 1.20 所示。

（7）创建虚拟变量，删除出现频率最低的虚拟变量并与原始数据合并。

```
colname = 'Browser'
browser_dummies = pd.get_dummies(data[colname], \
                prefix=colname)
browser_dummies.drop(colname+'_9', axis=1, inplace=True)
data = pd.concat([data, browser_dummies], axis=1)
```

（8）对 TrafficType 和 Region 列重复此步骤。

🔷 **说明**：# 符号用来给代码逻辑添加注释。

```
colname = 'TrafficType'
data[colname].value_counts()
traffic_dummies = pd.get_dummies(data[colname], prefix=colname)
# value 17 occurs with lowest frequency
```

```
traffic_dummies.drop(colname+'_17', axis=1, inplace=True)
data = pd.concat([data, traffic_dummies], axis=1)
```

```
colname = 'Region'
data[colname].value_counts()
region_dummies = pd.get_dummies(data[colname], \
                prefix=colname)
# value 5 occurs with lowest frequency
region_dummies.drop(colname+'_5', axis=1, inplace=True)
data = pd.concat([data, region_dummies], axis=1)
```

```
2      7961
1      2462
4       736
5       467
6       174
10      163
8       135
3       105
13       61
7        49
12       10
11        6
9         1
Name: Browser, dtype: int64
```

图 1.20　Browser 列的值的分布

（9）检查每列是否均为数值类型。

```
data.dtypes
```

```
Administrative                int64
Administrative_Duration     float64
Informational                int64
Informational_Duration      float64
ProductRelated               int64
                              ...
Region_4                     uint8
Region_6                     uint8
Region_7                     uint8
Region_8                     uint8
Region_9                     uint8
Length: 68, dtype: object
```

图 1.21 特征数据集的数据类型

输出结果如图 1.21 所示。

（10）最后，将数据集保存到一个 CSV 文件中以便后续使用。

```
data.to_csv('../data/OSI_feats_e3.csv', index=False)
```

现在，可以准确测试浏览器类型、操作系统、交通事故类型是否会影响目标变量。这个训练展示了如何适当表示用于机器学习算法的数据。介绍了一些将数据转换为数值数据的技术，涵盖了在处理表格数据时可能遇到的许多情况。

◆说明：源代码网址为 https://packt.live/3dXOTBy，在线运行代码网址为 https://packt.live/3iBvDxw。

1.4 模型创建的生命周期

本节将介绍创建机器学习模型的生命周期：从工程特征到模型拟合再到训练数据，以及使用各种指标评估模型。如图 1.22 所示，展示了构建机器学习模型的迭代过程。设计特征，表示特征和目标之间的潜在相关性，筛选模型，然后对模型进行评估。

首先根据模型评估矩阵对模型进行评估，再根据评估后的得分对模型进行改善和提高。为创建模型而实施的许多步骤

图 1.22 模型研发的生命周期

在所有机器学习库之间都具有高度可转移性。我们先从 scikit-learn 开始，它的使用非常广泛，因此在互联网上可以找到大量的文档、教程和学习材料。

虽然本书是介绍 Keras 深度学习，但正如之前所提到的，scikit-learn 能够帮助我们学习使用 Python 构建机器学习模型的基础知识。

与 scikit-learn 类似，通过一个简单易用的 API，可以轻松地用 Python 编程语言创建模型。然而，Keras 的目标是创建和训练神经网络，而不是一般的机器学习模型。人工神经网络代表了一大类机器学习算法，它们之所以被称为神经网络，是因为它们的结构类似于人脑中的神经元。Keras 库内置了许多通用函数，例如 optimizers、activation functions 和 layer properties，在以后的学习中可以直接调用。

1.5 scikit-learn 简介

scikit-learn 最初由 David Cournapeau 在 2007 年创建，目的是用 Python 编程语言轻松创建机器学习模型。自创建以来，因其易用性、灵活性和机器学习社区的广泛选用性，该库被越来越多的人喜爱。scikit-learn 也通常是从业者配置环境时安装的第一个工具包，它有大量算法可用于分类、回归和聚类任务，并且输出结果迅速。

如果想快速训练一个简单的回归模型，scikit-learn 的 LinearRegression 类是一个很好的选择。如果想学习更复杂的算法，那么 scikit-learn 的 GradientBoostingRegressor 或者任何一个 support vector machine 算法都是不错的选择。对于分类和聚类任务，scikit-learn 也同样可

提供多类算法以供选择。

下面是用 scikit-learn 进行机器学习的一些优势和劣势。

优势如下。

- 成熟：scikit-learn 在社区有良好的口碑，并被各类技能领域的人员使用。该库包含了很多可用于分类、回归和聚类任务的机器学习算法。
- 方便：scikit-learn 具有易于使用的 API，使初学者在还没有充分了解模型时就可以有效率地建模。
- 开源：开源社区致力于改进库、添加文档、发布日期更新，已确定包的稳定和更新。

劣势如下。

- 缺乏神经网络支持：使用 ANN 算法的评估器较少。

👉 说明：scikit-learn 文档可在链接 https://scikitlearn.org/stable/documentation.html 下查阅。

scikit-learn 的 Estimators 一般可以分为监督学习和无监督学习两种。当目标变量存在时，需要监督学习。在有其他变量存在的前提下，想预测的变量就是目标变量。监督学习需要有明确的目标变量，并训练模型正确预测变量。逻辑回归的二元分类，就是一个用到监督学习的例子。

对于无监督学习，目标变量并没有在训练数据中给出，模型的目的就是找到目标变量。无监督学习的一个例子就是 k-means 聚类算法。该算法根据相邻数据点的相似程度将数据划分为点数量的集群。分配的目标变量可以是簇或者簇中心。

假设您是一个夹克生产商，您的目的是确定夹克不同尺码的尺寸大小，从而生产出尺寸大小和尺码对应正确的夹克。因为无法亲自为每个客户测量并订制合身的夹克，所以只能针对可能与合身度相关的一些参数（例如身高和体重）对客户进行抽样从而确定夹克的尺码。可以用 scikit-learn 的 k-means 聚类算法将不同的人分类到不同的尺码集群下。集群的编号与生产的尺码数量相匹配。聚类算法所创造的每个尺码集群的中心作为确定夹克尺寸的参数，如图 1.23 所示。

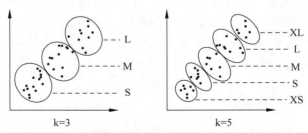

图 1.23　将客户参数分组到集群的无监督学习示例

还有半监督学习，其中未标记的数据被用于机器学习模型的训练。当只有少量标记数据、大量未标记数据时，则可使用该技术。与无监督学习相比，半监督学习在模型性能上有显著的提高。

scikit-learn 库非常适合初学者，因为该库可以轻松学习建立机器学习模型的相关概念，包括数据预处理（准备用于机器学习的数据）、超参数调参（选择合适的模型参数的过程）、模型评估（模型性能的定量评估）等。有经验的用户也会喜欢在使用更专业的机器学习库之前用该库快速建模。

事实上，上面讨论的各种机器学习技术，如监督学习和非监督学习，均可以使用具有不同架构的神经网络的 Keras。本书将在后续内容进行讨论。

1.6　Keras 简介

Keras 旨在成为一种构建在 TensorFlow、CNTK 和 Theano 之上的高级神经网络 API。Keras 对于深度学习的初学者非常友好，由于其优化器和层等高级功能已内置于库中，无须从头编写，故深受众多经验丰富的专家的欢迎。此外，该库允许快速建立神经网络模型、支持各种网络架构，并且可以在 CPU 和 GPU 上运行。

> 说明：可在 https://Keras.io/ 获取 Keras 的文件资料。

Keras 被更多地用于创建和训练神经网络，对于如支持向量机等监督算法和 k-means 聚类等无监督算法不能提供太多东西。不过，Keras 所提供的是一个精心设计的 API，省去了准确应用线性代数和多元微积分所需的许多工作。

Keras 库中具体的模块，如神经层（neural layers）、成本函数（cost functions）、优化器（optimizers）、初始化方案（initialization schemes）、激活函数（activation functions）和正则化方案（regularization schemes），都将在本书中进行详细的说明。另外，以上所有模块都有相关的功能，可用于优化特定任务的神经训练性能。

1.6.1　Keras 的优点

其优点如下。

- 用户友好：和 scikit-learn 类似，Keras 具有易于使用的 API，允许用户专注于模型的建立，而不是算法的开发。
- 模块化：该 API 由完全可配置的模块组成，各模块都可以被插在一起，无缝工作。
- 可扩展性：向库中添加新的模块是比较简单的。这使得用户可以在使用库中许多强大模块的同时，还可以灵活地创建自己的模块。
- 开源：Keras 有许多合作者在共同努力，不断改进、添加新模块，以供所有人使用。
- 用 Python 语言：使用 Keras 模型需要在 Python 中声明，而不是在单独的配置文件中声明。这使得 Keras 可以利用与 Python 一起工作的优势，易于调试，可扩展性强。

1.6.2　Keras 的缺点

其缺点如下。

- 高级用户化：简单的表面级定制（如创建简单的定制损失函数或神经层）很容易，但改变底层架构的工作方式却很难。
- 缺少实例：初学者往往依赖实例来学习。Keras 文档中缺乏高级实例，这会妨碍初学者在学习中进步。

Keras 为熟悉 Python 编程语言和机器学习的人，赋予了轻松创建神经网络架构的能力。由于神经网络相当复杂，这里使用 scikit-learn 来介绍许多机器学习的概念，然后再把它们应用到 Keras 库中。

1.6.3 Keras 在其他方面的应用

虽然 scikit-learn 和 Keras 等机器学习库是为了帮助建立和训练预测模型而创建的,但它们的实用性却扩展得更远。为了预测新数据常常需要建模,一旦一个模型被训练出来,新的观察结果就可以输入到模型中以生成预测。模型甚至可以当作中间步骤。例如,神经网络模型可以用作特征提取器对图像中的物体进行分类,然后输入到后续的模型中,如图 1.24 所示。

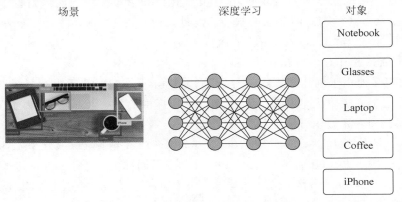

图 1.24　用深度学习对图像进行分类

模型的另一个常见用例是,它们可以通过学习数据的表征来总结数据集。这种模型被称为自动编码器,是一种用来学习给定数据集表征的神经网络。因此可以在信息损失最小的情况下,用降低的维度来表示数据集,如图 1.25 所示。

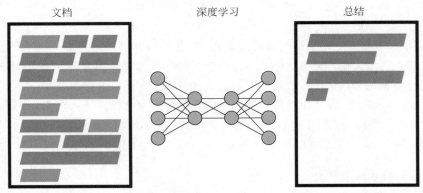

图 1.25　用深度学习进行文本总结

1.7　模型训练

本节开始将模型拟合到创建的数据集上。本节我们将回顾创建机器学习模型所需的最基本步骤,这些步骤也可用于在任何机器学习库中(包括 scikit-learn 和 Keras)建立模型。

1.7.1 分类器和回归模型

本书关注的是深度学习的应用。绝大多数深度学习任务都是监督式学习。有一个给定的目标,再通过拟合模型去理解特征和目标之间的关系。

以下是监督学习的一个例子,即识别一张图片(图1.26)中是否有一只猫或一只狗。想确定输入(像素值的矩阵)和目标变量之间的关系,即判断图片是狗还是猫。

当然,训练集可能需要更多的图像才能对新图像进行更准确的分类。但是模型需要先基于已有的数据集训练获得区分猫狗的能力,才可以被用来识别新的数据。

监督学习模型一般用于分类或回归任务。

1.7.2 分类任务

分类任务的目标是从具有离散类别的数据中拟合出模型,从而使模型可以标记未标记的数据。例如,分类任务的模型可以用来将图像分类为猫或狗。其不仅可以用于二元分类,多标签分类也是可能的,还可以完成

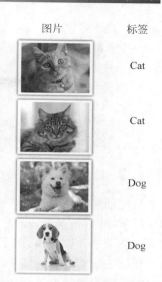

图片	标签
	Cat
	Cat
	Dog
	Dog

图1.26 区分猫狗的简单的监督式学习

预测图像中是否存在狗的分类任务。一个正面的预测表明图像中存在狗,而一个负面的预测表明没有狗的存在。需要注意的是,这也可以转换为一个回归任务,即对连续变量进行估计。而分类任务是通过预测图像中狗的数量来估计离散变量。

大多数分类任务为每个不同的类别输出一个概率。这个预测确定一个最有可能的类别,如图1.27所示。

一些最常见的分类算法如下。

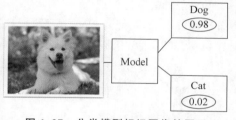

图1.27 分类模型标记图像的图示

- 逻辑回归:这种算法类似于线性回归。通过学习特征系数,取特征系数与特征的乘积之和来进行预测。
- 决策树:这种算法遵循树状结构。决策是在每个节点上做出的,分支代表该节点的可能选择,在得到结果时中止。
- ANN:复制了生物神经网络的结构和性能以执行模式识别任务。一个人工神经网络由相互连接的神经元组成,并以一种设定的体系结构布局相互传递信息,直到产生一个结果。

1.7.3 回归任务

分类任务的目的是用离散变量来标记数据集,而回归任务的目的是对输入的连续变量进行预测并输出一个数值。例如,如果有一个股票市场价格的数据集,分类任务可能会预测要买入、卖出,还是持有;而回归任务会预测股票市场的价格是多少。

线性回归是一个简单但非常流行的回归任务类算法。它只包括一个独立特征(x),且其与因果特征(y)的关系是线性的。尽管它处理简单的数据问题表现非常好,但由于它太过简

单而常常被忽略。

一些最常见的回归算法如下。

- 线性回归：这种算法学习特征系数，并通过取特征系数与特征的乘积之和进行预测。
- 支持向量机：这种算法使用内核将输入数据映射到多维特征空间，以了解特征和目标之间的关系。
- ANN：复制了生物神经网络的结构和性能来执行模型识别任务。一个 ANN 由相互连接的神经元组成，设定架构布局，相互传递信息直到有一个结果。

1.7.4 训练和测试数据集

每当创建一个机器学习模型时，数据都被分成训练集和测试集。训练集是用于训练模型的数据集，通常情况下占总数据集的很大一部分，大约为 80%。测试集是数据集从一开始就被保留下来的一个样本，用于对模型进行公平的评估，测试集应尽量是来自真实世界的准确数据。任何生成的模型评估矩阵除非明确指出基于训练集评估，否则都应基于测试集进行评估。这样做是因为模型通常在训练集上表现得更好。

此外，模型可能会过拟合训练集，即它们在训练集上表现良好，但在测试集上表现不佳。如果一个模型在训练数据集上的表现非常好，但在测试数据集上的表现却很差，那么这个模型就被认为是对数据过拟合。反之，一个模型也可能对数据欠拟合。在这种情况下，模型无法学习到特征和目标之间的关系，导致在评估训练集和测试集时获得非常差的表现。

目标是在这两者之间取得平衡，既不过于依赖训练集而导致过拟合，又能让模型学习特征和目标之间的关系，以便模型能够很好地泛化到新的数据。这个概念在图 1.28 中进行了说明。

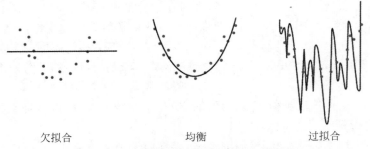

欠拟合   均衡   过拟合

图 1.28 数据欠拟合和数据过拟合的例子

有很多种通过抽样来分割数据集的方法。一种分割数据集的方法是随机地对数据进行抽样直到抽出了需要的数量。在 scikit-learn 中，通过 train_test_spilt 函数来完成这件事。

另一种分割数据集的方法是分层取样。在分层取样中，每个由目标变量决定的子群体都被独立抽样。这在二元分类等例子中是很实用的，因为目标变量会高度偏向一个或另一个值，随机抽样则无法在训练和测试数据集中提供两种值的数据点。此外还存在验证数据集，本章后面会讨论此内容。

1.7.5 模型评估矩阵

无论是在模型的性能方面，还是在试图解决问题的情况下，有效地评估模型都是很重要的。假设建立了一个根据历史股票市场价格来预测是买入、卖出还是持有股票的分类任务，如果模型每次都只预测买入,这个模型就没有实用价值,因为没有人能够无限购买股票。但若加入一些卖出的预测,尽管准确度可能会将低,但会让模型更有意义。

分类任务的常见评估指标包括正确率、精确度、召回率和F1分数。正确率指正确预测的数量除以预测的总数。正确率是可解释、可联系的,当分类比较平衡时可以得到一个比较高的正确率。然而当分类高度倾斜时,正确率可能会产生误导,正确率计算公式如图1.29所示。

精确度是另一个常用指标,它的定义:真正的阳性结果的数量除以模型预测的阳性结果(真和假)的总数。精确度计算公式如图1.30所示。

$$正确率=\frac{正确预测的数量}{预测总数}$$

图 1.29 正确率计算公式

$$精确度=\frac{将阳性预测为阳性结果数量}{将阳性预测为阳性结果数量+将阴性预测为阳性结果数量}$$

图 1.30 精确度计算公式

召回率的定义:正确的阳性结果的数量除以全部数据中是阳性的所有结果,召回率计算公式如图1.31所示。

精确度和召回率的分数都在0和1之间,但在一方面得分高意味着在另一方面得分低。例如,一个模型可能有很高的精确度,表明该模型非常准确;但召回率很低,表明它没有将大量的正面实例预测出来。F1分数是一个召回率和精确度的综合指标,它决定了模型的精确度和稳定性。F1分数计算公式如图1.32所示。

$$召回率=\frac{将阳性预测为阳性结果数量}{将阳性结果预测为阳性结果数量+将阳性结果预测为阴性结果数量}$$

图 1.31 召回率计算公式

$$F1分数=2\times\frac{1}{\frac{1}{精确度}+\frac{1}{召回率}}$$

图 1.32 F1分数计算公式

在评估模型时,查看一系列不同的评估指标有助于选择最合适的模型,并评估模型在哪些方面预测错误。

以一个预测病人是否患有某种疾病的模型为例。该模型通过预测每个实例的阴性结果,会得到一个很高的正确率,但这对医生或病人没有多大帮助。因为病人需要知道他是否为阳性。因此查看模型的精确度或召回率会更有帮助。

一个高精确度的模型非常挑剔,它会尽可能确保每个被标记为阳性的数据都预测为阳性。一个高召回率的模型可能会召回许多真正的阳性实例,但代价是会产生许多假阳性。

当希望被标记为阳性的预测有很高的可能性确实是阳性时,就需要一个高精确度模型。对于本例而言,如果治疗罕见疾病的成本或治疗并发症的风险很高,就需要一个高精确度模型。如果想确保模型能召回尽可能多的真阳性,即确保所有的疾病病例都得到治疗,这就需要一个高召回率模型。

训练 1.04 创建一个简单的模型

本训练用scikit-learn包创建了一个简单的逻辑回归模型,然后创建了一些模型评估矩阵对其进行测试。

可以从一个简单的模型开始,使用模型评估矩阵来评估模型的性能,并始终以迭代的方式来训练各种机器学习模型。在这个模型中,目标是将网购者的购买意图数据集中的用户分类为真实购买者和未购买者。按照如下步骤完成该训练。

（1）加载数据。

```
import pandas as pd
feats = pd.read_csv('../data/OSI_feats_e3.csv')
target = pd.read_csv('../data/OSI_target_e2.csv')
```

（2）首先创建一个测试和训练数据集。使用训练数据集训练数据，并用测试数据集评估模型的性能。

设定 test_size = 0.2，代表 20％的数据将被留存作为测试数据，然后设定 random_ state 参数。

```
from sklearn.model_selection import train_test_split
test_size = 0.2
random_state = 42
X_train, X_test, \
y_train, y_test = train_test_split(feats, target, \
                                    test_size=test_size, \
                                    random_state=random_state)
```

（3）打印出每个 DataFrame 的 shape，以验证维度是否正确。

```
print(f'Shape of X_train: {X_train.shape}')
print(f'Shape of y_train: {y_train.shape}')
print(f'Shape of X_test: {X_test.shape}')
print(f'Shape of y_test: {y_test.shape}')
```

输出如下。

```
Shape of X_train: (9864, 68)
Shape of y_train: (9864, 1)
Shape of X_test: (2466, 68)
Shape of y_test: (2466, 1)
```

这些维度看起来是正确的，每个目标数据集都有一列，训练特征和目标 DataFrames 有相同的行数，同样适用于测试特征和目标 DataFrames，测试集 DataFrames 是总数据集的 20％。

（4）接下来，实例化该模型。

```
from sklearn.linear_model import LogisticRegression
model = LogisticRegression(random_state=42)
```

虽然可以向 scikit-learn 的逻辑回归模型添加许多参数（比如正则化参数的类型和值、求解器的类型以及模型的最大迭代次数），但这里只传递 random_state。

（5）接下来，将模型拟合到数据集上。

```
model.fit(X_train, y_train['Revenue'])
```

（6）比较模型的测试值与真实值，以测试模型的性能。

```
y_pred = model.predict(X_test)
```

有很多可以使用的模型评估矩阵。从 accuracy 开始，代表预测值等于真实值的比例。

```
from sklearn import metrics
accuracy = metrics.accuracy_score(y_pred=y_pred, \
                                   y_true=y_test)
print(f'Accuracy of the model is {accuracy*100:.4f}%')
```

代码输出结果如下。

```
Accuracy of the model is 87.0641%
```

（7）其他常见的分类模型评估矩阵有 precision、recall 和 fscore。使用 scikit-learn precision _ recall _ fscore _ support 函数，可以计算这三个指标。

```
precision, recall, fscore, _ = \
metrics.precision_recall_fscore_support(y_pred=y_pred, \
                                        y_true=y_test, \
                                        average='binary')
print(f'Precision: {precision:.4f}\nRecall: \
{recall:.4f}\nfscore: {fscore:.4f}')
```

◆ 说明：“_”在 Python 中有多种用法，如可以用来召回解释器中最后一个表达式的值，但在本例中，要用它来忽略函数输出的特定值。

输出代码如下。

```
Precision: 0.7347
Recall: 0.3504
fscore: 0.4745
```

把所有评估矩阵放在一起看，可以知道模型哪些方面做得好，哪些方面需要改进。

（8）通过模型输出的系数，观察哪些特征对整体的预测结果有较大影响。

```
coef_list = [f'{feature}: {coef}' for coef, \
             feature in sorted(zip(model.coef_[0], \
             X_train.columns.values.tolist()))]
for item in coef_list:
    print(item)
```

代码输出如图 1.33 所示。

这个训练说明如何创建和训练一个预测模型来预测目标变量。概括来说，先将特征和目标数据集分成训练和测试数据集。然后，在训练数据集上训练模型，在测试数据集上评估模型。最后，观察这个模型的训练系数。

◆ 说明：源代码网址为 https://packt.live/2Aq3ZCc，在线运行代码网址为 https://packt.live/2VIRSaL。

```
TrafficType_13: -0.9393317018656502
VisitorType_Returning_Visitor: -0.7126379729869377
Month_Dec: -0.6356666079086347
ExitRates: -0.6168306621684505
Month_Mar: -0.5531772345591857
Region_9: -0.5493990371550316
TrafficType_3: -0.5230504004211978
OperatingSystems_3: -0.5047311736766499
SpecialDay: -0.48888888272346506
BounceRates: -0.4573686067908481
Month_May: -0.4436363104925222
Month_June: -0.4225194836012355
OperatingSystems_8: -0.35057329371369783
Browser_6: -0.33033671140440707
TrafficType_6: -0.2572321108188088
TrafficType_7: -0.24969535181259417
Browser_3: -0.23765128996809284
VisitorType_New_Visitor: -0.22945892368475135
Browser_1: -0.22069737949723414
Region_7: -0.21116529737609197
Browser_13: -0.20773332314846657
Region_4: -0.20645936733062473
Browser_4: -0.18452552602906916
OperatingSystems_4: -0.17537032410289136
OperatingSystems_2: -0.17087815382440244
OperatingSystems_1: -0.14530926674716454
TrafficType_15: -0.12601954689866632
TrafficType_4: -0.12551302296797587
Browser_2: -0.12254444691952127
Region_3: -0.116409339032699
TrafficType_9: -0.09345050196986791
Browser_8: -0.07432180699436479
Browser_5: -0.06731941488695285
TrafficType_19: -0.04763319631540111
Browser_10: -0.03030326779492614
TrafficType_14: -0.02486754694456821
Region_1: -0.02439298971264050
TrafficType_18: -0.02222257922449895
TrafficType_20: -0.01833180070358415
OperatingSystems_6: -0.01678644649954342
TrafficType_7: -0.00654235305479827
TrafficType_12: -0.00323454235140134
Browser_11: -0.00245275398430490
Informational_Duration: -0.00032045144921367014
Administrative_Duration: -0.0001000088624946239
ProductRelated_Duration: 4.6077899325827885e-05
ProductRelated: 0.00329113151795664
Administrative: 0.00880913252196535
TrafficType_2: 0.02589490225339697
Browser_7: 0.02868678828534227
Region_8: 0.029319493036519817
OperatingSystems_7: 0.03298640042309421
TrafficType_16: 0.04734148493621250
Informational: 0.08555002045301442
TrafficType_5: 0.08598894201713177
PageValues: 0.08672528112710322
Region_6: 0.09309020409318655
Month_Aug: 0.09668425308005028
Browser_12: 0.11896517973791780
is_weekend: 0.11966844048422016
Month_Sep: 0.12544889935651957
Region_2: 0.13313545468089413
TrafficType_17: 0.19223716898106263
Month_Jul: 0.21082793061040983
Month_Oct: 0.27150302048842870
TrafficType_10: 0.35298265536282414
TrafficType_8: 0.40203504360541
Month_Nov: 0.50440707938694670
```

图 1.33　模型的重要特征和其对应的系数

1.8　模型微调

本节将深入研究评估模型性能，并介绍一项可以将模型推广到新数据的技术——正则化。为模型提供优质的训练数据进行评估是非常必要的。目的是检验模型在重要或者不重要的方法上，是否均表现良好。可通过创建一个基线模型与训练的机器学习模型进行比较来做到这一点。需要强调的是，所有的模型评估指标都是通过测试数据集进行评估和报告的，以了解模型在新数据上的表现。

1.8.1　基线模型

基线模型是一个简单的,可以轻松理解的进程。这个模型的性能会是最低的,建立的任何模型的性能都在该模型之上。对于分类器模型,一个简单有用的基线模型需要计算分类器模型的结果值。例如,有一个错误率为60%的分类模型,基线模型预测每个值的误差,使正确率达到60%。对于回归模型,可以使用均值或者中位数作为基线。

◆ **训练 1.05**　**设计一个基线模型**

本训练主要讨论模型的性能。模型的正确率看起来还不错,但机器学习模型的性能是相对的,所以需要开发一个强大的基线模型与模型进行比较。再次使用消费者购买意图数据集,目标变量是每个用户是否在会话中购买产品。按照下列步骤完成该训练。

(1) 导入 Pandas 库然后加载 target 数据集。

```
import pandas as pd
target = pd.read_csv('../data/OSI_target_e2.csv')
```

(2) 接下来,计算每个 target 变量值的相对比例。

```
target['Revenue'].value_counts()/target.shape[0]*100
```

代码输出如图 1.34 所示。

(3) 可以看到,基线正确率为 84.525547%,代表 84.525547% 的用户没有购买(0)。接着看一下其他评估矩阵的结果。

```
0    84.525547
1    15.474453
Name: Revenue, dtype: float64
```

图 1.34　每个值的相对比例

```
from sklearn import metrics
y_baseline = pd.Series(data=[0]*target.shape[0])
precision, recall, \
fscore, _ = metrics.precision_recall_fscore_support\
            (y_pred=y_baseline, \
             y_true=target['Revenue'], average='macro')
```

设置基线模型对 0 值进行预测,并重复预测该值,使其与测试数据集中的行数相同。

◆ **说明**:precision_recall_fscore_support 函数中的平均参数必须设置为宏(macro)。因为若它被设置为二进制时函数会寻找真值,而我们的基线模型只包括假值。

(4) 打印精确度、召回率和 F1 分数。

```
print(f'Precision: {precision:.4f}\nRecall:\
{recall:.4f}\nfscore: {fscore:.4f}')
```

代码输出如下。

```
Precision: 0.9226
Recall: 0.5000
Fscore: 0.4581
```

至此就有了一个可以和之前或后续模型相比较的基线模型。通过以上步骤,可以知道虽然以前的模型正确率很高,但评估得分并没有比基线模型好多少。

◆ **说明**:源代码网址为 https://packt.live/31MD1jH,在线运行代码网址为 https://packt.live/2VFFSXO。

1.8.2　正则化

在前面了解了过拟合和过拟合的例子,即一个模型在训练数据集上表现非常好,却在测试数据集上表现得很糟糕。其中一个原因是模型可能过于依赖某些特征并在训练中表现很好,但不能很好地适应新的数据或者测试数据集。

正则化就是一项可以令模型避免上述情况的技术。正则化将系数的值限制在 0～1,避免了模型过于复杂。正则化技术可分成许多种类型,如线性/逻辑回归中用到的 ridge 和 lasso 正则化。对于基于树的模型,正则化要做的就是限制树的最大深度。

目前两种常用的正则化为 L1 正则化和 L2 正则化,指代权重的 L1 准则(绝对值之和)和权重的 L2 准则(平方值之和)。L1 正则化参数扮演一个特征选择器,能够将特征系数减小到 0,以此来观察哪些特征对性能的影响不大并完全删除它们。L2 正则化不会将特征系数减小到 0。

下列代码显示如何用正则化实例化模型。

```
model_l1 = LogisticRegressionCV(Cs=Cs, penalty='l1', \
                                cv=10, solver='liblinear', \
                                random_state=42)
model_l2 = LogisticRegressionCV(Cs=Cs, penalty='l2', \
                                cv=10, random_state=42)
```

下列代码显示如何拟合模型。

```
model_l1.fit(X_train, y_train['Revenue'])
model_l2.fit(X_train, y_train['Revenue'])
```

lasso 和 ridge 正则化中的相同概念可以应用于 ANN,但惩罚会发生在权重矩阵而不是系数上。丢弃正则化(dropout)是另一种形式的正则化,用于防止 ANN 的过拟合。如图 1.35 所示,丢弃正则化在每次迭代中会随机选择节点,并把连接一起删除。

无丢弃　　　　　　　　　　带丢弃

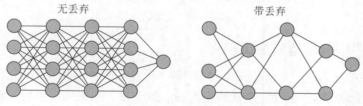

图 1.35　ANN 中的丢弃正则化

1.8.3　交叉验证

交叉验证经常与正则化结合使用,以帮助调整超参数,例如 lasso 和 ridge 回归结合使用了 penalization 参数;ANN 结合使用了丢弃正则化技术,在每次迭代中丢弃一定比例的节点。如何确定使用哪个参数? 一种方法是为每个正则化参数的值运行模型,并用测试集对它们进行评估,但使用测试集会导致结果的偏差。

k-fold 交叉验证就是一种目前流行的交叉验证方法:数据被分为 k 个子集,在每次的 k 次迭代中,$k-1$ 个子集被用作训练数据,剩下的子集被用作验证集。如此重复 n 次,直到所有 k 个子集都被用作验证集。这种技术在测试未见过的数据的同时,可以保留一个测试集进行最后的测试。

因为大部分的数据都是过拟合,所以这项技术可以大大减少预测的偏差。由于大部分的数据也被用于验证,所以差异也会减小。数据通常被分成 5 层到 10 层折叠之间,甚至可以对技术进行分层,这在类别不平衡的情况下很有用。

图 1.36 显示了 5 次交叉验证:其中 20% 的数据被分为测试数据,剩余 80% 的数据被分成 5 层折叠,这些折叠中有 4 个包含训练数据,其余折叠是验证数据。验证总共重复 5 次,直到每个折叠都被验证完毕。

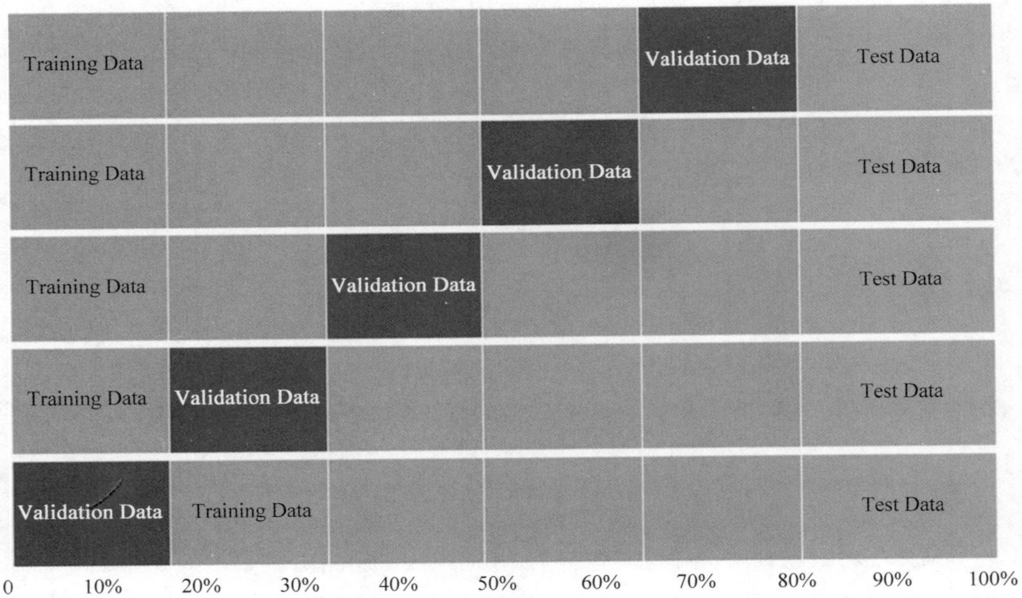

图 1.36　5-fold 交叉验证图示

实践 1.01　向模型添加正则化

在本实践中,依然用上一个训练中的逻辑回归模型。然而,这一次为模型添加正则化,并寻找最佳的正则化参数,这个过程通常被称为超参数调整。训练完模型后,将模型评估矩阵与基线模型和未进行正则化的模型产生的矩阵进行比较。

按如下步骤进行。

(1)从'../data/OSI_feats_e3.csv'和'../data/ OSI_target_e2.csv'目录中加载网络消费者购买意图数据集中的特征数据集和目标数据集。

(2)为每个特征和目标数据创建训练和测试数据集,以便模型进行训练和评估。

(3)实例化一个 scikit-learn 的 linear_model 包的 LogisticRegressionCV 类的模型实例。

(4)将训练数据拟合到模型。

(5)对测试数据集进行预测。

(6)通过使用评价指标比较模型与真实值的得分情况,对模型进行评价。

预期输出结果如下。

```
l1
Precision: 0.7300
Recall: 0.4078
fscore: 0.5233

l2
Precision: 0.7350
Recall: 0.4106
fscore: 0.5269
```

◈ **说明**：本实践的答案见附录 A 的实践 1.01 向模型添加正则化。

该实践解释了如何结合正则化与交叉验证来对模型进行评估,如何使用正则化和交叉验证来为模型拟合数据。正则化是一种重要的技术,用于确保模型不会过拟合训练数据。经过正则化训练的模型在新数据上的表现会更好,这通常是机器学习模型的目标——在给定输入数据的新观察值时预测目标。选择最佳的正则化参数可能需要在一些不同的选择上进行迭代。

交叉验证是一种用于确定数据最佳的正规化参数的技术。交叉验证在不同的数据切割上用不同的正则化参数值训练多个模型。这种技术确保选择最佳的正则化参数集,而不增加偏差和最小化方差。

1.9　总结

本章首先介绍了如何利用 Python 的 pandas、scikit-learn 库来实现构建机器学习模型并准备数据;此外还使用 scikit-learn 中的算法来构建机器学习模型。

然后介绍了如何将数据加载到 Python 中,以及如何操纵数据、对数据进行训练以及将所有列转换为数值数据类型;接着介绍了使用 scikit-learn 算法创建一个基本的逻辑回归分类器模型,将数据集分为训练数据集和测试数据集,并将训练数据集拟合到模型上,使用模型评估指标(准确率、精确度、召回率和 F1Score)在测试数据集上评估模型的性能。

最后,通过创建两个具有不同正则化类型的模型来迭代这个基本模型,利用交叉验证来确定用于正则化参数的最佳参数。

下一章将使用本章的概念来创建 Keras 模型。同时,也将使用相同的数据集为相同的分类任务预测相同的目标值,从而更好地学习神经网络的正则化、交叉验证和模型评估。

## 第 2 章

机器学习与深度学习

本章开始使用 Keras 库创建人工神经网络（ANN）。在利用 Keras 库进行建模之前，对构建 ANN 相关的数学知识进行介绍：线性变换以及如何在 Python 中应用它们。在本章结束时，可以利用这些知识，使用 Keras 创建一个逻辑回归模型。

2.1　简介

第 1 章讨论了机器学习的一些应用，使用 scikit-learn Python 包构建了模型；介绍了如何对真实世界的数据集进行预处理，从而使它们能应用于建模。为了实现这点，需要将所有的变量转换成数值数据类型，并将分类变量转换成虚拟变量；使用逻辑回归算法，根据网购者购买意图数据集对网站的用户进行分类；并通过向数据集添加正则化来提高模型的性能。

本章将继续学习如何建立机器学习模型，并且用 Keras 库创建 ANN 延伸学习。因为 ANN 的构造犹如人类大脑的神经元，所以 ANN 代表了一大类机器学习算法。

Keras 是一个专门为构建神经网络而设计的机器学习库。虽然 scikit-learn 的功能涵盖了广泛的机器学习算法领域，但它在神经网络领域的影响却很小。

ANN 可以完成其他算法也可以完成机器学习任务，如逻辑回归、线性回归、k-means 聚类和分类算法。在确定是什么样的机器学习任务前，需要思考如下问题。

（1）得到什么结果最重要？例如，如果您要预测股票市场指数的价值，您可以预测价格是高于还是低于前一个时间点（分类任务），或者也可以预测价格本身（回归任务）。每种预测方法都可能产生不同的结果或者交易策略。

图 2.1 显示了一个烛台图，描述了金融数据中的价格变动。其中，绿色和红色两种颜色分别代表股价在每个时期的涨跌情况，每个烛台会显示数据的开盘价、收盘价、最高价和最低价——这些都是股价的重要信息。

◈ 说明：高清图像可以通过链接 https://packt.live/38nenXS 获取。

对这些数据进行建模的目的是预测第二天会发生什么。分类任务可能会预测股价的正负变化，因为只有两个可能的值，所以这是一个二元分类任务。另一种选择是预测第二天的股票价值。由于预测值是一个连续变量，所以这是一个回归任务。

（2）是否有足够数量的标签数据去训练模型？对于监督学习任务，必须要有一些已经打好标签的数据来训练模型。例如,如果想建立一个区分猫狗图像的模型,就需要训练数据、图像本身以及在图像上标注是猫还是狗的标签。ANN 通常需要大量的数据支撑,对于图像分类来说,可能需要数百万张图像来开发准确、稳健的模型。这也是判断哪种算法适用于哪些任务的决定性因素。

　　ANN 是一种用来解决实际任务的机器学习算法。虽然在某些方面表现出色,但在另一些方面同样也存在不足,在选择这类算法之前应该先考虑它的优点和缺点。深度学习网络与单层 ANN 的区别在于深度网络中隐藏层的总数不同。

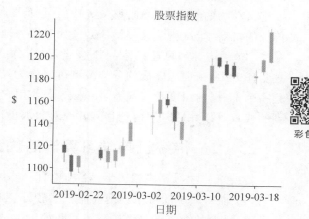

图 2.1　股票指数一个月内走势烛台图

彩色图片

　　因此,深度学习实际上只是依赖于多层 ANN 的一个特定机器学习网络子群。在生活中我们也时常会遇到一些深度学习算法:如 Facebook 推荐朋友照片的人物识别模型,或是 Spotify 推荐下一首歌的歌曲推荐算法。在多原因的作用下(如深度学习模型处理的非结构化数据的规模越来越大以及计算成本的降低),基于深度学习模型的应用逐渐比基于传统机器学习模型的应用更普遍。

　　选择采用 ANN 还是传统的机器学习算法(如线性回归和决策树),关键取决于个人的经验和对算法本身内部工作原理的理解。接下来,将着重对比传统机器学习算法与 ANN 两者各自的优势。

2.1.1　ANN 的优势

　　(1)性能强:对于各种监督学习任务,最适合的模型就是在大量数据上训练出来的 ANN。例如在分类任务中用 ImageNet Challenge(将图像分为 1000 个类别的大规模视觉识别挑战)中的图像进行分类,使用 ANN 的正确率比人类识别的高。

　　(2)数据易扩展:传统机器学习算法,如逻辑回归和决策树,对性能趋于稳定,而 ANN 架构的网络能够学习更高层次的特征——输入特征的非线性组合特征。这使得 ANN 在获得大量数据时表现得更好,尤其是那些具有深度架构的 ANN,如在 ImageNet 挑战赛中表现良好的 ANN 用了 1400 万张图片进行训练。图 2.2 显示了深度学习算法和传统机器学习算法的性能随数据量而变化。

　　(3)无须特征工程:ANN 有能力识别哪些特征对建模有用,所以它们能够直接从原始数据开始建模。如猫狗图像的分类问题并不需

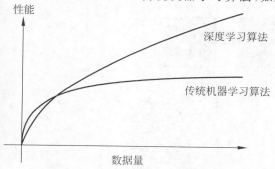

图 2.2　深度学习算法和传统机器学习算法的
　　　　性能随数据量而变化

要定义动物的颜色、大小或重量等特征,猫狗图像本身足以让 ANN 成功完成分类。然而对于传统的机器学习模型,这些特征必须耗时费力地进行手动标注。

(4)适应性和可迁移性:ANN 学习的权重和特征可以应用于其他相似的任务。在计算机视觉任务中,预训练完成的分类模型可以作为其他分类任务模型的构建起点。例如,VGG-16 是一个 16 层的深度学习模型,ImageNet 使用它对 1000 个随机对象进行分类。在模型中学习到的权重可以在短时间内迁移到其他对象那里进行分类。

2.1.2　传统机器学习算法的优势

传统机器学习算法相较于 ANN 也有一些优势。

(1)面对较少的可用数据性能依然较好:为了获得高性能,ANN 需要大量数据,而且网络越深,需要的数据就越多。随着层数的增加,需要学习的参数数量也随之增加。这导致人们需要更多时间对训练数据进行训练才能达到最佳参数值。例如,VGG-16 有超过 1.38 亿个参数,需要 1400 万张手工标注的图像来训练和学习所有参数。

(2)经济高效:无论是在财务上还是在计算上,深度网络都需要大量的计算能力和时间来训练,但并非所有人都拥有大量资源。此外,模型有效地调参非常耗时,需要熟悉模型内部工作原理的专家才能使模型达到最佳性能。

(3)易于解释:很多传统的机器学习模型都易于解释,因此可以直接辨别模型中哪个特征最能够被预测,以便于非专业技术人员理解。人工神经网络更像是一个黑盒子,因为尽管其成功地对图像和其他任务进行了分类,但它往往隐藏在层层计算中,人们并不能直观地理解其背后的原理。因此,解释起来比传统的机器学习算法更麻烦。

2.1.3　分层数据的表示

ANN 之所以能够表现得如此出色是因为有大量的层,允许网络在许多不同的层次上学习数据,图 2.3 所示的 ANN 的人脸识别模型阐释了这一点。通过查看初始层学习的特征观察到,模型较低层次学习简单特征(如边缘和梯度)。随着模型的不断学习,较低级别特征的组合将激活形成面部部分,并且在模型的后续层中学习通用面部,这就是众所周知的特征层次结构。

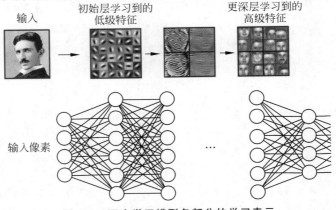

图 2.3　深度学习模型各部分的学习表示

深度神经网络实际应用的许多输入示例涉及图像、视频和自然语言文本。深度神经网络学习的特征层能够发现未标记、非结构化数据（例如图像、视频和自然语言文本）中的潜在结构，这可用于处理现实世界的数据（通常是原始和未经处理的数据）。

图 2.3 展示了深度学习模型的学习表示示例——可在更深层中看到边缘和梯度等较低特征，一起激活以形成通用人脸形状。

由于深度神经网络变得更容易获得，故很多公司已经开始开发它们的应用程序。以下是一些使用 ANN 的公司的示例。

- Yelp：Yelp 使用深度神经网络能更有效地处理、分类和标记图像。由于照片是 Yelp 评价的一个重要方面，因此该公司非常重视对照片进行区分和分类，使用深度神经网络能更有效地实现。
- Clarifai：这家基于云服务的公司能够使用基于深度神经网络的模型对图像和视频进行分类。
- Enlitic：该公司使用深度神经网络来分析医学图像数据，例如 X 射线或 MRI。在此应用中使用这些网络可提高诊断的准确性并大大减少诊断时间和成本。

现在了解了使用 ANN 的潜在应用，接下来继续了解它工作背后的数学原理。原理虽然看起来较为复杂，但将其分解为一系列线性和非线性变换之后，就很容易理解了。可通过顺序组合一系列线性和非线性变换来创建 ANN。下一节在数学层面讨论构建 ANN 的线性变换及其基本组成和操作。

2.2 线性变换

本节将介绍线性变换。线性变换是使用 ANN 进行建模的支柱。事实上，ANN 建模的所有过程都可以被认为是一系列的线性变换。线性变换的工作组件是标量、向量、矩阵和张量以及对这些组件进行加法、转置、乘法等运算。

2.2.1 标量、向量、矩阵和张量

标量、向量、矩阵和张量是深度学习模型的实际组成部分。对如何利用这些组件及应用它们执行操作有一个基础的了解，是理解 ANN 如何运作的关键。标量、向量和矩阵是称为张量的一般实体的实例，因此张量会经常在本章中出现来指代某一个实例。标量、向量和矩阵是具有特定维数的张量。

张量的秩决定张量跨越维数的属性。下面列出了各自的定义。

- 标量：是单个数字，是 0 阶张量的一个实例。例如，任何给定点的温度都是一个标量场。
- 向量：向量是单个数字的一维数组，是一阶张量的一个实例。给定物体的速度是向量场的一个例子，因为它在两个(x, y)或三个(x, y, z)维度上具有速度。
- 矩阵：矩阵是由单个数字组成的二维矩形阵列，是二阶张量的一个实例。如使用矩阵来存储给定对象随时间变化的速度。矩阵的一个维度包括给定方向的速度，另一个维度包括每个给定的时间点。

- 张量：张量是封装标量、向量和矩阵的一般实体,通常该名称保留给三阶或更高阶的张量。一个可以使用张量的例子是可以根据时间存储多个对象的速度。一个维度包括给定方向上的速度,另一个维度包括给定的时间点,第三个维度用来描述各种对象。

图 2.4 所示为标量、向量、矩阵和三维张量的一些示例。

标量	向量	矩阵	张量
1	$\begin{bmatrix} 1 \\ 2 \\ 3 \\ 4 \end{bmatrix}$	$\begin{bmatrix} 1 & 3 \\ 2 & 4 \end{bmatrix}$	$\begin{bmatrix} \begin{bmatrix} 1 & 3 \\ 2 & 4 \end{bmatrix} & \begin{bmatrix} 1 & 3 \\ 2 & 4 \end{bmatrix} \\ \begin{bmatrix} 1 & 3 \\ 2 & 4 \end{bmatrix} & \begin{bmatrix} 1 & 3 \\ 2 & 4 \end{bmatrix} \end{bmatrix}$

图 2.4　标量、向量、矩阵和三维张量的可视化

2.2.2　张量相加

张量可以被累加创造新的张量。以本章中的矩阵为例,当然此概念也可以扩展到其他所有秩的张量。在某些条件下,矩阵可以与标量、向量和其他矩阵相加。

两个相同形状的矩阵可以相减或者相加。对于矩阵＋矩阵的情况,所得到的矩阵由输入矩阵的元素来确定。因此,得到的矩阵将和两个输入矩阵的形状相同。定义矩阵 $C = [c_{ij}]$ 作为矩阵 $C = A + B$ 的和,其中,$c_{ij} = a_{ij} + b_{ij}$。然后 C 中的每个元素都是 A 和 B 中的相同元素的总和。矩阵的加法是具有交换律的,这意味着 A 和 B 的顺序无关紧要 $A + B = B + A$。矩阵的加法也符合结合律,这意味着添加的顺序或操作顺序与结果无关,即 $A + (B + C) = (A + B) + C$。

矩阵加法原理适用于标量、向量和张量,示例如图 2.5 所示。

标量也可以加到矩阵里,矩阵的每个元素都需要单独地与标量相加,如图 2.6 所示。

$$A + B = \begin{bmatrix} 1 & 4 & 1 \\ 9 & 2 & 5 \\ 7 & 3 & 1 \end{bmatrix} + \begin{bmatrix} 5 & 2 & 4 \\ 7 & 4 & 2 \\ 2 & 3 & 8 \end{bmatrix} = \begin{bmatrix} 6 & 6 & 5 \\ 16 & 6 & 7 \\ 9 & 6 & 9 \end{bmatrix} = C$$

图 2.5　矩阵相加

$$A + 4 = \begin{bmatrix} 1 & 4 & 1 \\ 9 & 2 & 5 \\ 7 & 3 & 1 \end{bmatrix} + 4 = \begin{bmatrix} 5 & 8 & 5 \\ 13 & 6 & 9 \\ 11 & 7 & 5 \end{bmatrix} = B$$

图 2.6　矩阵标量相加

如果向量和矩阵的列数相匹配,则可以将向量添加到矩阵,这被称为广播。

训练 2.01　使用向量、矩阵和张量执行各种操作

◇ 说明：对于本章的训练和实践,需要在系统上安装 Python 3.7、Jupyter 和 NumPy。所有训练和实践将主要在 Jupyter Notebook 中开发。建议为不同的作业做一个单独的笔记。使用以下链接从本书的 GitHub 存储库下载：https://packt.live/2vpc9rO。

本训练演示如何在 Python 中创建和使用向量、矩阵和张量。这些都可以通过使用 NumPy 库的数组和矩阵函数来实现。任何秩的张量都可以使用 NumPy 数组函数来创建。

在开始之前,先按照与前一章类似的结构和命名约定设置工作目录中的文件和文件夹。通过将其与提供的 GitHub 链接对比来验证文件夹结构是否正确。进行该训练的过程如下。

(1) 打开 Jupyter Notebook 实现训练。导入必要的依赖项。创建一维数组或向量,如下所示。

```
import numpy as np
vec1 = np.array([1, 2, 3, 4, 5, 6, 7, 8, 9, 10])
vec1
```

代码输出如下。

```
array([ 1, 2, 3, 4, 5, 6, 7, 8, 9, 10])
```

（2）用 array 函数创建一个二维数组或者矩阵。

```
mat1 = np.array([[1, 2, 3], [4, 5, 6], [7, 8, 9], [10, 11, 12]])
mat1
```

代码输出如下。

```
array([[ 1, 2, 3],
       [ 4, 5, 6],
       [ 7, 8, 9],
       [10, 11, 12]])
```

（3）使用 matrix 函数创建矩阵，这将显示类似的输出。

```
mat2 = np.matrix([[1, 2, 3], [4, 5, 6], \
                  [7, 8, 9], [10, 11, 12]])
```

（4）使用 array 函数创建一个三维数组或张量。

```
ten1 = np.array([[[1, 2, 3], [4, 5, 6]], \
                 [[7, 8, 9], [10, 11, 12]]])
ten1
```

代码输出结果如下。

```
array([[[ 1, 2, 3],
        [ 4, 5, 6],
        [[ 7, 8, 9],
        [10, 11, 12]]])
```

（5）确定给定向量、矩阵或张量的形状很重要，因为某些运算（例如加法和乘法）只能应用于某些形状的分量。可以使用 shape 方法确定 n 维数组的形状。编写以下代码来确定 vec1 的形状。

```
vec1.shape
```

代码输出结果如下。

```
(10, )
```

（6）编写以下代码来确定 mat1 的形状。

```
mat1.shape
```

代码输出如下。

```
(4, 3)
```

（7）编写以下代码来确定 ten1 的形状。

```
ten1.shape
```

代码输出如下。

```
(2, 2, 3)
```

（8）随机创建一个四行三列的矩阵。输出该矩阵以验证其形状。

```
mat1 = np.matrix([[1, 2, 3], [4, 5, 6], [7, 8, 9], [10, 11, 12]])
mat1
```

代码输出如下。

```
matrix([[ 1, 2, 3],
        [ 4, 5, 6],
        [ 7, 8, 9],
        [10, 11, 12]])
```

（9）随机创建另一个四行三列的矩阵。打印结果矩阵以验证其形状。

```
mat2 = np.matrix([[2, 1, 4], [4, 1, 7], [4, 2, 9], [5, 21, 1]])
mat2
```

代码输出如下。

```
matrix([[ 2, 1, 4],
        [ 4, 1, 7],
        [ 4, 2, 9],
        [ 5, 21, 1]])
```

（10）把矩阵1和矩阵2相加。

```
mat3 = mat1 + mat2
mat3
```

代码输出如下。

```
matrix([[ 3, 3, 7],
        [ 8, 6, 13],
        [ 11, 10, 18],
        [ 15, 32, 13]])
```

（11）使用以下代码向数组添加标量。

```
mat1 + 4
```

代码输出如下。

```
matrix([[ 5, 6, 7],
        [ 8, 9, 10],
        [ 11, 12, 13],
        [ 14, 15, 16]])
```

本训练解释了如何使用向量、矩阵和张量执行各种操作，还解释了如何确定矩阵的形状。

◈ 说明：源代码网址为 https://packt.live/2NNQ7VA，在线运行代码网址为 https://packt.live/3eUDtQA。

2.2.3 重塑

只要总元素数保持不变，任何大小的张量都可以重新整形。例如，一个(4×3)矩阵可以被重新整形为一个(6×2)矩阵，因为它们总共有12个元素。秩或维数也可以在重塑过程中改变。例如，一个(4×3)矩阵可以重构为一个(3×2×2)张量。在这里，秩从2变为3。(4×3)矩阵也可以重构为(12×1)向量，其中秩从2变为1。

图2.7说明了张量整形——左边是一个形状为(4×1×3)的张量，它可以被整形为一个形状为(4×3)的张量。这里，尽管张量的形状和秩发生了变化，但元素的数量(12)保持不变。

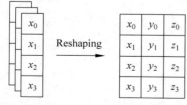

图2.7 将(4×1×3)张量重塑为(4×3)张量的可视化表示

2.2.4 矩阵转置

矩阵的转置是一种在其对角线上翻转矩阵的运算符。转置时,行变成列,反之亦然。转置操作通常表示为矩阵上的 T 上标。任何等级的张量都可以转置,如图2.8所示。

图2.9显示了矩阵 A 和 B 的矩阵转置属性。

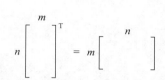

$$(A^T)^T = A$$
$$(A+B)^T = A^T + B^T$$
$$(AB)^T = B^T A^T$$
$$(A_1 A_2 \cdots A_K)^T = A_K^T \cdots A_2^T A_1^T$$
$$(A^{-1})^T = (A^T)^{-1}$$

图2.8 矩阵转置的可视化表示　　　　**图2.9 矩阵转置属性,其中 A 和 B 是矩阵**

如果矩阵的转置等价于原始矩阵,则称方阵(即行数和列数相等的矩阵)是对称的。

训练 2.02　矩阵重塑和转置

在本训练中,演示如何对矩阵进行重塑和转置。如果某些张量维度确认匹配,一些操作就只能应用于组件。例如,张量乘法只能应用在内部维度匹配的两个张量上。重塑或转置张量是一种修改张量维度以确保其可应用某些操作的方法。按照以下步骤完成此训练。

(1)从开始菜单打开一个 Jupyter Notebook 实现本训练。创建一个四行三列的二维数组,如下。

```
import numpy as np
mat1 = np.array([[1, 2, 3], [4, 5, 6], [7, 8, 9], [10, 11, 12]])
mat1
```

代码输出如下。

```
array([[ 1,  2,  3],
       [ 4,  5,  6],
       [ 7,  8,  9],
       [10, 11, 12]])
```

通过查看矩阵的形状来确认形状。

```
mat1.shape
```

输出如下。

```
(4, 3)
```

(2)重新调整数组的形状,使其具有三行四列,如下。

```
mat2 = np.reshape(mat1, [3,4])
mat2
```

输出如下。

```
array([[ 1, 2, 3, 4],
       [ 5, 6, 7, 8],
       [ 9, 10, 11, 12]])
```

(3)通过输出阵列的形状来确认。

```
mat2.shape
```

输出如下。

```
(3, 4)
```

（4）将矩阵 reshape 为三维数组，如下。

```
mat3 = np.reshape(mat1, [3,2,2])
mat3
```

输出如下。

```
array([[[ 1, 2],
        [ 3, 4]],

       [[ 5, 6],
        [ 7, 8]],

       [[ 9, 10],
        [ 11, 12]]])
```

（5）输出数组的形状以确认其维度。

```
mat3.shape
```

代码输出如下。

```
(3, 2, 2)
```

（6）将矩阵 reshape 为一维数组，如下。

```
mat4 = np.reshape(mat1, [12])
mat4
```

代码输出如下。

```
array([ 1, 2, 3, 4, 5, 6, 7, 8, 9, 10, 11, 12])
```

（7）通过输出数组的形状来确认。

```
mat4.shape
```

代码输出如下。

```
(12, )
```

（8）对数组进行转置会将其翻转到对角线上。对于一维数组，行向量将转换为列向量，反之亦然。对于二维数组或矩阵，每一行变成一列，反之亦然。使用 T 方法调用数组的转置。

```
mat = np.matrix([[1, 2, 3], [4, 5, 6], [7, 8, 9], [10, 11, 12]])
mat.T
```

代码输出如图 2.10 所示。

```
mat=  matrix([[ 1,  2,  3],        mat^T=  matrix([[ 1,  4,  7, 10],
              [ 4,  5,  6],                        [ 2,  5,  8, 11],
              [ 7,  8,  9],                        [ 3,  6,  9, 12]])
              [10, 11, 12]])
```

图 2.10 转置函数的可视化演示

（9）检查矩阵的形状及其转置验证维度是否改变。

```
mat.shape
```

代码输出如下。

```
(4, 3)
```

（10）检查转置矩阵的形状。

```
mat.T.shape
```

输出如下。

```
(3, 4)
```

（11）验证当矩阵重塑时矩阵元素会不匹配，并且矩阵被转置。

```
np.reshape(mat1, [3,4]) == mat1.T
```

代码输出如下。

```
array([[ True, False, False, False],
       [False, False, False, False],
       [False, False, False, True]], dtype = bool)
```

可以看到只有第一个和最后一个元素一致。

在本节中，介绍了线性代数的一些基本组成部分，包括标量、向量、矩阵和张量。还介绍了线性代数组件的一些基本操作，例如加法、转置和重塑。通过本节读者学会了使用 NumPy 库中的函数来执行这些操作并将这些概念付诸实践。

◆ 说明：源代码网址为 https//packt.live/3gqBlR0，在线运行代码网址为 https://packt.live/3eYCChD。

下一节通过介绍与 ANN 相关的最重要的变换——矩阵乘法，来扩展对线性变换的理解。

2.2.5　矩阵乘法

矩阵乘法是神经网络运算的基础。矩阵和张量的加法规则简单直观，但它们的乘法规则却很复杂。矩阵乘法不仅涉及元素的简单元素乘法，同样也涉及矩阵的整行和整列的更复杂的过程。本节将解释二维张量或矩阵乘法，当然，高阶张量也可以相乘。

矩阵 $A = [a_{ij}]_{m \times n}$ 和矩阵 $B = [b_{ij}]_{n \times p}$ 的乘积为 $C = AB = [c_{ij}]_{m \times p}$，每个元素 c_{ij} 被定义为 $c_{ij} = \sum_{k=1}^{n} a_{ik} b_{kj}$。注意，生成的矩阵的形状与矩阵乘积的外部维度，即第一个矩阵的行数和第二个矩阵的列数相同。要使乘法起作用，矩阵乘积的内部维度必须匹配，或者第一个矩阵的列数与第二个矩阵的行数匹配。

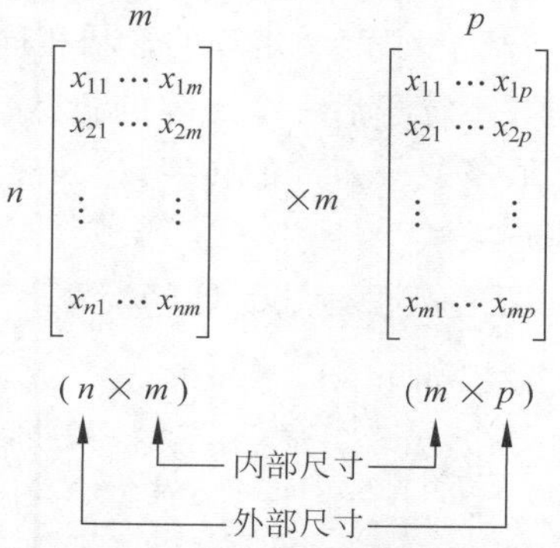

矩阵乘法的内维和外维的概念如图 2.11 所示。

与矩阵加法不同，矩阵乘法不遵循交换律（如图 2.12 所示），这意味着在乘法中矩阵的顺序很重要。

例如，有如图 2.13 所示的两个矩阵。

构造乘积的一种方法是矩阵 A 乘以矩阵 B，如图 2.14 所示。

图 2.11　矩阵乘法中内维和外维的视觉表示

$$A=\begin{bmatrix} 2 & 5 & 1 \\ 7 & 3 & 6 \end{bmatrix},\ B=\begin{bmatrix} 1 & 8 \\ 9 & 4 \\ 3 & 5 \end{bmatrix}$$

$$AB=\begin{bmatrix} 2\times1+5\times9+1\times3 & 2\times8+5\times4+1\times5 \\ 7\times1+3\times9+6\times3 & 7\times8+3\times4+6\times5 \end{bmatrix}=\begin{bmatrix} 50 & 41 \\ 52 & 98 \end{bmatrix}$$

$AB\neq BA$

图 2.12　矩阵的乘法不　　图 2.13　矩阵 A、B　　　图 2.14　矩阵 A 乘以 B 的可视化表示
遵循交换律

这会产生一个 2×2 的矩阵。另一种构造乘积的方法是矩阵 B 乘以矩阵 A，如图 2.15 所示。

$$BA=\begin{bmatrix} 1\times2+8\times7 & 1\times5+8\times3 & 1\times1+8\times6 \\ 9\times2+4\times7 & 9\times5+4\times3 & 9\times1+4\times6 \\ 3\times2+5\times7 & 3\times5+5\times3 & 3\times1+5\times6 \end{bmatrix}=\begin{bmatrix} 58 & 29 & 49 \\ 46 & 57 & 33 \\ 41 & 30 & 33 \end{bmatrix}$$

图 2.15　矩阵 B 乘以 A 的可视化表示

在这里，可以看到由乘积 BA 形成的矩阵是一个 3×3 矩阵，与由乘积 AB 形成的矩阵非常不同。

标量矩阵乘法要简单得多，是矩阵中每个元素乘以标量的乘积，因此 $\lambda A=\left[\lambda a_{ij}\right]_{m\times n}$，其中 λ 是标量，A 是矩阵。

在下面的训练中，通过使用 Python 的 NumPy 库执行矩阵乘法，将理论付诸实践。

◆ 训练 2.03　将矩阵相乘

在本训练中，演示如何将矩阵相乘。按照以下步骤完成此训练。

（1）从开始菜单打开一个 Jupyter Notebook 来实现这个训练。为了演示矩阵乘法的基本原理，从两个形状相同的矩阵开始。

```
import numpy as np
mat1 = np.array([[1, 2, 3], [4, 5, 6], \
                 [7, 8, 9], [10, 11, 12]])
mat2 = np.array([[2, 1, 4], [4, 1, 7], \
                 [4, 2, 9], [5, 21, 1]])
```

（2）由于两个矩阵的形状相同且不是正方形，因此不能按原样相乘，因为这时前一个矩阵的列数不等于后一个矩阵的行数。可以使用对其中一个矩阵进行转置的方法来解决这个问题。取第二个矩阵的转置，(4×3) 矩阵乘以 (3×4) 矩阵，结果是一个 (4×4) 矩阵。使用 dot 方法执行乘法。

```
mat1.dot(mat2.T)
```

输出如下。

```
array([[ 16,  27,  35,  50],
       [ 37,  63,  80, 131],
       [ 58,  99, 125, 212],
       [ 79, 135, 170, 293]])
```

（3）取第一个矩阵的转置，(3×4) 矩阵乘以 (4×3) 矩阵，结果是一个 (3×3) 矩阵。

```
mat1.T.dot(mat2)
```

输出如下。

```
array([[ 96, 229, 105],
       [ 111, 254, 126],
       [ 126, 279, 147]])
```

（4）对其中一个数组进行重塑以确保矩阵乘法的内部维度匹配。例如，可以重塑第一个数组，使其成为（3×4）矩阵而不是转置。注意，结果与转置时的结果不同。

```
np.reshape(mat1, [3,4]).dot(mat2)
```

代码输出如下。

```
array([[ 42, 93, 49],
       [ 102, 193, 133],
       [ 162, 293, 217]])
```

在本训练中，学习了如何将两个矩阵相乘。相同的概念可以应用于所有等级的张量，而不仅仅是二阶张量。如果内部维度匹配，不同等级的张量甚至都可以相乘。

➦ 说明：源代码网址为 https://packt.live/38p0RD7，在线运行代码网址为 https://packt.live/2VYI1xZ。

下一个训练演示如何将三维张量相乘。

训练 2.04　将矩阵乘法应用于高阶张量

在本训练中，把矩阵乘法的知识应用于高阶张量。按照以下步骤完成此训练。

（1）从开始菜单打开一个 Jupyter Notebook 来实现这个训练。使用 NumPy 库和数组函数创建一个三维张量。导入所有必要的依赖项。

```
import numpy as np
mat1 = np.array([[[1, 2, 3], [4, 5, 6]], [[1, 2, 3], [4, 5, 6]]])
mat1
```

代码输出如下。

```
array([[[ 1, 2, 3],
        [ 4, 5, 6],

        [[ 1, 2, 3],
        [ 4, 5, 6]]])
```

（2）使用 shape 方法确认形状。

```
mat1.shape
```

该张量的形状为（2×2×3）。

（3）一个新的三维张量与张量相乘，对原始矩阵进行转置。

```
mat2 = mat1.T
mat2
```

代码输出如下。

```
array([[[ 1, 1],
        [ 4, 4]],

       [[ 2, 2],
        [ 5, 5]],
```

```
[[ 3, 3],
 [ 6, 6]]])
```

（4）使用 shape 方法确认形状。

```
mat2.shape
```

张量的形状为（3×2×2）。

（5）取两个矩阵的点积，如下。

```
mat3 = mat2.dot(mat1)
mat3
```

代码输出如下。

```
array([[[[ 5, 7, 9],
         [ 5, 7, 9]],

        [[ 20, 28, 36],
         [ 20, 28, 36]]],


       [[[ 10, 14, 18],
         [ 10, 14, 18]],

        [[ 25, 35, 45],
         [ 25, 35, 45]]],


       [[[ 15, 21, 27],
         [ 15, 21, 27]],

        [[ 30, 42, 54],
         [ 30, 42, 54]]]])
```

（6）看看这个合成张量的形状。

```
mat3.shape
```

代码输出如下。

```
(3, 2, 2, 3)
```

现在，就有了一个四维张量。

在本训练中，学习了如何使用 Python 中的 NumPy 库执行矩阵乘法。虽然使用 Keras 创建 ANN 时不用直接执行矩阵乘法，但理解基础数学对以后的学习很有帮助。

　　◆说明：源代码网址为 https://packt.live/31G1rLn，在线运行代码网址为 https://packt.live/2AriZjn。

2.3　Keras 实现

构建 ANN 涉及创建节点层。每个节点都可以被认为是在训练过程中学习到的权重张量。一旦 ANN 拟合入数据，数据将被逐层输入并乘以权重矩阵来进行预测；并在需要时应用任何其他线性变换，例如激活函数，直到数据到达最终输出层。输入节点的形状、大小和输出节点的形状决定了每个权重的张量的大小。例如，在单层 ANN 中，单个隐藏层的大小如图 2.16 所示。

如果输入的特征矩阵有 n 行(观测值) m 列(特征),并且希望预测目标有 n 行(一个观测值对应一列)和一列(预测值),则通过找到使矩阵乘法有效的矩阵可以确定隐藏层的大小。单层人工神经网络的表示如图 2.17 所示。

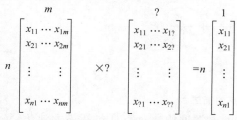

图 2.16　求解单层人工神经网络隐藏层的维度　　　图 2.17　单层人工神经网络的表示

$$A_{n \times m} B_{? \times ?} = C_{n \times 1}$$

确定权重矩阵的大小为 $(m \times 1)$,以确保矩阵乘法的有效性。

如果在 ANN 中有多个隐藏层,在获得权重矩阵的大小上就会有更大的自由度。这取决于为 ANN 设置多少隐藏层,以及每层有多少个节点。因此,ANN 的架构可以是多种多样的。然而在实践中,有些架构会比其他架构设计得更好,我们将在后续章节中学习这些架构。

通常来讲,Keras 从构建神经网络中提取了大部分线性代数,以便用户可以专注于设计架构。对于大多数网络,在 Keras 中创建网络只需要输入大小、输出大小和每个隐藏层的节点数。

Keras 中最简单的模型结构是 Sequential 模型,可以从 keras.models 中导入。Sequential 类的模型描述了一个由线性层堆叠组成的 ANN。Sequential 模型可以按如下方式实例化。

```
from keras.models import Sequential
model = Sequential()
```

可以将更多的层添加到此模型实例以创建结构性的模型。

说明:在初始化模型前,使用 NumPy 随机库中的 seed 函数和 TensorFlow 随机库中的 set_seed 函数设置种子会很有帮助。

2.3.1　层的类型

层的概念是 Keras API 的核心部分。一层可以被认为是节点的组合,在每个节点上,都会发生一组计算。Keras 可以通过简单地初始化图层本身来初始化一层的所有节点,广义层节点的单独操作可以在图 2.18 中看到。正如本章前面学到的那样,在每个节点上,输入数据时使用矩阵乘法乘以一组权重。可以应用权重与输入之间的乘积之和,其中可能包含也可能不包含偏差,如图 2.18 中输入节点等于 1 所示。这个矩阵乘法的输出可以被进一步应用于其他的函数,例如激活函数。

Keras 中一些常见层的类型如下。

- **密集**:这是一个全连接层,其中该层的所有节点都直接连接到所有输入和输出。用于表格数据分类或回归任务的 ANN 在架构中通常有很大比例的层属于这种类型。
- **卷积**:此类型层创建了一个卷积核输入层卷积生成一个输出张量,这种卷积可以在一维或多维中发生。用于图像分类的 ANN 通常在其架构中具有一个或多个卷积层。

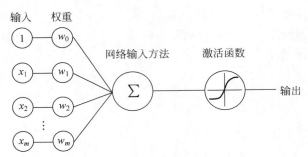

图 2.18　层节点的描述

- 池化：这种类型的层用于降低输入层的维度。常见的池化类型包括最大池化，将给定窗口的最大值传递到输出；或平均池化，将平均值传递给指定窗口。这些层通常与卷积层结合使用，目的是减少后续层的维度，能够在几乎没有信息损失的情况下学习更少的训练参数。
- 循环：循环层从序列中学习模式，因此每个输出都取决于上一步的结果。对序列数据（如自然语言或时间序列数据）建模的 ANN 通常具有一个或多个循环层类型。

让我们通过实例化顺序类的模型，并在模型中添加密集层来演示如何将图层添加到模型中。可以按照随机的计算执行顺序将连续层添加到模型中，并且可以从 keras.layers 导入。应首先确定单元或节点数量，该值还将决定图层结果的形状。可以通过以下方式将 Dense 层添加到 Sequential 模型中。

```
from keras.layers import Dense
from keras.models import Sequential
input_shape = 20
units = 1
model.add(Dense(units, input_dim=input_shape))
```

说明：第一层之后将不需要指定输入维度，因为它是由上一层延续的。

2.3.2　激活函数

激活函数通常应用于节点的输出，用于限制或约束其值。每个节点的值是无界的，可从负无穷大到正无穷大。计算了权重和损失得到的值可能会趋向无穷大，并产生无法使用的结果，这在神经网络中可能会很麻烦。而激活函数可以通过限制值的边界来提供帮助。通常，这些激活函数会将值推到两个极点。激活函数同时也对是否应该"触发"节点很有帮助。常见的激活函数如下。

- step 函数：如果高于某个值，则该值非零，否则为零。
- linear 函数：$A(x) = cx$，标量乘法的输入值。
- sigmoid 函数：$A(x) = \dfrac{1}{1 + e^{-x}}$，具有平滑梯度的平滑阶跃函数。对于分类任务很有用，因为值域为 0～1。
- tanh 函数：$A(x) = \tanh(x) = \dfrac{2}{1 + e^{-2x}} - 1$，缩放的 sigmoid 版本，在 $x = 0$ 附近具有更

陡峭的梯度。

- ReLU 函数：$A(x)=x, x>0$，否则值为 0。

了解了激活函数的一些例子后，就可以利用这些函数创建有用的神经网络了。使用本章中学到的所有概念来创建逻辑回归模型。逻辑回归模型的运作方式是求输入和一组权重的乘积，然后将输出应用于逻辑函数。这可以通过具有 sigmoid 激活函数的单层神经网络来实现。

可以用和添加层到模型中一样的方式，把激活函数添加到模型中。模型中上一层的输出将被应用于激活函数。tanh 激活函数可以添加到 Sequential 模型中，如下所示。

```
from keras.layers import Dense, Activation
from keras.models import Sequential
input_shape = 20
units = 1
model.add(Dense(units, input_dim=input_shape))
model.add(Activation('tanh'))
```

◈ 说明：激活函数也可以添加到模型中，方法是在定义层时将它们作为参数包含在内。

2.3.3　模型拟合

一旦模型架构被创建，模型就必须编译。编译过程包含配置所有的学习参数、选择优化器、最小化损失函数以及选择评估指标，例如正确率，在模型训练的各个阶段进行计算。模型使用 compile 方法编译，如下所示。

```
model.compile(optimizer='adam', loss='binary_crossentropy', \
              metrics=['accuracy'])
```

模型编译完成之后，就可以通过 fit 方法的实例化模型来拟合训练数据。使用 fit 方法时参数的意义如下。

- X：用于拟合数据的训练特征数据数组。
- Y：训练目标数据数组。
- epochs：模型训练周期。epoch 表示整个训练数据集的迭代。
- batch_size：更新梯度时使用的训练数据样本数。
- validation_split：用于每个 epoch 之后评估的验证数据的比例。
- shuffle：指示是否在每个 epoch 之前打乱训练数据。

可以通过以下方式在模型上使用拟合方法。

```
history = model.fit(x=X_train, y=y_train['y'], \
                    epochs=10, batch_size=32, \
                    validation_split=0.2, shuffle=False)
```

保存模型调用 fit 方法的输出是有利的，因为它包含了在整个训练过程中有关模型性能的信息，其中包括模型在每个轮次之后计算得到的损失值。如果定义了验证拆分，则损失值将在验证拆分的每个轮次之后被计算出来。同样，如果在训练中定义了评估矩阵，也会在每个轮次之后计算。按照轮次绘制损失值和评估矩阵对评估模型性能有很大的帮助。epoch 函数的模型损失可视化如下所述。

```
import matplotlib.pyplot as plt
%matplotlib inline

plt.plot(history.history['loss'])
plt.show()
```

Keras 模型可以通过模型实例的评估方法进行评估。此方法返回损失值并且传递给模型进行训练的任何指标。可以按如下方式调用评估样本测试数据集。

```
test_loss = model.evaluate(X_test, y_test['y'])
```

这些模型拟合步骤代表了使用 Keras 包构建、训练和评估模型所需遵循的基本步骤。这里有无数种方法去构建和评估模型，具体采用哪种方法要取决于待完成的任务。在接下来的练习中，将创建一个 ANN 来完成和第 1 章相同的任务。事实上，我们将使用神经网络重新创建逻辑回归算法，因此，预计这两个模型的表现将相似。

◢◣ **实践 2.01** **使用Keras创建逻辑回归模型**

在本实践中，使用 Keras 库创建一个基本模型。用 Keras 完成和第 1 章相同的分类任务。使用相同的网购购买意图数据集，并尝试预测相同的变量。

第 1 章用逻辑回归模型来预测在给定各类条件下，包括有关在线会话行为和网页属性，用户是否会从网站购买产品。本实践将介绍 Keras 库，并继续利用之前介绍的库，例如 Pandas（用于轻松加载数据）和 scikit-learn（用于数据预处理和模型评估矩阵）。

👉 **说明**：已提供预处理数据集用于此实践，可以从 https://packt.live/2ApIBwT 下载。

完整实践步骤如下。

（1）加载处理好的特征和目标数据集。

（2）将训练和目标数据拆分为训练和测试数据集。该模型将拟合训练数据集，而测试数据集将用于评估模型。

（3）从 keras.models 库实例化 Sequential 类的模型。

（4）将 keras.layers 包中的 Dense 类的单个层添加到模型实例。节点数应等于要素数据集中的要素数。

（5）为模型添加 sigmoid 激活函数。

（6）通过指定要使用的优化器、要评估的损失度量以及在每个轮次之后要评估的任何其他度量来编译模型实例。

（7）将模型拟合到训练数据，指定要运行的轮次数和要使用的验证拆分。

（8）绘制与将在训练和验证数据集上评估的轮次相关的损失和其他评估指标。

（9）在测试数据集上评估损失值和其他评估指标。

实施这些步骤后，会得到以下预期输出结果。

```
2466/2466 [==============================] - 0s 15us/step
The loss on the test set is 0.3632 and the accuracy is 86.902%
```

◈ **说明**：此实践的答案见附录 A 的实践 2.01 使用 Keras 创建逻辑回归模型。

在本次实践中，用 Keras 创建了 ANN 的一些基本组件，包括各种类型层和激活函数，并使用这些组件创建了一个简单的逻辑回归模型，结果与第 1 章中使用的逻辑回归模型相似。

本实践学习了如何使用 Keras 库构建模型,使用真实的数据集训练模型,并在测试数据集上评估模型的性能,以确保模型性能的评估结果公正。

2.4　总结

本章介绍了与机器学习相关的各种类型的线性代数组件和操作,这些组件包括标量、向量、矩阵和张量,应用于张量的运算包括加法、转置和乘法,所有这些都是理解 ANN 基础数学的基础。

然后学习了 Keras 包的一些基础知识,包括发生在每个节点上的数学运算;重现了第 1 章中的模型,构建了一个逻辑回归模型,以预测在线购物意图数据集中的相同目标,不过本章是使用 Keras 库来创建的。使用 ANN 达到了和 scikit-learn 逻辑回归模型类似的准确度。

在接下来的章节中将沿用本章涉及的概念,继续使用 Keras 包构建 ANN,创建多个隐藏层来扩展 ANN 模型,通过向 ANN 添加多个隐藏层,把“深度”延深为“深度学习”。还将解决欠拟合和过拟合的问题,因为它们与 ANN 训练模型有关。

## 第 3 章

Keras 深度学习

本章将介绍不同的神经网络架构,将创建 Keras 顺序模型——构建单层和多层模型,并评估训练模型的性能。不同架构的网络将帮助读者了解过拟合和欠拟合。此外本章还将探索可对抗训练数据过拟合的早停法。

3.1 简介

在第 2 章学习了神经网络的数学知识,包括标量、向量、矩阵和张量的线性变换。然后,使用 Keras 创建了我们的第一个神经网络,通过构建一个逻辑回归模型将网站用户分类为准备购买的用户和不准备购买的用户。

本章将继续学习用 Keras 搭建神经网络。本章涵盖了深度学习的基础知识,并提供必要的基础知识以便构建高度复杂的神经网络架构。首先将逻辑回归模型扩展到一个简单的单层神经网络,然后继续扩展到具有多个隐藏层的更复杂的神经网络。

在此过程中,可以了解到神经网络的基本概念,包括用于预测的前向传播、损失计算、用于计算模型参数损失函数的反向传播,以及最后用于模型学习最佳参数的梯度下降模型。我们还将了解各种可用的选择,方便以后根据激活函数、损失函数和优化器来构建和训练神经网络。

此外,还将进一步学习如何评估模型性能,了解如何识别过拟合和欠拟合等问题,同时了解它们是如何影响模型的性能的。我们还将了解用与训练相同的数据集评估模型时的缺点,以及保留部分可用数据集以进行评估的替代方法。然后,学习如何比较这两个数据集的子集模型错误率,以检测模型是否存在高偏差和高方差的问题。了解早停这种可减少过拟合的技术。早停技术基于对数据集两个子集的模型错误率进行比较。

3.2 搭建第一个神经网络

本节将了解深度学习的表示和概念,例如前向传播——数据在神经网络中的传播,将输入值乘以连接的每个节点的权重;反向传播——计算损失函数相对于矩阵权重的梯度;梯度下降——用于寻找损失函数最小值的优化算法。

本书不会深入研究这些概念,因为对于本书而言这不是必须要了解的。但是,这个概念将从本质上帮助任何想要将深度学习应用于实际问题的人们。

　　然后，将继续使用 Keras 搭建神经网络。可以先从最基础的开始学习，即只有单个隐藏层的神经网络。学习如何用 Keras 定义模型，选择超参数（在训练模型之前设置的模型参数），然后训练模型。在本节结尾，将用 Keras 搭建神经网络来巩固所学的知识，以对数据集进行分类，并观察神经网络如何优于逻辑回归等更简单的模型。

3.2.1　从逻辑回归到深度神经网络

　　在第 1 章中，我们了解了逻辑回归模型。在第 2 章中，我们学习了如何用 Keras 实现一个顺序模型。从技术上讲，逻辑回归涉及一个非常简单的神经网络，只有一个隐藏层，且隐藏层中只有一个节点。

　　图 3.1 是具有二维输入的逻辑回归模型。图 3.1 中圆圈表示的是深度学习中的一个节点或单元。逻辑回归术语和深度学习术语之间存在一些差异。在逻辑回归中，把模型的参数称为系数和截距。在深度学习模型中，参数被称为权重（w）和偏差（b）。

　　在每个节点/单元，输入乘以一些权重，然后将偏置项添加到这些输入权重的总和中。这可以在图 3.1 中节点上方的计算中看到：输入为 X1 和 X2，权重为 w1 和 w2，偏差为 b。接下来，将一个非线性函数（如逻辑回归模型中的 sigmoid 函数）应用于加权输入的总和，并使用偏置项来计算节点的最终输出。σ 代表图 3.1 所示的计算。在深度学习中，非线性函数称为激活函数，节点的输出称为该节点的激活。

　　如图 3.2 所示，通过将逻辑回归节点/单元堆叠在一层中来构建单层神经网络是可行的。输入层 X1 和 X2 的每个值都被传递到隐藏层的所有节点。

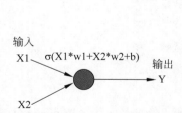

图 3.1　具有二维输入的逻辑回归模型

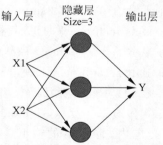

图 3.2　具有二维输入和大小为 3 的隐藏层的
单层神经网络

　　也可通过堆叠多层节点并依次处理来构建多层神经网络。图 3.3 显示了一个二维输入的两层神经网络。

　　图 3.2 和图 3.3 显示了神经网络最常见的表示方式。每个神经网络都由一个输入层、一个输出层和一个或多个隐藏层组成。如果只有一个隐藏层，则该网络称为浅层神经网络。具有许多隐藏层的神经网络称为深度神经网络，训练它们的过程称为深度学习。

　　图 3.2 显示了只有一个隐藏层的神经网络，所以这是一个浅层神经网络。而图 3.3 中的神经网络有两个隐藏层，所以它是一个深度神经网络。输入层通常在左侧。对于图 3.3 来说，特征是 X1 和 X2，它们被输入到具有三个节点的第一个隐藏层，箭头表示应用于输入的权重值。在第二个隐藏层，第一个隐藏层的结果成为第二个隐藏层的输入。第一和第二隐藏层之

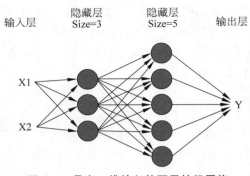

图 3.3　具有二维输入的两层神经网络

间的箭头表示权重。输出通常在最右边的层，在图 3.3 中由标记为 Y 的层表示。

◆说明：在某些资料中，可能会看到一个网络（如图 3.3 所示的网络）被称为四层网络，这是因为输入和输出层也被计算在内了。然而更常见的是只计算隐藏层，因此图 3.3 的网络被称为两层网络。

在深度学习设置中，输入层的节点数等于输入数据的特征数，输出层的节点数等于输出数据的维数。但是，需要自己设置隐藏层中节点数或隐藏层的大小。如果选择规模更大的层，模型会变得更灵活，也能够使用更复杂的功能进行建模。这种灵活性的提高是需要以更多的训练数据和计算来训练模型的。开发者需要选择的参数为超参数，包括层数、每层的节点数等参数。常见超参数包括训练的轮数和损失函数。

下一节将介绍在每个隐藏层之后应用的激活函数。

3.2.2　激活函数

除了层的大小之外，还需要为模型中添加的每个隐藏层选择一个激活函数，并对输出层执行相同的操作。在使用 Keras 构建神经网络时，了解了逻辑回归模型中的 sigmoid 激活函数，但是也可以选择其他的激活函数。例如，sigmoid 激活函数作为二元分类任务输出层的激活函数是一个不错的选择，因为 sigmoid 函数的结果介于 0 和 1。一些常用的深度学习激活函数有 sigmoid/logistic、tanh(双曲正切)和整流线性单元(ReLU)。

图 3.4 显示了一个 sigmoid 激活函数。

图 3.5 显示了 tanh 激活函数。

图 3.6 显示了 ReLU 激活函数。

如图 3.4 和图 3.5 所示，sigmoid 函数的输出总是在 0~1 范围内，而 tanh 的输出是在 -1~1 范围内，这使得 tanh 激活函数成为更好的选择，因为它保持每一层的输出平均值接近于零。事实上，在构建二元分类器输出层时，sigmoid 是一个不错的激活函数选项，因为它的输出可以解释为给定输入属于类的概率。

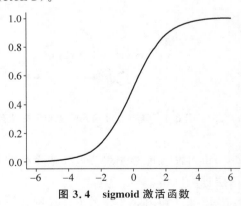

图 3.4　sigmoid 激活函数

tanh 和 ReLU 是隐藏层最常见的激活函数选项。事实证明，使用 ReLU 激活函数时学习过程更快，因为它对大于 0 的输入有一个固定的导数(或斜率)，而在其他地方斜率都为 0。

◆说明：可在 https://keras.io/activations/阅读其他 Keras 激活函数的信息。

3.2.3　用于预测的前向传播

神经网络通过执行前向传播对输出进行预测，前向传播需要在神经网络的每一层对输入进

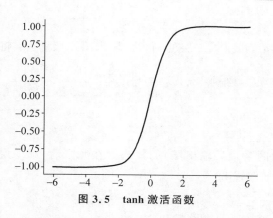

图 3.5　tanh 激活函数

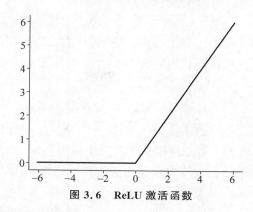

图 3.6　ReLU 激活函数

行计算并继续向前传播直到到达输出层。这里通过一个例子来理解前向传播。

输入数据为二维、输出数据为一维的二进制类标签的两层神经网络如图 3.7 所示。第 1 层和第 2 层的激活函数为 tanh,输出层的激活函数为 sigmoid。

图 3.7 将每一层的权重和偏差显示为具有适当索引的矩阵和向量。对于每一层,权重矩阵中的行数等于前一层的节点数,列数等于该层的节点数。

例如,W1 有 2 行 3 列,因为第 1 层的输入来自列数为 2 的输入层 X,然后第 1 层有 3 个节点。同样 W2 有 3 行 5 列,因为有 3 个节点的第 1 层是第 2 层的输入,所以第 2 层有 5 个节点。然而,偏差始终是一个大小等于该层节点数的向量。深度学习模型中的参数总数等于所有权重矩阵和偏差向量中的元素总数。

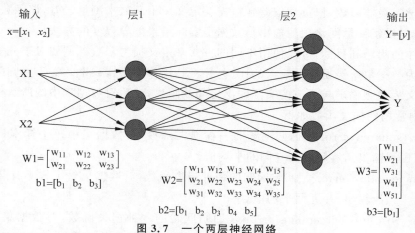

图 3.7　一个两层神经网络

对图 3.7 概述的神经网络执行前向传播的所有步骤如下。

执行前向传播的步骤,

（1）X 是图 3.7 网络的网络输入,是第一个隐藏层的输入。首先,输入矩阵 X 是 X 乘以第 1 层的权重矩阵 W1,并加上偏置 b1。

```
z1 = X*W1 + b1
```

（2）接下来,第 1 层的输出是通过对上一步的输出 z1 应用激活函数来计算的。

```
a1 = tanh(z1)
```

（3）a1 是第一层的输出，称之为第一层的激活，也是第二层的输入。输入第二层后，a1 将再次被乘以权重矩阵 W2，并加入偏置 b2。

```
z2 = a1 * W2 + b2
```

（4）对第二层输出 z2 应用激活函数。

```
a2 = tanh(z2)
```

（5）第二层的输出实际上是下一层（此处为网络最后输出层）的输入。在此之后，第二层的激活是矩阵乘以输出层的权重矩阵 W3，并添加偏置 b3。

```
z3 = a2 * W3 + b3
```

（6）最后，通过将 sigmoid 激活函数应用于 z3 来计算网络输出 Y。

```
Y = sigmoid(z3)
```

此模型中的参数总数等于 W1、W2、W3、b1、b2 和 b3 中的元素数之和。因此，参数个数可以通过将权重矩阵和偏差中的每个参数相加来计算，等于 6＋15＋5＋3＋5＋1＝35。这些是深度学习过程中需要的学习参数。

现在了解了前向传播的步骤，我们必须评估模型并将其与实际目标值进行比较。下一节将介绍如何使用损失函数，并了解一些可用于分类和回归任务的常见损失函数。

3.2.4　损失函数

模型在学习最佳参数（权重和偏差）时，需要定义一个函数来测量误差，该函数称为损失函数，它为我们提供了衡量网络预测输出与数据集实际结果差异程度的方法。

针对具体的问题和目标，可以使用不同的方式来定义损失函数。例如对于分类问题，损失通常被定义为数据集中错误分类输入的比例，并将其用作模型错误率。对于回归问题，损失函数通常被定义为预测输出与对应的实际输出之间的距离，然后对数据集中的所有样本求平均。

Keras 中常用的损失函数如下。

- mean_squared_error 是回归问题的一种损失函数，对数据集中每个样本计算（真实输出－预测输出），然后返回它们的平均值。
- mean_absolute_error 是回归问题的一种损失函数，对数据集每个样本计算 abs（真实输出－预测输出）并返回平均值。
- mean_absolute_percentage_error 是回归问题的一种损失函数，对数据集每个样本计算 abs［（真实输出－预测输出）/真实输出］并返回平均值再乘以 100%。
- binary_crossentropy 是一个两类/二元分类问题的损失函数。一般来说，交叉熵损失用于计算模型的损失，输出是一个 0～1 的概率数。
- categorical_crossentropy 是多类（多于两个类）分类问题的一种损失函数。

　说明：可在 https://keras.io/losses/阅读更多有关 Keras 中损失函数所有可用选项的信息。

在训练过程中，不断改变模型参数直到达到模型预测值和真实值之差最小。这个过程被称为优化，将在后面的部分中详细解释了它的工作原理。对于神经网络，我们使用反向传播来计算损失函数对于权重的导数。

3.2.5　反向传播计算损失函数的导数

反向传播是指从神经网络的输出层到输入层执行微积分链规则的过程，以便计算损失函数相对于每一层的模型参数的导数。函数的导数就是该函数的斜率，我们对损失函数的斜率较为感兴趣，因为它为我们提供了模型参数需要改变的方向，以使损失值达到最小。

微积分的链式法则表明，如果 z 是 y 的函数，y 是 x 的函数，则 z 对 x 的导数可以通过将 z 对 y 的导数乘以 y 对 x 的导数得到。这可以写成如下形式。

$$\mathrm{d}z/\mathrm{d}x = \mathrm{d}z/\mathrm{d}y \times \mathrm{d}y/\mathrm{d}x$$

在深度神经网络中，损失函数是预测输出的函数。可以通过下面给出的等式来证明这一点。

```
loss = L(y_predicted)
```

另一方面，根据前向传播方程，模型预测的输出是模型参数的函数结果，即每一层的权重和偏差。因此根据微积分的链式法则，可以通过计算损失对预测输出的导数乘以预测输出对模型参数的导数来得到损失对模型参数的导数。

下一节将学习在知道损失函数对于权重的导数的情况下，如何最优化权重参数。

3.2.6　通过梯度下降法学习参数

本节将介绍深度学习模型如何学习最优参数。目标是更新权重参数使损失函数最小化，这是一个迭代过程。这个过程被称为学习参数，它是通过使用优化算法来完成的。在机器学习中用于学习参数的一种常见优化算法是梯度下降。

如果把数据集中所有可能的模型参数值的损失平均值绘制出来，它通常是一个凸的形状，如图 3.8 所示。在梯度下降中，我们的目标是找到图中的最小点（Pt）。该算法首先用一些随机值（P1）初始化模型参数。然后，它计算损失和损失相对于该点的参数的导数。正如之前提到的，一个函数的导数实际上就是该函数的斜率。在计算了初始点的斜率之后，就有了需要更新参数的方向。

超参数，又称为学习率（alpha），决定了算法从初始点开始能够走多远。选择合适的 alpha 值

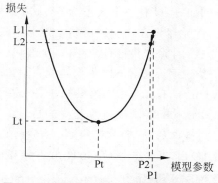

图 3.8　梯度下降算法寻找最小化损失的参数集

后，算法更新参数初始值为新值（如图 3.8 P2 点所示）。如图 3.8 所示，P2 离目标点更近。如果一直朝那个方向移动，最终会到达目标点 Pt。该算法在 P2 处再次计算函数的斜率并进行下一步骤。

这里提供了梯度下降算法的伪代码。

```
Initialize all the weights (w) and biases (b) arbitrarily
Repeat Until converge {
Compute loss given w and b
Compute derivatives of loss with respect to w (dw), and with respect to b
(db) using backpropagation
Update w to w - alpha * dw
Update b to b - alpha * db
}
```

总而言之,在训练深度神经网络时重复以下步骤(将参数初始化为一些随机值之后)。

(1) 使用前向传播和当前参数来预测整个数据集的输出。

(2) 使用预测输出来计算所有算例的损失。

(3) 使用反向传播来计算损失相对每一层的权重和偏差的导数。

(4) 使用导数值和学习率更新权重和偏差。

在这里讨论的是标准梯度下降算法,它使用整个数据集计算损失和导数以更新参数。梯度下降还有另一种版本,称为随机梯度下降(SGD),每次仅使用一个子集或一批数据示例来计算损失和导数,因此它的学习速度比标准梯度下降更快。

◆ 说明:Adam 是另一个常见的优化算法。Adam 在训练深度学习模型时通常优于 SGD。正如已经了解到的,SGD 使用单个超参数(称为学习率)来更新参数。然而,Adam 通过使用学习率、梯度的加权平均值和平方梯度的加权平均值来改进这个过程,在每次迭代时更新参数。

通常在构建神经网络时,需要为优化过程选择两个超参数(称为 batch_size 和 epochs)。batch_size 参数确定了优化算法每次迭代所包含的数据范例的数量。batch_size=None 相当于梯度下降的标准版本,即每次迭代都使用整个数据集。epochs 参数确定优化算法在停止之前模型训练整个数据集的次数。

例如,假设有一个大小为 n=400 的数据集,选择 batch_size=5 和 epochs=20。在这种情况下,优化器将在一次遍历整个数据集时进行 400/5=80 次迭代。由于它应该遍历整个数据集 20 次,因此总共将有 80×20 次迭代。

◆ 说明:在 Keras 中构建模型时,需要选择训练模型时要使用的优化器类型。除了 SGD 和 Adam 在 Keras 中还有其他一些选项。可以在 https://keras.io/optimizers/阅读 Keras 中优化器的所有可能选项的更多信息。

本章中的所有实践和训练都将在 Jupyter Notebook 中开发。从 https://packt.live/39pOUMT 下载本书的 GitHub 存储库以及所有准备好的模板。

◆ 训练 3.01   使用Keras实现神经网络

本训练将学习使用 Keras 分步实现神经网络。我们的模拟数据集代表了在森林中发现的各种树木的测量值,如高度、树枝数量、树干基部的周长等。我们的目标是根据所给定的测量结果将数据分类为落叶树和针叶树。首先,执行以下代码块来加载一个由两个类组成的包含 10000 条记录的模拟数据集,这些记录包含两个树种,其中每个数据示例有 10 个特征值。

```
import numpy as np
import pandas as pd
X = pd.read_csv('../data/tree_class_feats.csv')
y = pd.read_csv('../data/tree_class_target.csv')

# Print the sizes of the dataset
print("Number of Examples in the Dataset = ", X.shape[0])
print("Number of Features for each example = ", X.shape[1])
print("Possible Output Classes = ", np.unique(y))
```

期望输出的结果如下。

```
Number of Examples in the Dataset = 10000
Number of Features for each example = 10
Possible Output Classes = [0 1]
```

由于该数据集中的每个数据实例只能属于这两个类中的一个,因此这是一个二元分类问题。二元分类问题在现实生活中非常重要且普遍。例如,假设此数据集中的实例代表森林中10000棵树的测量结果。目标是使用此数据集构建模型,以预测所测量的每棵树的物种是落叶树种还是针叶树种。树木的10个特征可以包括诸如高度、树枝数量和树干周长等预测变量。

输出类0表示树是针叶树种,而输出类1表示树是落叶树种。

现在,按如下步骤构建和训练Keras模型以执行分类。

(1)在NumPy和TensorFlow中设置种子,并将模型定义为Keras顺序模型。Sequential模型实际上是层的堆叠。定义模型后,可以根据需要添加任意多的层。

```
from keras.models import Sequential
from tensorflow import random
np.random.seed(42)
random.set_seed(42)
model = Sequential()
```

(2)向模型中添加一个大小为10且激活函数为tanh的隐藏层(记住,输入维度必须等于10)。Keras中有不同类型的图层可供选择。在这里,将只使用最简单的类型层,称为Dense层。Dense层等价于在其他示例中看到的全连接层。

```
from keras.layers import Dense, Activation
model.add(Dense(10, activation='tanh', input_dim=10))
```

(3)向模型添加大小为5的另一个隐藏层和激活函数tanh。注意,输入维度参数仅提供给第一层,因为下一层的输入维度是已知的。

```
model.add(Dense(5, activation='tanh'))
```

(4)使用sigmoid激活函数添加输出层。注意,输出层的单元数等于输出维度。

```
model.add(Dense(1, activation='sigmoid'))
```

(5)确保损失函数是二元交叉熵,优化器是SGD,使用compile()方法训练模型并打印模型摘要以查看其架构。

```
model.compile(optimizer='sgd', loss='binary_crossentropy', \
              metrics=['accuracy'])
model.summary()
```

代码输出如图 3.9 所示。

```
Model: "sequential_1"

Layer (type)                 Output Shape              Param #
=================================================================
dense_1 (Dense)              (None, 10)                110
_____
dense_2 (Dense)              (None, 5)                 55
_____
dense_3 (Dense)              (None, 1)                 6
=================================================================
Total params: 171
Trainable params: 171
Non-trainable params: 0
```

图 3.9 已创建模型的摘要

（6）训练模型 100 轮并将 batch_size 设置为 5，validation_split 设置为 0.2，然后使用 fit()
方法将 shuffle 设置为 false。需要将输入数据 x 及其相应的输出 y 传递给 fit() 方法来训练模
型。此外，训练网络可能需要很长时间，具体取决于数据集的大小、网络的大小、轮次的数量以
及可用的 CPU 或 GPU 的数量。将结果保存到名为 history 的变量中。

```
history = model.fit(X, y, epochs=100, batch_size=5, \
                    verbose=1, validation_split=0.2, \
                    shuffle=False)
```

verbose 参数可以采用以下三个值中的任何一个：0、1 或 2。如果设置 verbose＝0，训练
期间不会输出任何信息；verbose＝1 将在每次迭代时打印一个完整的进度条；verbose＝2 将
仅打印轮次编号。400 个轮次中最后 5 个轮次的损失细节如图 3.10 所示。

```
Epoch 96/100
8000/8000 [==============================] - 2s 227us/step - loss: 0.1372 - accuracy: 0.9469 - val_loss: 0.1488 - val
_accuracy: 0.9405
Epoch 97/100
8000/8000 [==============================] - 2s 220us/step - loss: 0.1397 - accuracy: 0.9481 - val_loss: 0.1457 - val
_accuracy: 0.9385
Epoch 98/100
8000/8000 [==============================] - 2s 258us/step - loss: 0.1381 - accuracy: 0.9473 - val_loss: 0.1495 - val
_accuracy: 0.9405
Epoch 99/100
8000/8000 [==============================] - 2s 217us/step - loss: 0.1377 - accuracy: 0.9484 - val_loss: 0.1503 - val
_accuracy: 0.9385
Epoch 100/100
8000/8000 [==============================] - 2s 236us/step - loss: 0.1386 - accuracy: 0.9467 - val_loss: 0.1422 - val
_accuracy: 0.9440
```

图 3.10 400 个轮次中最后 5 个轮次的损失细节

（7）输出模型在训练和验证数据上的正确率和损失作为轮次的函数。

```
import matplotlib.pyplot as plt
%matplotlib inline

# Plot training & validation accuracy values
plt.plot(history.history['accuracy'])
plt.plot(history.history['val_accuracy'])
plt.title('Model accuracy')
plt.ylabel('Accuracy')
plt.xlabel('Epoch')
plt.legend(['Train', 'Validation'], loc='upper left')
plt.show()

# Plot training & validation loss values
plt.plot(history.history['loss'])
```

```
plt.plot(history.history['val_loss'])
plt.title('Model loss')
plt.ylabel('Loss')
plt.xlabel('Epoch')
plt.legend(['Train', 'Validation'], loc='upper left')
plt.show()
```

图 3.11 显示了上述代码的输出。

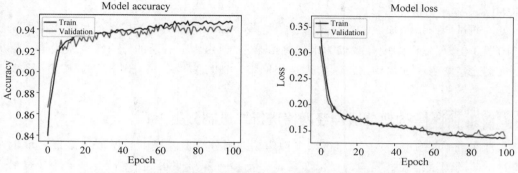

图 3.11　模型的正确率和损失对于一段时期的训练过程的函数

（8）使用训练好的模型来预测输出类的前 10 个输入数据实例（X.iloc[0:10,:]）。

```
y_predicted = model.predict(X.iloc[0:10,:])
```

可以使用以下代码块输出预测类。

```
# print the predicted classes
print("Predicted probability for each of the "\
print(y_predicted)
print("Predicted class label for each of the examples: "),
print(np.round(y_predicted))
```

期望输出如下。

```
Predicted probability for each of the examples belonging to class 1:
[[0.00354007]
 [0.8302744 ]
 [0.00316998]
 [0.95335543]
 [0.99479216]
 [0.00334176]
 [0.43222323]
 [0.00391936]
 [0.00332899]
 [0.99759173]]
Predicted class label for each of the examples:
[[0.]
 [1.]
 [0.]
 [1.]
 [1.]
 [0.]
 [0.]
```

```
[0.]
[0.]
[1.]]
```

使用训练好的模型来预测输出前 10 棵树的物种。第二、四、五和十棵树被预测为 1 类的树种,落叶类。

◈ 说明:源代码网址为 https://packt.live/2YX3fxX,在线运行代码网址为 https://packt.live/38pztVR。

可以通过向网络添加更多隐藏层来扩展这些步骤。在添加输出层之前可向模型添加任意数量的层。但是,输入维度参数仅为了提供给第一层,因为下一层的输入维度是由第一层决定的。现在已经学习了如何用 Keras 实现神经网络,可以通过一个用于分类的神经网络来进一步训练。

◆ 实践 3.01　构建单层神经网络进行二进制分类

在本实践中,使用 Keras 顺序模型来构建二进制分类器。提供的模拟数据集表示生产的飞机螺旋桨的测试结果。我们的目标变量是手动检查螺旋桨得到的结果:“通过”(表示为值 1)或“失败”(表示为值 0)。

我们的目标是将测试结果分类为“通过”或“失败”类别,以匹配手动检查。可使用不同架构的模型,并观察不同模型性能的可视化。这能更好地了解一个处理单元到一层处理单元是如何改变模型的灵活性和性能的。

假设该数据集包含的两个特征表示 3000 多个飞机螺旋桨在两种不同测试中的测试结果(这两个特征被归一化为均值为零)。输出是螺旋桨通过测试的可能性,1 表示通过,0 表示失败。该公司希望减少对耗时、容易出错的手动螺旋桨检查的依赖,转移资源以开发自动化的测试方法更快地评估螺旋桨。因此,我们的目标是建立一个模型,在给出两种测试结果时,可以预测飞机螺旋桨是否可以通过人工检查。本实践先构建一个逻辑回归模型,再构建一个具有三个单元的单层神经网络,最后构建一个具有六个单元的单层神经网络来执行分类。按照以下步骤完成此实践。

(1) 导入必需的包。

```
# import required packages from Keras
from keras.models import Sequential
from keras.layers import Dense, Activation
import numpy as np
import pandas as pd
from tensorflow import random
from sklearn.model_selection import train_test_split
# import required packages for plotting
import matplotlib.pyplot as plt
import matplotlib
%matplotlib inline
import matplotlib.patches as mpatches
# import the function for plotting decision boundary
from utils import plot_decision_boundary
```

◈ 说明:需要从 GitHub 下载 utils.py 文件并将其保存到实践文件夹中,以便 utils 导入语句正常工作,网址为 https://packt.live/31EumPY。

(2) 设置一个生成随机参数的种子,以便结果能够重复产生。

```
"""
define a seed for random number generator so the result will be
reproducible
"""
seed = 1
```

◆ **说明**:上面代码片段中显示的三引号("""")是多行代码注释的起点和终点。注释用于解释代码中的特定逻辑。

(3) 使用 Pandas 库中的 read_csv 函数加载数据集。使用 feats.shape、target.shape 和 feats.shape[0]输出训练数据集中的 X 和 Y 大小以及示例数。

```
feats = pd.read_csv('outlier_feats.csv')
target = pd.read_csv('outlier_target.csv')
print("X size = ", feats.shape)
print("Y size = ", target.shape)
print("Number of examples = ", feats.shape[0])
```

(4) 使用下列代码对数据集画图。

```
plt.scatter(feats[:,0], feats[:,1], \
            s=40, c=Y, cmap=plt.cm.Spectral)
```

(5) 在 Keras 中将逻辑回归模型实现为顺序模型。记住,二元分类的激活函数是 sigmoid。

(6) 设置 optimizer='sgd',loss='binary_crossentropy',batch_size=5,epochs=100 和 shuffle=False 训练模型。设置 verbose=1 和 validation_split=0.2 观察每次迭代中的损失值。

(7) 使用以下代码绘制训练模型的决策边界。

```
plot_decision_boundary(lambda x: model.predict(x), \
                       X_train, y_train)
```

(8) 实现一个在隐藏层中具有三个节点、200 个轮次和 ReLU 激活函数的单层神经网络。重点是,输出层的激活函数仍然需要是 sigmoid,因为该问题是一个二元分类问题。如果为输出层选择 ReLU 或不选择激活函数的话,模型将不会产生可以解释为"类标签"的输出。使用 verbose=1 训练模型并观察每次迭代中的损失。模型训练完成后,绘制决策边界并评估测试数据集的损失和正确率。

(9) 对大小为 6 和 400 个轮次的隐藏层重复步骤(8),并比较最终损失和决策边界图。

(10) 使用隐藏层的 tanh 激活函数重复步骤(8)和(9),并将结果与使用 ReLU 激活函数的模型进行比较。哪种激活函数更适合解决这个问题?

◆ **说明**:此实践的答案见附录 A 的实践 3.01 构建单层神经网络进行二进制分类。

本实践能够解释为何在模型的一个层中堆叠多个处理单元比单个处理单元更强大。这就是神经网络模型如此强大的基本原因。增加层中的单元数量会增加模型的灵活性,这意味着可以更精确地估计非线性分离决策边界。

但是,具有更多处理单元的模型需要更长的时间来学习,需要更多的轮次进行训练,并且可能会过拟合训练数据。因此,神经网络模型的计算量非常大。而且与使用 ReLU 激活函数相比使用 tanh 激活函数会导致训练过程变慢。

本节创建了各种模型并根据数据对其进行了训练。可以观察到,通过对训练数据进行评估,有些模型比其他模型表现更好。下一节将了解一些可用于模型评估的替代方法,这些方法提供了无偏见的评估。

3.3　模型评估

本节继续学习多层/深度神经网络,同时还将学习到评估模型性能的一些技术。通过上面的学习您可能已经意识到,构建深度神经网络时还需要多次地选择超参数。

一些应用深度学习的挑战包括如何正确地设置隐藏层层数、每个隐藏层中的单元数量、每层使用的激活函数类型以及优化器和损失的类型。做这些决定前先进行模型评估是必不可少的。通过模型评估,可以判断一个特定的深度架构或一组特定的超参数在特定数据集上是否运行良好,从而决定是否进行更改。

此外,本节还将学习过拟合和欠拟合。在解决特定问题时需要寻找合适的深度神经网络并尽可能提高其性能,所以了解过拟合和欠拟合的概念以及它们何时会发生是必要的。

3.3.1　用 Keras 进行模型评估

在之前的实践中,通过预测每个可能输入值的输出来绘制模型的决策边界。因为处理的是二维输入数据,所以模型的性能是可以可视化的。但输入空间中的特征或测量值的数量总是超过两个,因此不适合通过 2D 绘图进行可视化。一种判断模型在特定数据集上的表现的方法是在预测示例输出时计算总体损失,可以通过 Keras 中的 evaluate() 方法来完成。该方法接收一组输入(X)输出(y),计算并返回模型在输入 X 上的整体损失。

例如,考虑构建一个神经网络。该网络具有两个维度分别为 8 和 4 的隐藏层以执行二分类或二元分类。可用存储在 x,y 数组中的数据点和其对应的类标签来构建和训练上述模型。

```
model1 = Sequential()
model.add(Dense(8, activation='tanh', input_dim=2))
model.add(Dense(4, activation='tanh'))
model.add(Dense(1, activation='sigmoid'))
model.compile(optimizer='sgd', loss='binary_crossentropy')
model.fit(X, y, epochs=epochs, batch_size=batch_size)
```

可通过计算整个数据集的损失来评估模型的整体性能,而不是使用 model.predict() 来预测给定输入集的输出。

```
model.evaluate(X, y, batch_size=None, verbose=0)
```

如果评估其他指标,例如正确率,则在为模型定义 compile() 方法时,调用 evaluate() 方法可同时返回损失和这些指标。例如在下面的代码中的 compile() 参数中添加这些指标,调用 evaluate() 方法将返回训练模型在整个数据集上的整体损失和整体正确率。

```
model.compile(optimizer='sgd', loss='binary_crossentropy', \
              metrics=['accuracy'])
model.evaluate(X, y, batch_size=None, verbose=0)
```

◆ 说明:可以在 https://keras.io/metrics/ 中查看 Keras 的所有可选 metrics 参数。

　　下一节将学习如何拆分数据集为训练集和测试集。然后就像在第1章中所做的那样，对单独的数据进行训练和评估，这样可以无偏差地评估模型性能。

3.3.2　将数据集拆分为训练集和测试集

　　一般来说，在用于训练模型的同一数据集上评估模型是一种方法性的错误。由于训练集已被模型训练过以减少错误，用训练集进行评估将导致模型性能的评估出现偏差。换句话说，训练集的错误率总是低估了模型的真实错误率。

　　构建机器学习模型的目的不是为了在训练数据集上取得良好的性能，而是为了让模型在未见过的示例上依然表现良好。这就是为什么要用非训练数据集来评估模型的性能。

　　实现此目的的一种方法是将可用数据集分成训练集和测试集。训练集用于训练模型，而测试集用于模型评估。训练集的作用是为模型提供足够的示例使其能够学习数据之间的关系和规律；而测试集的作用是作为没见过的例子对模型性能进行无偏估计。机器学习中通常对相对较小的数据测试集执行70％∶30％或80％∶20％比例的拆分。在处理具有数百万个示例且目标是训练大型深度神经网络的数据集时，可以使用98％∶2％或99％∶1％的比例进行训练-测试拆分。

　　图3.12显示了将数据集划分为训练集和测试集。注意，训练集和测试集之间没有重叠。

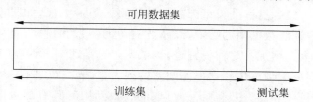

图3.12　将数据集拆分为训练集和测试集

　　可以使用scikit-learn的train_test_split函数轻松地对数据集执行拆分。以下代码执行了70％∶30％比例拆分。

```
from sklearn.model_selection import train_test_split
X_train, X_test, \
y_train, y_test = train_test_split(X, y, test_size=0.3, \
                                   random_state=None)
```

test_size参数代表测试集中保留数据集的比例，因此它应该在0和1之间。通过给random_state指定int参数，可以选择生成随机分割训练集和测试集的种子。

　　将数据拆分为训练集和测试集后，更改上节代码，仅提供训练集作为fit()的参数。

```
model = Sequential()
model.add(Dense(8, activation='tanh', input_dim=2))
model.add(Dense(4, activation='tanh'))
model.add(Dense(1, activation='sigmoid'))
model.compile(optimizer='sgd', \
              loss='binary_crossentropy')
model.fit(X_train, y_train, epochs=epochs, \
          batch_size=batch_size)
```

分别计算训练集和测试集上的模型错误率。

```
model.evaluate(X_train, y_train, batch_size=None, \
               verbose=0)
model.evaluate(X_test, y_test, batch_size=None, \
               verbose=0)
```

拆分的另一种方法是给 Keras 的 fit( ) 方法加入 validation_split 参数。例如,将上节代码中的 model.fit(X,y) 更改为 model.fit(X,y,validation_split=0.3)。模型会将最后 30% 的数据示例保留在一个单独的测试集中。它只会在其他 70% 的样本上训练模型,并在每个轮次结束时在训练集和测试集上评估模型。这样做可以观察到训练集错误率和随着训练进行的测试集错误率的变化。

对模型进行公正评估的原因是希望可以看到模型有哪些改进的空间。由于神经网络要学习的参数太多也可以学习复杂的函数,因此通常会最终过拟合训练数据并学习训练数据中的噪声。这会导致模型无法在新的、未知的数据上表现良好。下一节将详细探讨这些概念。

3.3.3　过拟合和欠拟合

本节将学习在构建机器学习模型拟合数据集时可能面临的两个问题——过拟合和欠拟合,这类似于模型的偏差和方差的概念。

一方面,如果模型不够灵活,无法学习数据集中数据的关系和模式,模型将会得到一个很高的训练集错误率。可以称这样的模型为高偏差模型。另一方面,如果模型对于给定的数据集过于灵活,它将学习训练数据中的噪声,以及数据中的关系和模式,这样的系统将导致测试误差与训练误差相比大幅增加。之前提到过,测试误差总是比训练误差略高。

但是,测试集错误率和训练集错误率之间差距很大,代表系统具有一个高的方差。在数据分析中,这些情况(高偏差和高方差)都不是可取的。找到同时具有尽可能低的偏差和方差的模型是构建模型的目标。

例如,一个数据集代表了两种蝴蝶目击的归一化位置,如图 3.13 所示。我们的目标是找到一个模型,当给定这两种蝴蝶的目击地点时,能够将它们分开,显然,这两个类别之间的分界线不是线性的。因此,如果选择一个简单的模型,如逻辑回归(具有一个大小的隐藏层的神经网络)来对这个数据集进行分类,将得到一个两类之间的线性分离线/决策边界,但这无法捕捉到数据集的真实规律。

图 3.14 说明了此类模型的决策边界。通过评估这个模型可以观察到,训练错误率很高,测试错误率略高于训练错误率。具有高训练错误率表示模型具有高偏差,而训练错误和测试错误之间的微小差异表示模型具有低方差。这是一个明显的欠拟合情况——模型无法拟合两个类之间真正的分割线。

如果通过添加更多层来增加神经网络的灵活性并增加每层中的单元数量,可以训练更好的模型并成功捕捉非线性的决策边界,如图 3.15 所示。这是一个训练错误率低、测试误率低的模型(同样,测试错误率略高于训练错误率)。具有低训练错误率和测试错误率,且两者之间差异较小表明模型具有低偏差和低方差。模型具有低偏差和低方差代表给定数据集正确拟合。

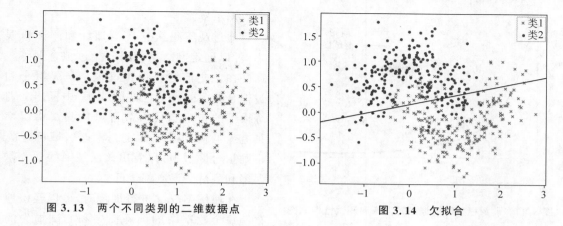

图 3.13 两个不同类别的二维数据点　　　　　　图 3.14 欠拟合

但是,如果进一步增加神经网络的灵活性会发生什么? 模型增加太多的灵活性后不仅会训练数据中的模式和关系,还会学习其中的噪声。换句话说,模型将更拟合每个单独的训练示例,而不是拟合它们的整体趋势和关系,图 3.16 显示了这种情况的系统。评估这个模型会得到非常低的训练错误率和很高的测试错误率(训练错误率和测试错误率之间的差异很大)。这是一个低偏差高方差的模型,这种情况称为过拟合。

在训练集和测试集上评估模型并比较它们的错误率,可以提供当前模型是否适合给定数据集的有价值信息。此外,在当前模型无法正确拟合数据集的情况下,也可以通过判定数据是过拟合还是欠拟合来相应地更改模型以找到正确的模型。例如,如果模型欠拟合,可以加深网络。如果模型过拟合,可以通过缩小网络或为其提供更多训练数据来减少过拟合。在实践中,有很多方法可以用来防止欠拟合或过拟合,将在下一节中探讨其中的一种。

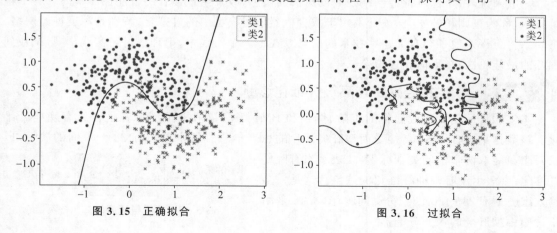

图 3.15 正确拟合　　　　　　　　　　图 3.16 过拟合

3.3.4 早停

有时,即使模型的灵活性适合数据集但过拟合或欠拟合仍然会发生,这是因为模型训练的迭代太多或者太少。当使用迭代优化器(例如梯度下降)进行优化时,优化器会尝试在每次迭代中越来越好地拟合训练数据。因此,如果在学习数据后不断地更新参数,模型将开始拟合各

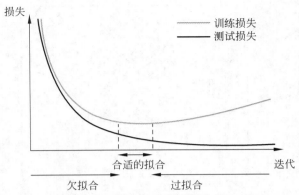

图 3.17　训练模型时的训练错误率和测试错误率图

个数据示例。

通过观察每次迭代的训练和测试错误率，可以确定网络从何时开始过拟合训练数据并在此之前终止训练过程。与欠拟合和过拟合相关的区域已在图 3.17 中标出。训练模型的正确迭代次数可以从测试错误率具有最低值的区域确定。将该区域标记为正确拟合区域，可以看出该区域中的训练错误率和测试错误率都很低。

在使用 Keras 进行训练时，可以轻松地存储每个轮次中的训练损失和测试损失的值。为此，需要在为模型定义 fit()方法时提供测试集作为 validation_data 参数，并将其存储在 history 字典中。

```
history = model.fit(X_train, y_train, validation_data=(X_test, y_test))
```

稍后绘制存储在 history 记录中的值以找到正确的数量迭代来训练模型。

```
import matplotlib.pyplot as plt
import matplotlib


# plot training loss
plt.plot(history.history['loss'])
# plot test loss
plt.plot(history.history['val_loss'])
```

一般来说，由于深度神经网络是高度灵活的模型，故发生过拟合的可能性非常高。有一整组技术，称为正则化技术，已被开发用于减少机器学习模型中的过拟合，特别是深度神经网络。第 5 章将更深入地了解有关这些技术的信息。在下一个实践中，把理解付诸实践，并尝试找到训练的最佳轮次数，以防止过拟合。

实践 3.02　神经网络与高级纤维化诊断

本实践将使用真实数据集的年龄、性别和 BMI 等测量值来预测患者是否患有晚期纤维化。该数据集包含 1385 名接受丙型肝炎治疗的患者信息。每个患者有 28 个不同的属性，以及一个只能取两个值的类别标签：1 表示患有晚期纤维化；0 表示没有晚期纤维化的迹象。这是一个输入维度等于 28 的二元/二分类问题，图 3.18 是用于诊断丙型肝炎的二元分类器。

图 3.18　诊断糖尿病的二元分类器

本实践将通过不同的深度神经网络来执行此分类，并绘制训练错误率和测试错误率的趋势确定最终分类器需要训练多少轮数。

说明：此实践中使用的数据集网址为 https://packt.live/39pOUMT。

按照下列步骤完成实践。

（1）从 GitHub 的 Chapter03 文件夹的数据子文件夹加载数据集，导入所有必要的依赖项。

```
X = pd.read_csv('../data/HCV_feats.csv')
y = pd.read_csv('../data/HCV_target.csv')
```

（2）输出数据集中的示例数量、可用的特征数量以及类标签的可能值。

（3）使用 scikit-learn 中的 StandardScalar 函数缩放数据。预处理并将数据集以 80∶20 的比例拆分为训练集和测试集，然后输出拆分后每个集合中的示例数。

（4）实现一个具有大小为 3 的隐藏层和一个 tanh 激活函数的浅层神经网络执行分类。编译模型以下超参数：optimizer='sgd',loss='binary_crossentropy',metrics=['accuracy']。

（5）使用以下超参数拟合模型，并在训练过程中存储训练错误率和测试错误率的值：batch_size=20,epochs=100,validation_split=0.1,shuffle=False。

（6）绘制每个训练时期的训练错误率和测试错误率。使用该图来确定网络在哪个时期开始过拟合数据集。此外，输出在训练集和测试集上达到的最佳准确度值，以及在测试数据集上评估的损失和正确率。

（7）对具有两个隐藏层（大小为 4 的第一层和大小为 3 的第二层）和两层 tanh 激活函数的深度神经网络重复步骤（4）和步骤（5），以执行分类。

➡ 说明：此实践的答案见附录 A 的实践 3.02 神经网络与高级纤维化诊断。

注意与测试集相比，这两个模型都在训练集或验证集上有更好的正确率，并且在训练大量轮数时训练错误率不断下降。然而如果验证错误率在训练过程中下降到一定值后开始增加，表明训练数据已经过拟合。最大验证正确率对应于图上验证损失最低的点，并且表示模型稍后在独立示例上的真正表现。

从结果可以看出，与两层模型相比具有一层隐藏层的模型能够达到较低的验证和测试错误率。由此可以得出，该模型是上述特定问题的最佳选择。具有一个隐藏层的模型显示出大量的偏差，这表明训练和验证错误之间的差距很大。两者仍在下降，表明该模型可以训练更多的轮数。最后，从图中可以确定在验证错误率开始增加的区域停止训练，可以防止模型过拟合数据点。

3.4 总结

本章扩展了深度学习的知识，从理解常见的表示和术语到通过训练和活动在实践中实现它们。我们一起学习了神经网络中前向传播的工作原理以及如何用于预测输出，损失函数，模型性能的衡量标准，以及如何使用反向传播来计算损失函数相对于模型参数的导数。

同时了解了梯度下降，使用反向传播计算的梯度来逐步更新模型参数。除了基本理论和概念之外，还使用 Keras 实现和训练了浅层和深层神经网络，并利用它们对给定输入预测输出。

为了适当地评估模型，将数据集拆分为训练集和测试集，作为改进网络评估的替代方法，并了解了在训练示例上评估模型可能会产生误导的原因。这有助于进一步了解训练模型时可能发生的过拟合和欠拟合。最后，利用训练错误率和测试错误率来检测网络中的过拟合和欠拟合，并实施早停以减少网络中的过拟合。

下一章将介绍带有 scikit-learn 的 Keras 包，以及如何通过使用交叉验证等重采样方法进一步改进模型评估，从而学习如何为深度神经网络找到最佳的超参数集。

## 第 4 章

基于 Keras 包装器的交叉

验证评价模型

本章主要介绍如何使用 scikit-learn 来构建 Keras 包装器。您将学习如何应用交叉验证来评估深度学习模型,并创建用户定义的函数来实现深度学习模型以及交叉验证。学完本章后读者就能构建强大的模型,让其在新的数据上表现得像在训练过的数据上那样优异。

4.1　简介

第 3 章对不同的神经网络架构进行实验,通过分析训练过程中的损失率和正确率来评估不同模型的性能。这样做的目的是判断模型何时对训练数据欠拟合或过拟合,以及如何使用早停等技术来预防过拟合。

这一章将学习交叉验证法。这是一种重新取样技术,与前几章讨论的模型评估方法相比,该方法可以非常准确和稳健地评估模型。

本章首先深入讨论为什么我们要用交叉验证法进行模型评估、交叉验证的基本原理、交叉验证法的变形以及它们之间的比较。然后,在 Keras 深度学习模型上实现交叉验证,还将使用 Keras 包装器与 scikit-learn,在 scikit-learn 工作流程中把 Keras 模型用作评估器。然后学习如何在 scikit-learn 中实现交叉验证,最后将这一切结合起来,用 scikit-learn 对 Keras 深度学习模型进行交叉验证。

本章需要读者了解如何使用交叉验证来进行模型评估,以及如何利用评估结果对不同模型进行比较,并选择一个能在特定的数据集产生最佳效果的模型。本章将使用交叉验证法,为给定模型找到最佳的超参数集的方法来提高模型性能。我们将在三个实践中诠释本章的概念,每个实践都会使用一个真实的数据集。

4.2　交叉验证

重采样技术是统计数据分析中的一组重要技术,是从数据集中反复抽取样本来创建训练集和测试集。每次都使用从训练集和测试集的数据集中提取的样本来对模型进行筛选和评估。

使用重采样技术可以为我们提供有关模型的信息,否则无法通过使用一个训练集和一个测试集对模型进行一次筛选和评估来获得这些信息。由于重采样方法涉及对训练数据进行多次拟合,所以计算成本很高。因此当涉及深度学习时,只在数据集和网络相对较小并且计算能力允许的情况下实施。

本节将了解一种非常重要的重采样方法,即交叉验证法。交叉验证是最重要和最常用的重采样方法之一。当给定一个有限的数据集时,它能计算出对新的、未见过的例子的模型性能的最佳估计。我们还将探讨交叉验证的基本原理,它的两种变形,以及两种变形之间的比较。

4.2.1　只分割一次数据集的弊端

第 3 章提到用与训练模型相同的数据集来评估模型是方法上的错误,模型在特定例子上训练会使错误减少,因此在特定例子上的表现是不够准确的。这就是为什么模型在新例子上的错误率会高于使用过的例子。解决这个问题的方法是随机拿出一个数据的子集作为测试集进行评估,并把其余的数据作为训练集进行训练。图 4.1 是这种方法的图示。

图 4.1　训练集/测试集分割概述

正如前面提到的,数据分配给训练集或测试集是完全随机的。也就是说,如果重复这个过程,系统每次都会将不同的数据分配给测试集和训练集。测试错误率的变化幅度可能会比较大,这取决于哪些例子在测试集中,哪些例子在训练集中。

在第 3 章实践 3.02 的丙型肝炎数据集上构建了一个单层神经网络。使用分割训练集/测试集一次的方法来计算与该模型相关的测试误差。如果将数据分割成五个独立的数据集并重复这个过程五次,而不是只分割和训练一次,就会得到五个不同的测试错误率,如图 4.2 所示。

如图 4.2 所示,每次实验的测试错误率都有很大不同。模型评估结果表明,将数据集分成一个训练集和一个测试集的简单策略并不能够可靠和准确地评估模型性能。在第 3 章中学习的训练集/测试集方法有一个明显的优点,即简单、易于实现、计算开销小。然而,它也存在以下缺点。

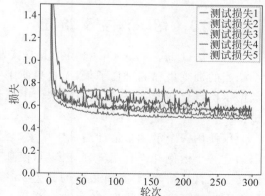

图 4.2　五个不同的训练集/测试集分割的测试错误率

- 对模型错误率的估计非常依赖于哪些数据被分配给测试集,哪些数据被分配给训练集。
- 在这种方法中,只是在数据的子集上训练模型。当机器学习模型使用少量数据进行训练时,往往表现会更差。

由于模型的性能可以通过在整个数据集上训练来提高,因此就需要寻找将所有可用数据点包括在训练中的方法。此外,还需通过评估所有可用的数据点来估计模型性能的稳健性。这些目标可以通过交叉验证技术来实现。

4.2.2　k-fold 交叉验证

在 k-fold 交叉验证中,不是将数据集分成两个子集,而是将数据集分成 k 个大小近似相等的子集。在该方法的第一次迭代中,第一个子集被认为是测试集。在剩余的 $k-1$ 个子集上训练该模型,然后在第 $k-1$ 个子集上对其进行评估(第一个子集用于估计测试错误率)。

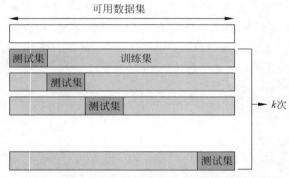

图 4.3　k-fold 交叉验证方法中的数据集拆分概述

这个过程要重复 k 次,在每次迭代中,不同的子集被用作测试集,而剩余的子集被用作训练集。最终,该方法产生了 k 个不同的测试错误率。最终的 k 倍交叉验证通过平均这 k 个测试误差率来计算模型误差率的估计值。图 4.3 说明了 k-fold 交叉验证方法的数据集的分割过程。

在实践中,通常在 $k=5$ 或 $k=10$ 时执行 k-fold 交叉验证,如果很难为数据集选择值,推荐 5 或 10 这两个值。决定使用的子集数取决于数据集中的样本数和可用的计算能力。如果 $k=5$,模型将被训练和评估 5 次,而如果 $k=10$,这个过程将被重复 10 次。子集数越多,执行 k-fold 交叉验证所需的时间就越长。

在 k-fold 交叉验证中,分配给每个 fold 的样本是完全随机的。但是,通过图 4.3 可以看到最终每一条数据都会被用于训练和评估。这就是为什么在同一个数据集和同一个模型上重复多次 k-fold 交叉验证,最终报告的测试错误率都会几乎相同。因此,与训练集/测试集方法相比,k-fold 交叉验证的结果不会有很大的差异。

4.2.3　留一法交叉验证

留一法(Leave-One-Out,LOO)是交叉验证技术的一种变体,它不是将数据集分为两个大小相当的训练集和测试集子集,而是只使用一份单独的数据进行评估。如果整个数据有 n 个数据示例,模型将在留一法的每次迭代中训练 $n-1$ 个示例,剩余的单元示例将被用来计算测试错误率。

仅使用一个示例来估计测试错误率,会导致模型性能的评估无偏差但高方差。无偏差是因为这一个示例并没有用于训练模型,仅基于一个数据示例进行计算,并且随着剩余的数据示例而变化,但这样它会具有很高的方差。这个过程重复 n 次,在每次迭代中都会使用不同的数据示例进行评估。最后,该方法会产生 n 个不同的测试错误率,通过平均这 n 个错误率来计算最终的 LOO 交叉验证结果。

图 4.4 显示了 LOO 交叉验证方法中的数据集拆分过程。

在 LOO 交叉验证的每一次迭代中,数据集中几乎所有的例子都被用来训练模型。但是,相对较大的数据子集在训练集/测试集方法中只能被用于评估,而不能被用于训练,因此 LOO

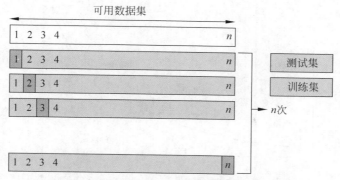

图 4.4 LOO 交叉验证的数据集拆分方法图示

更接近于评估模型在整个数据集上的性能,这是 LOO 交叉验证相对于训练集/测试集方法的主要优势。

此外,由于 LOO 交叉验证的每次迭代仅使用一个唯一的数据示例进行评估,并且每个单独的数据示例也用于训练,所以该方法不存在随机性。因此,如果在同一数据集和同一模型上多次重复 LOO 交叉验证,则每次报告的最终测试错误率将完全相同。

LOO 交叉验证的不足之处在于它的计算量大。由于模型需要训练 n 次,故在 n 很大或网络很大的情况下,需要很长时间才能完成。LOO 交叉验证和 k-fold 交叉验证各有优缺点,下一节将对两者进行比较。

4.2.4 k-fold 交叉验证和 LOO 交叉验证的比较

比较图 4.3 和图 4.4,很明显,LOO 交叉验证是 k-fold 交叉验证的一个特例,其中 $k=n$。但是如上所述,与选择 $k=5$ 或 $k=10$ 相比,选择 $k=n$ 的计算开销非常大。

因此,k-fold 交叉验证相对于 LOO 交叉验证的第一个优势是计算开销较小。图 4.5 中比较了低 k 值的 k-fold 交叉验证、高 k 值的 k-fold 交叉验证、LOO 交叉验证和测试数据集验证得到的偏差和方差的区别。图 4.5 表明,测试数据集验证将得到最高的偏差,LOO 交叉验证得到最高方差。中间值是 k-fold 交叉验证。这也是为什么 k-fold 交叉验证通常是大多数机器学习任务最合适的选择。

	偏差	方差
简单的训练-测试拆分方法	最高	最低
具有较小k的k-fold交叉验证	较高	较低
具有较大k的k-fold交叉验证	较低	较高
$k=n$的LOO交叉验证	最低	最高

图 4.5 测试数据集验证、k-fold 交叉验证和 LOO 交叉验证的比较

图 4.6 在偏差和方差方面比较了训练集/测试集方法、k-fold 交叉验证和 LOO 交叉验证。

通常,在机器学习和数据分析中,最理想的模型是偏差和方差都最低。图 4.6 中间标记的区域,偏差和方差都较低。这个区域正好是 k-fold 交叉验证 $k=5$ 到 $k=10$ 之间。下一节将探讨如何在实践中实现各种交叉验证方法。

彩色图片

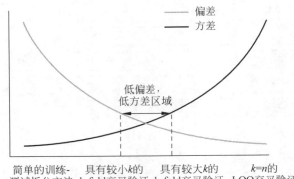

图 4.6　训练集/测试集方法、k-fold 交叉验证和 LOO 交叉验证的偏差、方差比较

4.3　深度学习模型的交叉验证方法

本节将了解如何将 Keras 包装器与 scikit-learn 结合在一起使用。这个工具可以将 Keras 模型用作 scikit-learn 工作流的一部分。因此,scikit-learn 的方法和函数,比如用于执行交叉验证的方法和函数,可以很便捷地应用于 Keras 模型。

学习如何使用 scikit-learn 实现 4.2 节中学到的交叉验证。此外,了解如何使用交叉验证来评估 Keras 带 scikit-learn 包的深度学习模型。最后,通过解决一个涉及真实数据集的问题来练习所学到的内容。

4.3.1　带有 scikit-learn 的 Keras 包

当涉及一般的机器学习和数据分析时,scikit-learn 库要比 Keras 丰富得多,也更容易使用。这就是为什么在 Keras 模型上使用 scikit-learn 具有巨大的价值。

Keras 中附带了一个有用的包——keras. wrappers. scikit_learn,它允许我们为深度学习模型构建 scikit-learn 接口,这些接口可用作 scikit-learn 中的分类或回归估计器。有两种类型的包装器:一种用于分类估计;另一种用于回归估计。以下代码用于定义这些 scikit-learn 接口。

```
keras.wrappers.scikit_learn.KerasClassifier(build_fn=None, **sk_params)
# wrappers for classification estimators
keras.wrappers.scikit_learn.KerasRegressor(build_fn=None, **sk_params)
# wrappers for regression estimators
```

build_fn 参数需要一个可调用的函数,其中定义、编译和返回 Keras 顺序模型在其主体内。

sk_params 参数可以接受用于构建模型的参数(如层的激活函数)和用于拟合模型的参数(如时期数和批处理大小)。这将在下面的训练中进行实践,将使用 Keras 包装器来解决回归问题。

◆说明:本章中的所有实践都将在 Jupyter Notebook 中开发,可以在 https://packt. live/3btnjfA 下载本书的 GitHub 存储库以及所有准备好的模板。

训练 4.01　在回归问题中使用scikit-learn构建Keras包装器

本训练将学习如何逐步建立 Keras 深度学习模型的包装器，以便可以在 scikit-learn 工作流中使用。首先，加载一个带有 908 个数据点的回归问题的数据集，其中每条记录描述一种化学品的六个属性，目标是预测该化学品对鱼 Pimephales promelas（或 LC50）的急性毒性。

💠 **说明**：注意下面字符串中的斜线。反斜杠（\）用于将代码拆分为多行，而正斜杠（/）是路径的一部分。

```
# import data
import pandas as pd

colnames = ['CIC0', 'SM1_Dz(Z)', 'GATS1i', \
            'NdsCH', 'NdssC','MLOGP', 'LC50']
data = pd.read_csv('../data/qsar_fish_toxicity.csv', \
                   sep=';', names=colnames)
X = data.drop('LC50', axis=1)
y = data['LC50']

# Print the sizes of the dataset
print("Number of Examples in the Dataset = ", X.shape[0])
print("Number of Features for each example = ", X.shape[1])
# print output range
print("Output Range = [%f, %f]" %(min(y), max(y)))
```

预计的输出如下。

```
Number of Examples in the Dataset =  908
Number of Features for each example =  6
Output Range = [0.053000, 9.612000]
```

由于该数据集中的输出是一个数值，所以这是一个回归问题。通过建立一个模型，预测该化学品对鱼类 LC50 的急性毒性。现在，完成以下步骤。

（1）定义一个函数，用于构建并返回此回归问题的 Keras 模型。定义的 Keras 模型必须有一个大小为 8 的隐藏层，且具有 ReLU 激活功能。此外，使用 Mean Squared Error（MSE）损失函数和 Adam optimizer 来编译模型。

```
from keras.models import Sequential
from keras.layers import Dense, Activation
# Create the function that returns the keras model
def build_model():
    # build the Keras model
    model = Sequential()
    model.add(Dense(8, input_dim=X.shape[1], \
            activation='relu'))
    model.add(Dense(1))
    # Compile the model
    model.compile(loss='mean_squared_error', \
                  optimizer='adam')
    # return the model
    return model
```

（2）使用 Keras 包装器和 scikit-learn 为模型创建 scikit-learn 接口。在这里提供 epochs、batch_size 和 verbose 参数。

```
# build the scikit-Learn interface for the keras model
from keras.wrappers.scikit_learn import KerasRegressor
YourModel = KerasRegressor(build_fn= build_model, \
                           epochs=100, \
                           batch_size=20, \
                           verbose=1)
```

现在,模型就可以在 scikit-learn 中作为回归估计器使用了。

本训练使用 scikit-learn 通过模拟数据集为回归问题构建 Keras 包装器。

◆说明:源代码网址为 https://packt.live/38nuqVP,在线运行代码网址为 https:// packt.live/31MLgMF。

在本章的其他训练中将继续使用该数据集实现交叉验证。

4.3.2　使用 scikit-learn 进行交叉验证

第 3 章了解到可以在 scikit-learn 中执行训练集/测试集分割。假设原始数据集存储在 X 和 y 数组中,使用以下命令将它们随机分为训练集和测试集。

```
from sklearn.model_selection import train_test_split
X_train, X_test, y_train, y_test = train_test_split\
                                   (X, y, test_size=0.3, \
                                    random_state=0)
```

test_size 参数可以分配给 0 到 1 之间的任何数字,具体取决于所期望的测试集大小。通过为 random_state 参数提供一个 int 数值,选择随机数生成器的种子。

在 scikit-learn 中执行交叉验证最简单的方法是使用 cross_val_score 函数。首先定义估算器(例子中估算器是一个 Keras 模型)。然后,使用以下命令对估算器/模型执行交叉验证。

```
from sklearn.model_selection import cross_val_score
scores = cross_val_score(YourModel, X, y, cv=5)
```

将原始数据集作为 cross_val_score 函数的参数提供给 Keras 模型,以及折叠数(cv 参数)。这里使用了 cv=5,因此 cross_val_score 函数将数据集随机分成 5 份,并使用 5 个不同的训练集和测试集对模型进行 5 次训练和拟合。在每次迭代时计算模型评估的默认指标(或在定义 Keras 模型时给出的指标)并将它们存储在分数中。输出最终的交叉验证分数,如下所示。

```
print(scores.mean())
```

之前提到 cross_val_score 函数返回的分数是模型的默认指标,或者是在定义模型时为其确定的指标。但可通过在调用 cross_val_score 函数时提供所需的度量作为 scoring 参数来更改交叉验证的度量。

◆说明:在 https://scikit-learn.org/stable/modules/model_evaluation.html#scoring-parameter 了解有关如何在 cross_val_score 函数的 scoring 参数中提供所需指标的更多信息。

通过为 cross_val_score 函数的 cv 参数提供一个整数,可对数据集执行 k-fold 交叉验证。scikit-learn 中还有其他几个可用的迭代器,可通过将它们分配给 cv 以在数据集上执行其他交叉验证的变体。例如,以下代码块将对数据集执行 LOO 交叉验证。

```
from sklearn.model_selection import LeaveOneOut
loo = LeaveOneOut()
scores = cross_val_score(YourModel, X, y, cv=loo)
```

下一节将探索 scikit-learn 中的 k-fold 交叉验证，并了解它如何与 Keras 模型一起使用。

4.3.3　scikit-learn 中的交叉验证迭代器

这里提供了 scikit-learn 中最常用的交叉验证迭代器列表，以及对每个迭代器的简要说明。

- KFold（n_splits＝?）：该迭代器将数据集划分为 k 个组。需要设置 n_splits 参数来确定要使用的组数。如果 n_splits＝n，则相当于 LOO 交叉验证。
- RepeatedKFold(n_splits＝?，n_repeats＝?，random_state＝random_state)：该迭代器将循环 k-fold 交叉验证 n_repeats 次。
- LeaveOneOut()：该迭代器将数据集拆分以进行 LOO 交叉验证。
- ShuffleSplit(n_splits＝?，test_size＝?，random_state＝random_state)：将生成 n_splits 个随机和独立的训练集/测试集数据集拆分，使用 random_state 参数存储随机数生成器的种子，这样做就可重现数据集的拆分。

除了上述提到的常规迭代器，还有一些 stratified 版本。当数据集中不同类别的示例数量不平衡时，分层采样就会很有用。例如，假设我们设计一个分类器来预测某人是否会拖欠信用卡债务，其数据集中几乎 95％ 的例子都属于负类。通过分层抽样确保每个相对类的频率都会在训练集/测试集拆分中保留。对于这种情况，建议使用分层版本的迭代器。

通常在使用训练集来训练和评估模型之前，会对训练集进行预处理以对示例的大小进行缩放，使它们的均值等于 0、标准差等于 1。在训练集/测试集方法中，扩展训练集并进行存储转换。通过以下代码来执行此操作。

```
from sklearn.preprocessing import StandardScaler
scaler = StandardScaler()
X_train = scaler.fit_transform(X_train)
X_test = scaler.transform(X_test)
```

这是 X,y 数据集上执行 $k＝5$ 的分层 k-fold 交叉验证的示例。

```
from sklearn.model_selection import StratifiedKFold
skf = StratifiedKFold(n_splits=5)
scores = cross_val_score(YourModel, X, y, cv=skf)
```

◆ 说明：在 https://scikit-learn.org/stable/modules/cross_validation.html ♯ cross-validationiterators 了解有关 scikit-learn 中交叉验证迭代器的更多信息。

◆ **训练 4.02**　**使用交叉验证评估深度神经网络**

本训练将把学到的有关交叉验证的所有概念和方法结合在一起。再次完成所有步骤，从定义 Keras 深度学习模型到将其传到 scikit-learn 工作流并执行交叉验证以评估其性能。在某种意义上，这个训练是对本书之前所学知识的回顾。

（1）第一步始终是加载计划构建模型的数据集。首先，加载一个回归问题的 908 个数据点的数据集,其中每条记录描述一种化学品的六个属性,目标是预测该化学品对鱼Pimephales promelas(或 LC50)的急性毒性。

```python
# import data
import pandas as pd

colnames = ['CIC0', 'SM1_Dz(Z)', 'GATS1i', \
            'NdsCH', 'NdssC','MLOGP', 'LC50']
data = pd.read_csv('../data/qsar_fish_toxicity.csv', \
                    sep=';', names=colnames)
X = data.drop('LC50', axis=1)
y = data['LC50']

# Print the sizes of the dataset
print("Number of Examples in the Dataset = ", X.shape[0])
print("Number of Features for each example = ", X.shape[1])
# print output range
print("Output Range = [%f, %f]" %(min(y), max(y)))
```

输出如下。

```
Number of Examples in the Dataset =  908
Number of Features for each example =  6
Output Range = [0.053000, 9.612000]
```

(2) 使用 Mean Squared Error(MSE)损失函数和 Adam optimizer 定义返回具有大小为 8 的单个隐藏层和 ReLU 激活函数的 Keras 模型的函数。

```python
from keras.models import Sequential
from keras.layers import Dense, Activation
# Create the function that returns the keras model
def build_model():
    # build the Keras model
    model = Sequential()
    model.add(Dense(8, input_dim=X.shape[1], \
            activation='relu'))
    model.add(Dense(1))
    # Compile the model
    model.compile(loss='mean_squared_error', \
                optimizer='adam')
    # return the model
    return model
```

(3) 设置 seed 并使用包装器为在步骤(2)的函数中定义的 Keras 模型构建 scikit-learn 接口。

```python
# build the scikit-Learn interface for the keras model
from keras.wrappers.scikit_learn import KerasRegressor
import numpy as np
from tensorflow import random
seed = 1
np.random.seed(seed)
random.set_seed(seed)
YourModel = KerasRegressor(build_fn= build_model, \
                        epochs=100, batch_size=20, \
                        verbose=1 , shuffle=False)
```

（4）定义用于交叉验证的迭代器，执行 5 倍交叉验证。

```
# define the iterator to perform 5-fold cross-validation
from sklearn.model_selection import KFold
kf = KFold(n_splits=5)
```

（5）调用 cross_val_score 函数进行交叉验证。此步骤需要一段时间才能完成，具体取决于可用的算力。

```
# perform cross-validation on X, y
from sklearn.model_selection import cross_val_score
results = cross_val_score(YourModel, X, y, cv=kf)
```

（6）完成交叉验证后，输出模型性能的最终交叉验证估计（默认性能的度量为测试损失）。

```
# print the result
print(f"Final Cross-Validation Loss = {abs(results.mean()):.4f}")
```

输出示例如下。

```
Final Cross-Validation Loss = 0.9680
```

交叉验证损失表明，在该数据集上训练的 Keras 模型能够完成对化学品的 LC50 预测，平均损失为 0.9680。在下一个训练中将进一步检查这个模型。

这些都是在 scikit-learn 中使用交叉验证来评估 Keras 深度学习模型所需的所有步骤。现在，将在一个实践中把它们付诸实践。

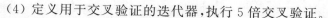 说明：源代码网址为 https://packt.live/3eRTlTM，在线运行代码网址为 https://packt.live/31IdVT0。

实践 4.01 使用交叉验证对晚期肝纤维化诊断分类器进行模型评估

在第 3 章的实践 3.02 中使用 Keras 进行了深度学习并且了解了丙型肝炎数据集。该数据集包含 1385 名接受丙型肝炎治疗的患者的信息。对于每个患者，有 28 个不同的属性可用，如年龄、性别和 BMI，以及一个类别标签，它只能是两个值：1，表示晚期纤维化；0，表示没有晚期纤维化的迹象。这是一个输入维度等于 28 的二元/二分类问题。

在第 3 章中创建了 Keras 模型对数据集进行分类。拆分训练集/测试集来训练和评估模型，并报告测试错误率。在本实践中，使用 k-fold 交叉验证来训练和评估深度学习模型。使用在之前实践中产生最佳测试错误率的模型，将交叉验证错误率与拆分训练集/测试集方法错误率进行比较。

（1）使用 X = pd. read_csv('../data/HCV_feats. csv'), y = pd. read_csv ('../data/HCV _target . csv') 从 GitHub 的 Chapter04 文件夹的 data 子文件夹中加载数据集。输出数据集中的示例数量、可用特征的数量以及类标签的可能值。

（2）定义返回 Keras 模型的函数。Keras 模型是具有两个隐藏层的深度神经网络，其中第一个隐藏层的大小为 4，第二个隐藏层的大小为 2，并使用 tanh 激活函数进行分类，为超参数使用以下值。

```
optimizer='adam',loss='binary_crossentropy',metrics= ['accuracy']
```

（3）为 epochs=100、batch_size=20 和 shuffle=False 的 Keras 模型构建 scikit-learn 接

口。将交叉验证迭代器定义为StratifiedKFold, k=5。对模型执行k-fold交叉验证并存储值。

（4）输出每次迭代的准确度，加上总体交叉验证准确度及其相关的标准偏差。

（5）将此结果与第3章实践3.02的结果进行比较。

输出结果如下。

```
Test accuracy at fold 1 = 0.5198556184768677
Test accuracy at fold 2 = 0.4693140685558319
Test accuracy at fold 3 = 0.512635350227356
Test accuracy at fold 4 = 0.5740072131156921
Test accuracy at fold 5 = 0.5523465871810913


Final Cross Validation Test Accuracy: 0.5256317675113678
Standard Deviation of Final Test Accuracy: 0.03584760640500936
```

◆ **说明**：本实践答案见附录A的实践4.01使用交叉验证对晚期肝纤维化诊断分类器进行模型评估。

在训练3.02中执行的训练集/测试集拆分方法所获得的准确率是49.819%，低于执行5倍交叉验证时获得的测试准确率。在相同的深度学习模型和相同的数据集上进行交叉验证时，低于其中一个fold的准确度。

造成这种差异的原因是，训练集/测试集方法产生的测试错误率是在模型评估中仅使用数据点的子集来计算的。而这里的测试错误率是在模型评估中使用所有数据点来计算的，因此这种对模型性能的评估更准确、更稳健，且在不可见的测试数据集上执行得更好。

在本次实践中，使用交叉验证对涉及真实数据集的问题进行模型的评估。改进模型评估并不是使用交叉验证的唯一目的，它还可以为给定问题选择最佳模型或参数。

4.4　利用交叉验证选择模型

交叉验证为我们提供了对未见示例的模型性能的稳健估计。因此，它可用于在特定问题的两个模型之间做出选择，或决定将哪个模型参数（或超参数）用于特定问题。也就是想找出哪个模型或哪组模型参数/超参数的测试错误率最低。

本节将学习使用交叉验证为深度学习模型定义一组超参数，然后编写用户自定义函数，让每个可能的超参数组合对模型执行交叉验证。最后，观察哪种超参数组合的测试错误率最低，并将该组合作为最终模型。

到目前为止，我们已经了解到，在训练集上评估一个模型会导致在未见的例子上低估模型的错误率。将数据集分成训练集和测试集，可以更准确地估计模型的性能，但也会存在高方差的问题。在未见的例子中进行交叉验证能更稳健、准确地评估模型的性能。如图4.7中展示了这三种模型评估方法产生的错误率估计。

由图4.7可知，一方面，训练集/测试集方法的错误率略低于交叉验证。但训练集/测试集的错误率也可能高于交叉验证，这取决于测试集中包含哪些数据（因此存在高方差问题）。另一方面，对训练集进行评估所导致的错误率总是低于其他两种方法。

交叉验证可以得到对模型在独立数据示例上性能的最佳估计。明白了这一点，就可以使用交叉验证选择模型解决特定的问题了。例如有四个不同的模型，需要确定哪个模型更适合

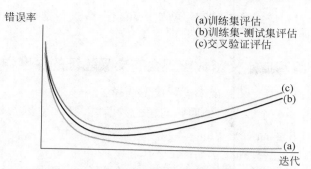

图 4.7　三种模型评估方法的错误率估计图示

特定数据集,可以训练每一个模型并用交叉验证来评估,将错误率最低的模型作为最终选择。图 4.8 显示了与四个假设模型相关的交叉验证错误率。由此可以得出结论,模型 1 是最适合该问题的,而模型 4 是最差的选择。这四个模型是具有不同数量的隐藏层和不同数量的隐藏层单元的深度神经网络。

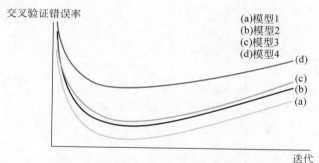

图 4.8　与四个假设模型相关的交叉验证错误率的图示

选择好最适合特定问题的模型之后,下一步为该模型选择最佳参数或超参数。在构建深度神经网络时,需要为模型选择几个超参数,并且这些超参数中的每一个都有多个选择。

这些超参数包括激活函数、损失函数和优化器的类型,以及 epoch 数和 batch_size。可以为每个超参数定义一组可能的选择,然后实施模型以及交叉验证,找到超参数的最佳组合。

图 4.9 显示了与假设的深度学习模型四组不同超参数相关的交叉验证错误率。由此可以得出结论,集合 1 是该模型的最佳选择,因为其交叉验证错误率值最低。

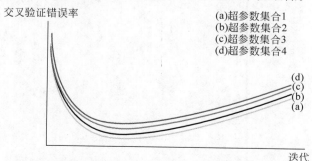

图 4.9　与假设的深度学习模型的四组不同超参数相关的交叉验证错误率的图示

下一个训练将学习如何通过不同的模型架构和超参数进行迭代,以找到产生最优模型的集合。

训练 4.03　编写自定义函数实现含有交叉验证的深度学习模型

本训练将学习如何使用交叉验证来进行模型选择。

首先,加载一个有 908 个数据点的回归问题的数据集,其中每条记录描述一种化学品的六个属性,目标是预测该化学品对鱼 Pimephales promelas(或 LC50)的急性毒性。对给定的化学属性建立一个模型来预测每种化学品的 LC50。

```python
# import data
import pandas as pd
import numpy as np
from tensorflow import random

colnames = ['CIC0', 'SM1_Dz(Z)', 'GATS1i', 'NdsCH', \
            'NdssC','MLOGP', 'LC50']
data = pd.read_csv('../data/qsar_fish_toxicity.csv', \
                    sep=';', names=colnames)
X = data.drop('LC50', axis=1)
y = data['LC50']
```

按照以下步骤完成该训练。

(1) 定义三个函数返回三个 Keras 模型。第一个模型有一个大小为 4 的隐藏层;第二个模型有一个大小为 8 的隐藏层;第三个模型有 2 个隐藏层,第一层大小为 4,第二层大小为 2。为所有隐藏层添加 ReLU 激活函数。找出这三个模型中的哪一个将得到最低的交叉验证错误率。

```python
# Define the Keras models
from keras.models import Sequential
from keras.layers import Dense

def build_model_1():
    # build the Keras model_1
    model = Sequential()
    model.add(Dense(4, input_dim=X.shape[1], \
                    activation='relu'))
    model.add(Dense(1))
    # Compile the model
    model.compile(loss='mean_squared_error', \
                    optimizer='adam')
    # return the model
    return model

def build_model_2():
    # build the Keras model_2
    model = Sequential()
    model.add(Dense(8, input_dim=X.shape[1], \
                activation='relu'))
    model.add(Dense(1))
    # Compile the model
    model.compile(loss='mean_squared_error', \
                    optimizer='adam')
    # return the model
```

```
        return model

def build_model_3():
    # build the Keras model_3
    model = Sequential()
    model.add(Dense(4, input_dim=X.shape[1], \
                    activation='relu'))
    model.add(Dense(2, activation='relu'))
    model.add(Dense(1))
    # Compile the model
    model.compile(loss='mean_squared_error', \
                  optimizer='adam')
    # return the model
    return model
```

（2）编写一个循环来构建 Keras 包装器并在三个模型上执行 3 倍交叉验证。存储每个模型的分数。

```
"""
define a seed for random number generator so the result will be
reproducible
"""
seed = 1
np.random.seed(seed)
random.set_seed(seed)
# perform cross-validation on each model
from keras.wrappers.scikit_learn import KerasRegressor
from sklearn.model_selection import KFold
from sklearn.model_selection import cross_val_score
results_1 = []
models = [build_model_1, build_model_2, build_model_3]
# loop over three models
for m in range(len(models)):
    model = KerasRegressor(build_fn=models[m], \
                           epochs=100, batch_size=20, \
                           verbose=0, shuffle=False)
    kf = KFold(n_splits=3)
    result = cross_val_score(model, X, y, cv=kf)
    results_1.append(result)
```

（3）输出每个模型的最终交叉验证错误率，找出哪个模型的错误率较低。

```
# print the cross-validation scores
print("Cross-Validation Loss for Model 1 =", \
      abs(results_1[0].mean()))
print("Cross-Validation Loss for Model 2 =", \
      abs(results_1[1].mean()))
print("Cross-Validation Loss for Model 3 =", \
      abs(results_1[2].mean()))
```

输出如下。

```
Cross-Validation Loss for Model 1 = 0.990475798256843
Cross-Validation Loss for Model 2 = 0.926532513151634
Cross-Validation Loss for Model 3 = 0.9735719371528117
```

模型 2 的错误率最低，因此接下来在步骤中使用它。

（4）再次使用交叉验证来确定错误率最低的模型所用的 epochs 和 batch_size。编写代码,对 epochs＝[100,150]和 batch_size＝[20,15]范围内的每个可能的 epochs 和 batch-size
组合执行 3 倍交叉验证并存储其值。

```
"""
define a seed for random number generator so the result will be
reproducible
"""
np.random.seed(seed)
random.set_seed(seed)
results_2 = []
epochs = [100, 150]
batches = [20, 15]
# Loop over pairs of epochs and batch_size
for e in range(len(epochs)):
    for b in range(len(batches)):
        model = KerasRegressor(build_fn= build_model_3, \
                               epochs= epochs[e], \
                               batch_size= batches[b], \
                               verbose=0, \
                               shuffle=False)
kf = KFold(n_splits=3)
result = cross_val_score(model, X, y, cv=kf)
results_2.append(result)
```

❖ 说明：前面的代码块使用两个 for 循环对 epochs 和 batch_size 的所有可能组合执行 3
倍交叉验证。由于它们每个都有两个选择,故会有四个不同的组合,因此代码将执行 4 次交叉
验证。

（5）输出每个 epochs/batch_size 的最终交叉验证错误率,找出哪个组合的错误率最低。

```
"""
Print cross-validation score for each possible pair of epochs, batch_
size
"""
c = 0
for e in range(len(epochs)):
    for b in range(len(batches)):
        print("batch_size =", batches[b],", \
            epochs =", epochs[e], ", Test Loss =", \
            abs(results_2[c].mean()))
        c += 1
```

输出如下。

```
batch_size = 20 , epochs = 100 , Test Loss = 0.9359159401008821
batch_size = 15 , epochs = 100 , Test Loss = 0.9642481369794683
batch_size = 20 , epochs = 150 , Test Loss = 0.9561188386646661
batch_size = 15 , epochs = 150 , Test Loss = 0.9359079093029896
```

由此可见,epochs＝150 和 batch_size＝15 以及 epochs＝100 和 batch_size＝20 的性能几
乎相同。因此,在下一步中选择 epochs＝100 和 batch_size＝20。

（6）再次使用交叉验证来决定隐藏层的激活函数和模型的优化器 activations＝['relu',
'tanh']和 optimizers＝['sgd', 'adam','rmsprop']。使用上一步中最好的 batch_size 和 epochs
组合。

```
# Modify build_model_2 function
def build_model_2(activation='relu', optimizer='adam'):
    # build the Keras model_2
    model = Sequential()
    model.add(Dense(8, input_dim=X.shape[1], \
            activation=activation))
    model.add(Dense(1))
    # Compile the model
    model.compile(loss='mean_squared_error', \
                optimizer=optimizer)
    # return the model
    return model

results_3 = []
activations = ['relu', 'tanh']
optimizers = ['sgd', 'adam', 'rmsprop']

"""
Define a seed for the random number generator so the result will be
reproducible
"""
np.random.seed(seed)
random.set_seed(seed)
# Loop over pairs of activation and optimizer
for o in range(len(optimizers)):
    for a in range(len(activations)):
        optimizer = optimizers[o]
        activation = activations[a]
        model = KerasRegressor(build_fn= build_model_3, \
                            epochs=100, batch_size=20, \
                            verbose=0, shuffle=False)
        kf = KFold(n_splits=3)
        result = cross_val_score(model, X, y, cv=kf)
        results_3.append(result)
```

◆ **说明**：必须修改 build_model_2 函数，将激活、优化器和它们的默认值作为函数的参数传递。

（7）输出每对激活和优化器的最终交叉验证错误率，找出哪对具有较低的错误率。

```
"""
Print cross-validation score for each possible pair of optimizer,
activation
"""
c = 0
for o in range(len(optimizers)):
    for a in range(len(activations)):
        print("activation = ", activations[a],", \
                optimizer = ", optimizers[o], ", \
                Test Loss = ", abs(results_3[c].mean()))
        c += 1
```

输出如下。

```
activation =  relu , optimizer =  sgd , Test Loss =
1.0123592540516995
activation =  tanh , optimizer =  sgd , Test Loss =
3.393908379781118
```

```
activation = relu , optimizer = adam , Test Loss =
0.96626860893926 41
activation = tanh , optimizer = adam , Test Loss =
2.13692859602221 44
activation = relu , optimizer = rmsprop , Test Loss =
2.18928269842149 84
activation = tanh , optimizer = rmsprop , Test Loss =
2.20298842753630 14
```

(8) activation='relu'和 optimizer='adam'错误率最低。此外 activation='relu'和 optimizer='sgd'的结果几乎一样好。因此,可以在最终模型中使用这些优化器中的任何一个来预测该数据集的水生毒性。

◈说明:源代码网址为 https://packt.live/2BYCwbg,在线运行代码网址为 https://packt.live/3gofLfP。

现在,在另一个数据集上使用交叉验证来选择模型。接下来在实践 4.02,使用 hepatitis C 数据集对分类问题实现独立训练。

◈说明:训练 4.02 和训练 4.03 中涉及多次执行 k-fold 交叉验证,因此这些步骤需要几分钟去完成。如果完成的时间太长,可以通过减少 fold 或 epoch,或增加 batch size 批量大小来加速该过程。显然这样做会得到与预期输出不同的结果,但相同的原则仍然适用于选择模型和超参数。

◆ **实践 4.02** **用交叉验证为高纤维化诊断分类器选择模型**

本次实践将使用交叉验证来选择模型和超参数以改进丙型肝炎数据集分类器。步骤如下。

(1) 使用 X=pd. read_csv('../data/HCV_feats.csv'),y=pd. read_csv('../data/HCV_target.csv ')从 GitHub 的 Chapter04 文件夹的 data 子文件夹加载数据集,导入实践所需的包。

(2) 定义三个函数,每个函数返回一个不同的 Keras 模型。第一个 Keras 模型是一个深度神经网络,具有三个大小均为 4 的隐藏层和 ReLU 激活函数。第二个 Keras 模型是一个具有两个隐藏层的深度神经网络,第一层大小为 4,第二层大小为 2,以及 ReLU 激活函数。第三个 Keras 模型是一个深度神经网络,具有两个隐藏层(大小均为 8)和一个 ReLU 激活函数。为超参数使用以下值。

```
optimizer = 'adam', loss = 'binary_crossentropy', metrics = ['accuracy']
```

(3) 编写遍历三个模型并执行 5-fold 交叉验证的代码,使用 epochs=100、batch_size=20 和 shuffle=False。将所有交叉验证的分数存入一个列表并输出结果,判断哪个模型的正确率最高。

◈说明:此实践的步骤(3)、(4)和(5)分别涉及执行 5-fold 交叉验证 3、4 和 6 次。因此,可能需要一些时间才能完成。

(4) 将 epochs 和 batch_size 的值更改为 epochs=[100,200]和 batches=[10,20],分成四组对步骤(3)中正确率最高的模型执行 5-fold 交叉验证。将所有交叉验证分数存入一个列表中并输出结果,哪个 epochs 和 batch_size 组能得到最高正确率?

(5) 编写代码,使用的优化器和激活值为 optimizers = ['rmsprop','adam','sgd']和

activations = ['relu', 'tanh']。使用每个可能组合对步骤(3)得到的正确率最高的模型执行 5-fold 交叉验证,使用步骤(4)中正确率最高的 batch_size 和 epochs 值。将所有交叉验证分数存入一个列表中并打印结果,判断哪个优化器和激活值得到的正确率最高。

◆ **说明**:在深度神经网络中初始化权重和偏差以及在执行 k-fold 交叉验证时,包含在每个折叠中的示例存在随机性。因此,即使运行完全相同的代码两次,也可能会得到完全不同的结果。在构建和训练神经网络以及执行交叉验证时设置种子非常重要。这样做可确保在重新运行代码时重复完全相同的神经网络初始化以及完全相同的训练集和测试集。

执行这些步骤后,预期的输出将如下所示。

```
activation = relu , optimizer = rmsprop , Test accuracy =
0.5234657049179077
activation = tanh , optimizer = rmsprop , Test accuracy =
0.496028887630462644
activation = relu , optimizer = adam , Test accuracy =
0.5039711117744445
activation = tanh , optimizer = adam , Test accuracy =
0.49891695976257325732
activation = relu , optimizer = sgd , Test accuracy =
0.48953068256378174
activation = tanh , optimizer = sgd , Test accuracy =
0.5191335678100586
```

◆ **说明**:此实践的答案见附录 A 的实践 4.02 用交叉验证为高纤维化诊断分类器选择模型。

在本实践中学习了如何使用交叉验证来评估深度神经网络,以便找到对分类问题产生最低错误率的模型。还学习了如何使用交叉验证来改进给定的分类模型,以便为其找到最佳的超参数集。下一个实践将使用回归任务重复此实践。

◆ **实践 4.03** **在Traffic Volume数据集上使用交叉验证进行模型选择**

本实践将再次使用交叉验证来练习模型选择。这次使用一个模拟数据集,该数据集表示一个目标变量,代表每小时经过一座城市桥梁的交通流量,以及与交通数据相关的各种标准化特征,例如当天与前一天的交通量。建立一个模型,在给定各种特征的情况下预测穿过城市桥梁的交通量。

数据集包含 10000 条记录,每条记录包含 10 个属性/特征。建立一个深度神经网络,接收 10 个特征并预测桥上的交通量。由于输出是一个数字,说明这是一个回归问题。步骤如下。

(1)导入所有需要的软件包。

(2)打印输入和输出大小以检查数据集中的示例数量以及每个示例的特征数量。此外,还可以打印输出的范围。

(3)定义三个函数,每个函数返回一个不同的 Keras 模型。第一个 Keras 模型是一个浅层神经网络,具有一个大小为 10 的隐藏层和一个 ReLU 激活函数。第二个 Keras 模型是一个深度神经网络,具有两个大小为 10 的隐藏层和一个 ReLU 激活函数。第三个 Keras 模型是一个深度神经网络,具有三个大小为 10 的隐藏层和一个 ReLU 激活函数。

需使用下列参数:optimizer='adam', loss='mean_squared_error'。

◆ **说明**:此实践的步骤(4)、(5)和(6)分别涉及执行 5-fold 交叉验证 3、4 和 3 次。因此,可能需要一些时间才能完成。

（4）编写代码循环遍历三个模型并对每个模型执行 5-fold 交叉验证（在此步骤中使用 epochs＝100、batch_size＝5 和 shuffle＝False）。将所有交叉验证值存储在一个列表中并打印结果。判断哪个模型的测试错误率最低。

（5）编写代码，使用 epochs＝[80,100] 和 batches＝[5,10] 的值。对每个值组合在步骤（4）最低测试错误率的模型上执行 5-fold 交叉验证。将所有交叉验证分数存储在一个列表中并打印结果。观察哪个 epoch 和 batch_size 组合的测试错误率最低。

（6）编写使用 optimizers＝['rmsprop', 'sgd','adam'] 的代码，并用每个可能的优化器在步骤（4）最低测试错误率的模型上执行 5-fold 交叉验证。使用步骤（5）中测试错误率最低的 batch_size 和 epochs 值。将所有交叉验证分数存储在列表中并打印结果。判断哪个优化器导致测试错误率最低。

执行完上述步骤后，期望输出如下。

```
optimizer= adam  test error rate =  25.391812739372256
optimizer= sgd  test error rate =  25.140230269432067
optimizer= rmsprop  test error rate =  25.217947859764102
```

◆ **说明**：本实践答案见附录 A 的实践 4.03 在 Traffic Volume 数据集上使用交叉验证进行模型选择。

在本实践中学习了如何使用交叉验证来评估深度神经网络，以便找到对回归问题产生最低错误率的模型。此外，还学习了如何使用交叉验证来改进给定的回归模型，以便为其找到最佳的超参数集。

4.5　总结

交叉验证是最重要的重采样方法之一，它能对独立数据的模型性能进行最佳预测。本章介绍了交叉验证的基础知识及其两种不同的变体：留一法和 k-fold，并对它们进行了估计。

接下来使用 scikit-learn 介绍了 Keras 包装器这个非常有用的工具，允许执行交叉验证的 scikit-learn 方法和函数使其轻松应用于 Keras 模型。在此之后，介绍了实现交叉验证的分步过程，以便使用带有 scikit-learn 的 Keras 包装器评估 Keras 深度学习模型。

最后，介绍了模型性能的交叉验证估计可用于在特定问题的不同模型之间做出选择，或决定将哪些参数（或超参数）用于特定模型。为此，编写了用户定义的函数来练习使用交叉验证，以便对不同的模型或不同可能的超参数组合执行交叉验证，并选择可为最终模型带来最低测试错误率的模型或超参数集。

下一章将了解到，现在所做的是为我们的模型寻找最佳的超参数集，实际上，这是一种称为超参数调整或超参数优化的技术。此外，我们还将学习如何使用网格搜索的方法在 scikit-learn 中执行超参数调整，而无须编写用户自定义函数来循环超参数的可能组合。

## 第 5 章

模型精度的提高

本章介绍了神经网络正则化的概念。正则化旨在防止模型在训练过程中的过拟合,并为在新的未知的数据上进行测试提供更准确的结果。这一章将学习使用不同的正则化技术(L1和 L2 正则化及丢弃正则化)来提高模型性能。正则化是一个重要的组成部分,因为它可以防止神经网络过拟合训练数据,并帮助我们构建健壮、准确的模型,这些模型在新的、未知的数据上表现良好。学完本章,读者就能在 scikit-learn 中实现网格搜索和随机搜索,并找到最佳的超参数。

5.1 简介

第 4 章学习了使用交叉验证这一方法无偏差地测试各种超参数,以便精确地构建神经网络。使用留一交叉验证法,在训练过程中留下一条记录用于验证,并对数据集中的每条记录重复此操作。然后,使用 k-fold 交叉验证法,将训练数据集拆分为 k 个子数据集,用 $k-1$ 个子数据集训练模型,并使用最后一个子数据集进行验证。这些交叉验证方法能够使用不同的超参数训练模型并用无偏差的数据测试模型。

深度学习不仅仅是建立神经网络,还要使用可用的数据集训练它们,并报告模型的正确率。它涉及理解模型和数据集,以及多维度地对模型进行提升。本章将介绍两项非常重要的技术用于整体地改进机器学习模型,特别是深度学习模型。这两项技术就是正则化和超参数调整。

本章将详细介绍正则化方法。首先阐述为什么需要这个方法,以及它如何帮助我们。然后,将介绍两种最重要和最常用的正则化技术,即参数正则化和它的两个变体——L1 和 L2 范数正则化。接着,介绍一种专门为神经网络设计的正则化技术,即丢弃正则化。通过完成涉及现实生活的数据集的实践,练习在 Keras 模型上实现这些技术中的每一步操作。最后,还会简要介绍一些其他的正则化技术。

本章还会讨论超参数微调的重要性,特别是对深度学习模型而言。首先探讨微调超参数的值为何极大地影响模型的正确率,以及微调超参数会面临的挑战。然后学习 scikit-learn 中两个非常有用的方法,它们可以在 Keras 模型上进行超参数微调。接着学习每种方法的优点和缺点,以及如何将它们结合在一起,使之成为一种新的方法。最后,练习使用 scikit-learn 的优化器来实现 Keras 模型的超参数微调。

5.2　正则化

由于深度神经网络是高度灵活的模型,过拟合是训练时经常出现的问题,因此检测和解决过拟合是一名深度学习者必备的技能。如果模型在训练数据上表现出色,但在新的未知的数据上表现很差,那么很明显这个模型过拟合了。

例如,建立一个用于区分猫和狗的图像分类模型,该模型在训练过程中表现出很高的正确率,但在新的例子中却表现不佳,这就表明该模型对训练数据进行了过度训练。正则化技术是专门用于减少机器学习模型中的过拟合现象的一组重要方法。

彻底了解正则化技术并将它们应用于深层神经网络是构建深层神经网络以解决现实问题的关键一步。本节将介绍正则化的基本概念,这是学习以下各节的基础。

5.2.1　正则化的需求

机器学习的主要目的是建立一个模型,这个模型不仅要在训练例子上表现良好,在新例子上也要表现良好。一个好的机器学习模型可以找到真正底层过程/功能的形式和参数生成训练示例,但不会捕获与单个训练示例相关的噪声。这样的机器学习模型可以很好地泛化到稍后相同过程产生的新数据。

之前讨论的方法——例如将数据集拆分为训练集和测试集,以及交叉验证——都是为了估计训练模型的泛化能力而设计的。事实上,用来指代测试集误差和交叉验证误差的术语是“泛化误差”,表示在训练中未使用示例的错误率。而机器学习的主要目的是建立具有低泛化错误率的模型。

在第 3 章的学习中,讨论了两个非常重要的关于机器学习模型的问题:过拟合和欠拟合。欠拟合是指预测模型不够灵活或复杂,以至于捕捉不到所有与真实过程相关的关系和模式。欠拟合会导致模型高偏差,当训练误差很高时会被检测出来。过拟合是指预测模型过于灵活或复杂,导致模型高方差,当训练误差和泛化误差之间存在较大差距时,会被诊断出来。图 5.1 中展示了以上情况在一个二进制分类问题上的表现。

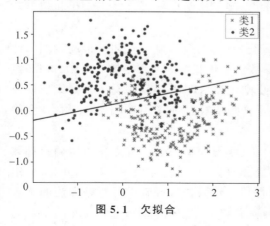

图 5.1　欠拟合

正如图 5.1 所示,欠拟合问题比过拟合问题更好解决。通过使模型更灵活/更复杂,可以很容易地解决欠拟合问题。在深度神经网络中,这意味着改变网络的架构,通过向网络添加更多层或增加层中的单元数量来使网络变得更复杂。

再看一下过拟合的图示,如图 5.2 所示。

有一些简单的解决方案可以解决过拟合问题,例如降低模型的灵活性/复杂性(同样,通过改变网络的架构)或为网络提供更多的训练示例。然而,降低网络的复杂性有时会以大幅增加偏差或训练错误率为代价。其原因是,大多数时候导致过拟合的原因不是模型的灵活性,而是训练示例太少。另一方面,提供更多数据示例以减少过拟合并不总是可行的。因此,如何在保持模型复杂度和训练样本数量不变的情况下减少泛化误差是一项重要而又具有挑战性的工作。

再看一下模型正拟合的图示,如图 5.3 所示。

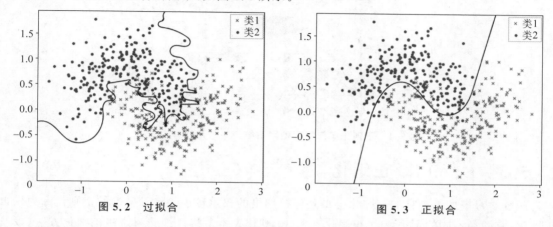

图 5.2　过拟合　　　　　　　　　　图 5.3　正拟合

图 5.3 显示了在构建高度灵活的机器学习模型(例如深度神经网络)时需要正则化技术来抑制模型的灵活性,使其不能对单个例子进行过拟合。下一节将学习正则化方法如何减少模型在训练数据上的过拟合,以降低模型的方差。

5.2.2　用正则化减少过拟合

正则化方法以减少模型方差的方式修改算法。通过减少方差,正则化技术可以在不增加训练误差(或者至少不大幅增加训练误差)的情况下减少泛化误差。

正则化方法提供了某种限制,有助于提升模型稳定性,有很多种方法可以实现这一点。在深度神经网络上执行正则化最常见的方法之一是在权重上添加某种类型的惩罚项以保持权重较小。

一方面,保持较小的权重可以降低网络对单个数据示例中噪声的敏感度。事实上,神经网络中的权重是决定每个处理单元对网络最终输出的影响大小的系数。如果这些单位的权重较大,这意味着它们中的每一个都将对权重产生重大影响。每个处理单元造成的所有重大影响相结合,最终的输出将产生很大波动。

另一方面,保持较小的权重会减少每个单元对最终输出的影响。实际上,通过将权重保持在零附近,一些单元对输出几乎没有影响。如果训练一个大型神经网络,其中每个单元对输出的影响很小或没有影响,这相当于训练一个更简单的网络,因此减少了方差和过拟合。图 5.4 显示了正则化如何将大型网络中某些单元的影响归零。

图 5.4 是正则化过程的示意图。顶部是一个没有正则化的网络,而底部是一个具有正则化的网络,其中白色单元表示对输出几乎没有影响的单元,因为它们受到正则化的惩罚。

目前为止,已经了解了正则化的概念。下一节将介绍深度学习模型最常用的正则化方法——L1、L2 和丢弃正则化——以及如何在 Keras 中实现它们。

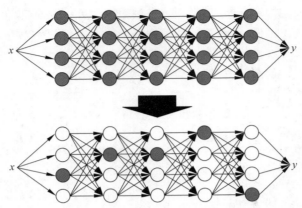

图 5.4　正则化如何将大型网络中某些单元的影响归零

5.3　L1 和 L2 正则化

深度学习模型最常见的正则化类型是保持网络的权重较小。这种类型的正则化称为权重正则化,有两种不同的种类:L1 正则化和 L2 正则化。本节将详细介绍这些正则化方法,以及如何在 Keras 中实现它们。接下来还会将其应用到现实问题中,并观察它们是如何提高模型性能的。

5.3.1　L1 和 L2 正则化公式

在权重正则化中,损失函数中被添加了一个惩罚项,称为权重的 L1 范数(绝对值之和)或权重的 L2 范数(平方和)。如果使用 L1 范数,则称为 L1 正则化。如果使用 L2 范数,则称为 L2 正则化。无论是哪种情况,最后得到的总和都会乘以 λ 正则化超参数。

因此 L1 正则化公式为

$$损失函数 = 旧损失函数 + λ × 权重绝对值之和$$

L2 正则化公式为

$$损失函数 = 旧损失函数 + λ × 权重的平方和$$

λ 可以取 0 到 1 之间的任何值,其中 λ = 0 表示完全没有惩罚(相当于没有正则化的网络),λ = 1 表示完全惩罚。

与其他所有超参数一样,正确的 λ 值可以通过尝试不同的值并观察哪个值提供较低的泛化误差来选择。事实上,先从不具有正则化的网络观察结果是一种很好的做法。然后,不断地增加 λ 值执行正则化,例如 0.001,0.01,0.1,0.5,…,并观察每种情况下的结果,以确定哪个正则化参数的值对一个特定问题的权重值的惩罚合适。

在正则化优化算法的每次迭代中,权重(w)变得越来越小,所以权重正则化通常被称为权重衰减。

目前为止,只在深度神经网络中对权重进行正则化。但是同样的过程也可以应用于偏差。更准确地说,通过添加一个偏差惩罚项来再次更新损失函数,以保持在神经网络的训练过程中偏差值始终很小。

👁 **说明**：如果通过向损失函数添加两项惩罚来执行正则化（一项用于惩罚权重，另一项用于惩罚偏差），那么会将其称为参数正则化而不是权重正则化。

然而，正则化偏差值在深度学习中并不常见，因为权重对于神经网络是更重要的参数。事实上，添加权重正则化之后，再添加偏差正则化不会导致明显的结果改变。

L2 正则化是机器学习中最常用的正则化技术。一方面，L1 正则化和 L2 正则化之间的区别在于 L1 会产生一个更稀疏的权重矩阵，这意味着 L1 有更多的权重等于 0，因此更多的节点会完全从网络中移除。另一方面，L2 正则化极大地降低了权重，但同时等于 0 的权重较少。当然也可以同时执行 L1 和 L2 正则化。

现在已经了解了 L1 和 L2 正则化的工作原理，接下来就需要在 Keras 的深度神经网络上来实现 L1 和 L2 正则化了。

5.3.2　Keras 的 L1 和 L2 正则化实现

Keras 提供了一个正则化 API，用于将惩罚项添加到损失函数中以便对深度神经网络每一层的权重或偏差进行正则化。定义惩罚项或正则化，需要在 keras.regularizers 中定义所需的正则化方法。

例如，要定义一个 λ＝0.01 的 L1 正则器，可以这么写。

```
from keras.regularizers import l1
keras.regularizers.l1(0.01)
```

同样，要定义一个 λ＝0.01 的 L2 正则器，可以这么写。

```
from keras.regularizers import l2
keras.regularizers.l2(0.01)
```

最后，要使用 λ＝0.01 同时定义 L1 和 L2 正则器，可以这么写。

```
from keras.regularizers import l1_l2
keras.regularizers.l1_l2(l1=0.01, l2=0.01)
```

每一个 regularizer 都可以应用于层中的权重和/或偏差。例如，如果想对具有 8 个节点的密集层的权重和偏差应用 L2 正则化（λ＝0.01），可以这么写。

```
from keras.layers import Dense
from keras.regularizers import l2
model.add(Dense(8, kernel_regularizer=l2(0.01), \
          bias_regularizer=l2(0.01)))
```

接下来在实践 5.01 中进一步练习 L1 和 L2 正则化的实现。该实践将在 Avila 数据集的深度学习模型上应用正则化，观察结果与之前相比有何变化。

👁 **说明**：本章中的所有实践都将在 Jupyter Notebook 中开发。在 https://packt.live/2OOBjqq 下载本书的 GitHub 存储库和所有准备好的模板。

◆ 实践 5.01　Avila模式分类器上的权重正则化

Avila 数据集是从 Avila Bible 的 800 张图像中提取的，该数据集包括文本图像的各种特征，例如列间距和文本的边距。该数据集还包含一个类标签，代表图像的格式是否属于常出现的类别。在本实践中，构建一个 Keras 模型，并根据给定的网络架构和超参数值对该数据集进行分类。目的是在模型上应用不同类型的权重正则化，并观察每种类型如何改变结果。

出于以下两个原因,使用训练集/测试集的方法在本次实践中进行评估。首先,由于需要尝试几种不同的正则化器,因此执行交叉验证需要很长时间。其次,还需要绘制训练误差和测试误差的趋势,以便直观地了解正则化是如何防止模型过拟合数据示例的。

按照下述步骤完成本实践。

(1) 使用命令 X = pd. read_csv('../data/avila-tr_feats.csv')和 y = pd. read_csv ('../data/ avila-tr_target. csv')从 GitHub 的 Chapter05 中加载 data 子文件夹。使用 sklearn. model _selection. train_test_split 方法对训练集和测试集进行拆分,保留 20% 的数据为测试数据。

(2) 定义一个具有三个隐藏层的 Keras 模型,第一个大小为 10,第二个大小为 6,第三个大小为 4 来执行分类。将这些值用于以下超参数:activation= 'relu', loss= 'binary_ crossentropy', optimizer= 'sgd',metrics=['accuracy'],batch_size=20,epochs=100,shuffle=False。

(3) 在训练集上训练模型并使用测试集对其进行评估,存储每次迭代的训练损失和测试损失。训练完成后,绘制训练误差和测试误差的趋势图(将纵轴的界限改为(0,1),以便更好地观察损失的变化)。测试集上的最小错误率是多少?

(4) 将 λ=0.01 的 L2 正则化器添加到模型的隐藏层并重复训练。训练完成后,绘制训练误差和测试误差的趋势。测试集上的最小错误率是多少?

(5) 使用 λ=0.1 和 λ=0.005 重复步骤(4),针对每个 λ 值训练模型,并报告结果。在这个深度学习模型和这个数据集上执行 L2 正则化时,哪个 λ 值是更好的选择?

(6) 重复步骤(5),这次使用 λ=0.01 和 λ=0.005 的 L1 正则化器,为每个 λ 值训练模型并报告结果。在这个深度学习模型和此数据集上执行 L1 正则化时,哪个 λ 值是更好的选择?

(7) 将 L1 λ=0.005 和 L2 λ=0.005 的 L1_L2 正则化器添加到模型的隐藏层并重复训练。训练完成后,绘制训练误差和测试误差的趋势。测试集上的最小错误率是多少?

完成上述步骤后,预期输出结果如图 5.5 所示。

彩色图片

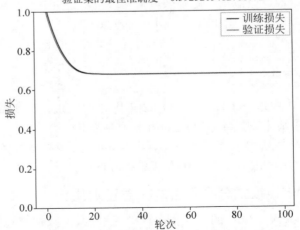

图 5.5 模型在训练期间的训练误差和验证误差图

◆说明:该实践的答案见附录 A 的实践 5.01 Avila 模式分类器上的权重正则化。

在本实践中,针对实际问题实施 L1 和 L2 权重正则化,并将正则化模型的结果与未进行任何正则化的模型结果进行了比较。下一节将探讨丢弃正则化。

5.4　丢弃正则化

本节将了解丢弃正则化的工作原理、其是如何实现减少过拟合的以及如何使用 Keras 实现它。最后,通过完成一项涉及真实数据集的实践来练习所学到的关于丢弃正则化的知识。

5.4.1　丢弃正则化原理

丢弃正则化在训练期间通过从神经网络中随机删除节点来工作。更准确地说,丢弃正则化在每个节点上设置了一个概率。这个概率是指节点在学习算法的每次迭代中被包含在训练中的机会。假如有一个大型神经网络,其中为每个节点分配了 0.5 的丢弃正则化机会。在这种情况下,每次迭代中,学习算法都会为每个节点掷硬币,以决定该节点是否会从网络中移除。图 5.6 中可以看到此类过程的说明。

这个过程在每次迭代中重复,这意味着每次迭代随机选择的节点都会从网络中移除,也意味着参数更新过程是在不同的较小网络上完成的。例如,图 5.6 所示的底部显示的网络将仅被用于一次训练迭代。对于下一次迭代,一些其他随机选择的节点将从顶部网络中删除,因此删除这些节点所产生的网络将与图中的底部网络不同。

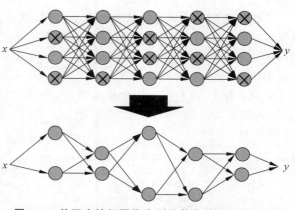

当学习算法在迭代中选择删除/忽略某些节点时,这意味着这些节点在该迭代中根本不会参与参数的更新过程。更准确地说,预测输出的前向传播、损失计算和计算导数

图 5.6　从深度神经网络中删除节点的丢弃正则化

的反向传播都是在较小的网络上完成的,但去掉了一些节点。因此,参数更新将仅在该迭代中出现在网络中的节点上进行;被移除节点的权重和偏差不会更新。

需要注意的是,丢弃正则化需要在删除了随机选择的节点所建立的网络上进行训练,评估必须使用原始网络进行。如果对删除了随机节点的网络进行评估,结果中会引入噪声,这是不可取的。下一节将了解为什么丢弃正则化有助于防止过拟合。

5.4.2　使用丢弃正则化减少过拟合

本节将讨论丢弃正则化方法的概念。正如之前所讨论的,正则化技术的目标是防止模型产生过拟合。因此,我们将探讨从神经网络中随机删除部分节点是如何有助于减少方差和过拟合的。

对这一点最简单的解释是,通过从网络中删除节点,可以在更小的网络上进行训练,较小的神经网络灵活性较低,因此网络对数据过拟合的可能性较低。

丢弃正则化之所以能更好地减少过拟合还有另一个原因。通过在深度神经网络的每一层随机去除输入,整个网络对单个输入的敏感性降低。在训练神经网络时,权重会以最终模型适合训练示例的方式更新。通过从训练过程中随机移除一些权重,丢弃正则化强制其他权重参与到与训练示例相关的迭代学习中,因此最终的权重将分布得更广泛。

换句话说,这不是因为某些权重为了适应输入值而更新了太多次,而是所有权重都参与学习了这些输入值,因此过拟合减少了。这就是为什么与较小的简单网络相比,丢弃正则化会在更大的网络上对于新的未见过的数据表现更好。

现在我们了解了丢弃正则化的基本过程及其有效性的原因,接下来继续在 Keras 中实现丢弃正则化。

◆ 训练 5.01　使用Keras实现丢弃正则化

丢弃正则化是 Keras 的核心层,因此可以像在网络中添加其他层一样,向模型添加丢弃正则化层。在 Keras 中定义丢弃正则化层时,需要提供 rate 超参数。rate 可以取 0 到 1 之间的任何值,代表确定要删除或忽略的输入单元的部分。在本训练中将逐步学习使用丢弃正则化层实现 Keras 深度学习模型。

模拟数据集是树木的各种测量值,例如高度、树枝数量和树干的周长。要根据给定的测量值将记录分类为落叶树(类别值为 1)或针叶树(类别值为 0)。该数据集由 10000 条记录组成,这些记录由两个类组成,代表两种树类型,每个数据示例有 10 个特征值。按照以下步骤完成此训练。

(1)首先,执行以下代码块加载数据集并将其拆分为训练集和测试集。

```
# Load the data
import pandas as pd
X = pd.read_csv('../data/tree_class_feats.csv')
y = pd.read_csv('../data/tree_class_target.csv')

"""
Split the dataset into training set and test set with a 80-20 ratio
"""
from sklearn.model_selection import train_test_split
seed = 1
X_train, X_test, \
y_train, y_test = train_test_split(X, y, \
                                   test_size=0.2, \
                                   random_state=seed)
```

(2)导入所有的依赖项。构建一个没有丢弃正则化的四层 Keras 序列模型。构建一个有16 个单元的第一隐藏层、12 个单元的第二隐藏层、8 个单元的第三隐藏层、4 个单元的第四隐藏层的网络,所有单元都加入 ReLU 激活函数。添加一个带有 sigmoid 激活函数的输出层。

```
#Define your model
from keras.models import Sequential
from keras.layers import Dense, Activation
import numpy as np
from tensorflow import random

np.random.seed(seed)
random.set_seed(seed)
```

```
model_1 = Sequential()
model_1.add(Dense(16, activation='relu', input_dim=10))
model_1.add(Dense(12, activation='relu'))
model_1.add(Dense(8, activation='relu'))
model_1.add(Dense(4, activation='relu'))
model_1.add(Dense(1, activation='sigmoid'))
```

（3）使用二元交叉熵作为损失函数和 sgd 作为优化器编译模型，并在训练集上使用 batch_size＝50 训练模型 300 个轮次。然后，在测试集上评估训练好的模型。

```
model_1.compile(optimizer='sgd', loss='binary_crossentropy')
# train the model
model_1.fit(X_train, y_train, epochs=300, batch_size=50, \
            verbose=0, shuffle=False)
# evaluate on test set
print("Test Loss =", model_1.evaluate(X_test, y_test))
```

预期输出如下。

```
2000/2000 [==============================] - 0s 23us/step
Test Loss = 0.1697693831920624
```

因此，在训练模型 300 个轮次后，预测树种的测试错误率为 16.98%。

（4）重新定义一个与先前一样的模型，但是添加一个 rate＝0.1 的丢弃正则化到模型的第一个隐藏层，并在测试数据上重复模型的编译、训练和评估步骤。

```
"""
define the keras model with dropout in the first hidden layer
"""
from keras.layers import Dropout
np.random.seed(seed)
random.set_seed(seed)
model_2 = Sequential()
model_2.add(Dense(16, activation='relu', input_dim=10))
model_2.add(Dropout(0.1))
model_2.add(Dense(12, activation='relu'))
model_2.add(Dense(8, activation='relu'))
model_2.add(Dense(4, activation='relu'))
model_2.add(Dense(1, activation='sigmoid'))

model_2.compile(optimizer='sgd', loss='binary_crossentropy')
# train the model
model_2.fit(X_train, y_train, \
            epochs=300, batch_size=50, \
            verbose=0, shuffle=False)
# evaluate on test set
print("Test Loss =", model_2.evaluate(X_test, y_test))
```

预期输出如下。

```
2000/2000 [==============================] - 0s 29us/step
Test Loss = 0.16891103076934816
```

在网络第一层加入 rate＝0.1 的丢弃正则化后，测试错误率从 16.98% 降低到 16.89%。

（5）重新定义一个与先前一样的模型，但是添加一个 rate＝0.2 的丢弃正则化到模型的第一个隐藏层，再对每个剩余层都添加一个 rate＝0.1 的丢弃正则化，并在测试数据上重复模型的编译、训练和评估步骤。

```
# define the keras model with dropout in all hidden layers
np.random.seed(seed)
random.set_seed(seed)

model_3 = Sequential()
model_3.add(Dense(16, activation='relu', input_dim=10))
model_3.add(Dropout(0.2))
model_3.add(Dense(12, activation='relu'))
model_3.add(Dropout(0.1))
model_3.add(Dense(8, activation='relu'))
model_3.add(Dropout(0.1))
model_3.add(Dense(4, activation='relu'))
model_3.add(Dropout(0.1))
model_3.add(Dense(1, activation='sigmoid'))

model_3.compile(optimizer='sgd', loss='binary_crossentropy')
# train the model
model_3.fit(X_train, y_train, epochs=300, \
            batch_size=50, verbose=0, shuffle=False)
# evaluate on test set
print("Test Loss =", model_3.evaluate(X_test, y_test))
```

预期输出如下。

```
2000/2000 [==============================] - 0s 40us/step
Test Loss = 0.19390961921215058
```

在第一层保持 rate＝0.2 的丢弃正则化，同时在后续层添加 rate＝0.1 的丢弃正则化，测试错误率从 16.89％增加到 19.39％。与 L1 和 L2 正则化一样，添加过多的丢弃正则化会阻止模型学习与训练数据相关的底层函数，导致比没有丢弃正则化时偏差更高。

正如在本训练中看到的那样，还可以根据在这些层中可能发生的过拟合程度，对不同的层应用不同 rate 的丢弃正则化。通常不希望在输入层和输出层上执行丢弃正则化。对于隐藏层，需要调整速率值并观察结果，以确定最适合特定问题的值。

◆》说明：源代码网址为 https://packt.live/3iugM7K。在线运行代码网址为 https://packt.live/31HlSYo。

在下一个实践中，将对 Traffic Volume 数据集实现 Keras 深度学习模型及丢弃正则化。

◀ 实践 5.02　**Traffic Volume数据集的丢弃正则化**

在实践 4.03 中使用 Keras 包装器并通过交叉验证评估了模型。当给定与交通数据相关的各种标准化特征（如当天和前一天的交通量等）时，使用交通量数据集构建了一个模型来预测穿过城市桥梁的交通量。这个数据集包含 10000 条记录，每条记录包含 10 个属性/特征。

接下来基于实践 4.03 中的模型来开始本实践。使用训练集/测试集方法来训练和评估模型，绘制训练误差和泛化误差的趋势图，并观察模型是如何过拟合数据示例的。然后，尝试通过使用丢弃正则化解决过拟合问题来提高模型性能。最后，尝试找出应该向哪些层添加丢弃正则化，以及哪个 rate 值将会最大限度地改进模型。按照以下步骤完成此实践。

（1）使用 Pandas 的 read_csv 函数加载数据集。数据集也存储在 GitHub 上的 Chapter05 的 data 子文件夹中。按照 80∶20 的比例将数据集拆分为一个训练集和一个测试集。

（2）定义具有两个大小为 10 的隐藏层的 Keras 模型来预测交通量。接下来，将这些值用于下面这些超参数: activation='relu', loss='mean_squared_error', optimizer='rmsprop', batch_size=50, epochs=200, shuffle=False。

(3) 在训练集上训练模型并在测试集上进行评估,存储每次迭代的训练损失和测试损失。

(4) 训练完成后,绘制训练误差和测试误差的趋势图。最后,计算训练集和测试集的最低错误率是多少。

(5) 将 rate=0.1 的丢弃正则化添加到模型的第一个隐藏层中,并重复此训练过程(因为使用丢弃正则化进行训练需要很长的时间,所以训练 200 个轮次)。训练完成后,绘制训练误差和测试误差的趋势图。最后,计算训练集和测试集的最低错误率是多少。

(6) 重复步骤(5),将 rate=0.1 的丢弃正则化添加到模型的两个隐藏层中,训练模型并报告结果。

(7) 重复步骤(6),这次在第一层设置 rate=0.2,在第二层设置 rate=0.1,训练模型并报告结果。

(8) 最终,在这个深度学习模型和这个数据集上,选出性能最好的丢弃正则化方法。

预期输出如图 5.7 所示。

彩色图片

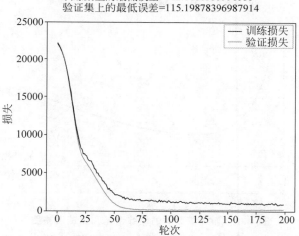

图 5.7 使用丢弃正则化训练模型时的训练误差和验证误差图

◆ 说明: 该实践答案见附录 A 的实践 5.02 Traffic Volume 数据集的丢弃正则化。

本实践中我们一起学习了如何在 Keras 中实现丢弃正则化,并在交通流量数据集上训练如何使用它。丢弃正则化是专门为减少神经网络中的过拟合而设计的,其工作原理是在训练过程中随机地从神经网络中移除节点。这个过程会使神经网络的权重值均匀分布,从而减少单个数据示例的过拟合。下一节将讨论其他防止模型过拟合的正则化方法。

5.5 其他正则化方法

本节将简要介绍一些其他我们常用的并且已被证明在深度学习中有效的正则化技术。因为正则化是机器学习中一个广泛而活跃的研究领域，所以不可能在一章中涵盖所有可用的正则化方法。因此，本节将简要介绍另外三种正则化方法：早停、数据增强和添加噪声。了解它们的基本思想，并获得一些如何使用它们的提示和建议。

5.5.1　在 Keras 中实现早停

在本章前面讨论了机器学习的一个主要假设是有一个真实的函数或过程可以产生训练样本。然而，这个过程是未知的，也没有明确的方法可以找到它。不仅没有办法找到确切的底层流程，而且选择一个具有适当级别的灵活性或复杂性的模型来评估流程也是具有挑战性的。因此，一种好的做法是选择高度灵活的模型，例如深度神经网络，来对过程进行建模并仔细监控训练过程。

通过监控训练过程可以训练模型，使其能够捕获训练过程，并且可以在它开始过度适应单个数据示例之前停止训练。这就是早停的基本思想。在第 3 章的模型评估部分就简要讨论了早停的想法。通过在训练过程中监测、观察训练误差和测试误差的变化，可以确定训练多少合适。

图 5.8 显示了在数据集上训练高度灵活的模型时训练误差和测试误差的变化，训练需要在标记为"合适的拟合"的区域中停止，以避免过拟合。

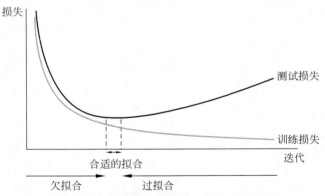

图 5.8　训练模型时的训练误差和测试误差图

在第 3 章中练习了通过存储和绘制训练误差和测试误差的变化来识别过拟合。在训练 Keras 模型时提供验证集或测试集，并使用以下代码在每个训练时期存储它们的指标值。

```
history=model.fit(X_train, y_train, validation_data=(X_test, y_test), \
                  epochs=epochs)
```

本节将学习如何在 Keras 中实现早停，即当所需指标（如测试错误率）不再提高时，迫使 Keras 模型停止训练。为此需要定义一个 EarlyStopping() 回调，并将其作为参数提供给 model.fit()。

定义 EarlyStopping() 回调时，需要为其提供正确的参数。第一个参数是监视器，它确定在训练期间将监控什么指标，以执行早停。通常 monitor＝'val_loss' 是一个很好的选择，这意味着要监控测试错误率。

此外，根据为监视器选择的参数，需要将模式参数设置为"min"或"max"。如果度量标准是错误/损失,就将其最小化。例如,以下代码块定义了一个 EarlyStopping()回调,用它在训练期间监视测试错误并检测错误是否不会再减少。

```
from keras.callbacks import EarlyStopping
es_callback = EarlyStopping(monitor='val_loss', mode='min')
```

如果错误率有很大的波动或噪声,那么当损失开始增加时停止训练可能不是一个好办法。出于这个原因,将 patience 参数设置为若干轮次,以便在停止训练过程之前用更长的时间来监控所需的指标。

```
es_callback = EarlyStopping(monitor='val_loss', \
                            mode='min', patience=20)
```

如果监控器指标在监控中没有改进,或者监控器指标已达到基线水平,还可以修改 EarlyStopping()回调,则停止训练过程。

```
es_callback = EarlyStopping(monitor='val_loss', \
                            mode='min', min_delta=1)
es_callback = EarlyStopping(monitor='val_loss', \
                            mode='min', baseline=0.2)
```

定义 EarlyStopping()回调后,可以将其作为回调参数提供给 model.fit()并训练模型。训练将根据 EarlyStopping()回调自动停止。

```
history=model.fit(X_train, y_train, validation_data=(X_test, y_test), \
                  epochs=epochs, callbacks=[es_callback])
```

训练 5.02　用Keras实现早停

在本训练中将学习如何在 Keras 深度学习模型上实现早停。使用一个模拟数据集,它包含树木的各种测量值,例如高度、树枝的数量和树干的周长。根据给定的测量值将记录分类为落叶树或针叶树。

首先,执行以下代码块加载包含 10000 条记录的模拟数据集,该数据集由代表两种树种的两个类组成,落叶树种的类值为 1,针叶树种的类值为 0。每条记录中有 10 个特征值。

建立一个模型,在给定树的测量值上预测树的种类。

(1) 使用 Pandas 库的 read_csv 函数加载数据集,并使用 train_test_split 函数将数据集拆分为 80∶20 的比例。

```
# Load the data
import pandas as pd
X = pd.read_csv('../data/tree_class_feats.csv')
y = pd.read_csv('../data/tree_class_target.csv')

"""
Split the dataset into training set and test set with an 80-20 ratio
"""
from sklearn.model_selection import train_test_split
seed=1
X_train, X_test, \
y_train, y_test = train_test_split(X, y, test_size=0.2, \
                                   random_state=seed)
```

(2) 导入所有必要的依赖项。在不早停的情况下构建三层 Keras 序列模型。第一层有 16

个单元,第二层有 8 个单元,第三层有 4 个单元,都带有 ReLU 激活函数。添加带有 sigmoid
激活函数的输出层。

```
# Define your model
from keras.models import Sequential
from keras.layers import Dense, Activation
import numpy as np
from tensorflow import random

np.random.seed(seed)
random.set_seed(seed)

model_1 = Sequential()
model_1.add(Dense(16, activation='relu', \
                    input_dim=X_train.shape[1]))
model_1.add(Dense(8, activation='relu'))
model_1.add(Dense(4, activation='relu'))
model_1.add(Dense(1, activation='sigmoid'))
```

(3) 设置损失函数为二元交叉熵,优化器为 sgd,编译模型。在 batch_size＝50 的情况下
对模型训练 300 次,同时在每次迭代中存储训练误差和验证误差。

```
model_1.compile(optimizer='sgd', loss='binary_crossentropy')
# train the model
history = model_1.fit(X_train, y_train, \
                        validation_data=(X_test, y_test), \
                        epochs=300, batch_size=50, \
                        verbose=0, shuffle=False)
```

(4) 导入绘图相关的库。

```
import matplotlib.pyplot as plt
import matplotlib
%matplotlib inline
```

(5) 绘制在拟合过程中创建并存储的训练误差和验证误差图。

```
matplotlib.rcParams['figure.figsize'] = (10.0, 8.0)
plt.plot(history.history['loss'])
plt.plot(history.history['val_loss'])
plt.ylim(0,1)
plt.ylabel('loss')
plt.xlabel('epoch')
plt.legend(['train loss', 'validation loss'], \
            loc='upper right')
```

预期输出如图 5.9 所示。

从图 5.9 中可以看出,将模型训练 300 个轮次的结果是训练误差和验证误差之间的差距
越来越大,这表明开始发生过拟合。

(6) 重新定义模型,用相同的层数和每层内相同的单元数来创建模型,这样做的目的是确
保模型以同样的方式被初始化。在训练过程中添加一个回调 es_callback＝EarlyStopping
(monitor ＝'val_loss',mode ＝'min')。重复步骤(5)绘制训练误差和验证误差图。

```
#Define your model with early stopping on test error
from keras.callbacks import EarlyStopping
```

彩色图片

图 5.9　在不早停的情况下的训练误差和验证误差图

```
np.random.seed(seed)
random.set_seed(seed)


model_2 = Sequential()
model_2.add(Dense(16, activation='relu', \
                  input_dim=X_train.shape[1]))
model_2.add(Dense(8, activation='relu'))
model_2.add(Dense(4, activation='relu'))
model_2.add(Dense(1, activation='sigmoid'))
"""
Choose the loss function to be binary cross entropy and the optimizer
to be SGD for training the model
"""
model_2.compile(optimizer='sgd', loss='binary_crossentropy')
# define the early stopping callback
es_callback = EarlyStopping(monitor='val_loss', \
                            mode='min')
# train the model
history=model_2.fit(X_train, y_train, \
                    validation_data=(X_test, y_test), \
                    epochs=300, batch_size=50, \
                    callbacks=[es_callback], verbose=0, \
                    shuffle=False)
```

（7）绘制误差图。

```
# plot training error and test error
matplotlib.rcParams['figure.figsize'] = (10.0, 8.0)
plt.plot(history.history['loss'])
plt.plot(history.history['val_loss'])
plt.ylim(0,1)
plt.ylabel('loss')
plt.xlabel('epoch')
plt.legend(['train loss', 'validation loss'], \
           loc='upper right')
```

输出如图 5.10 所示。

通过在模型中添加 patience=0 早停回调,训练过程在大约 39 个轮次后自动停止。

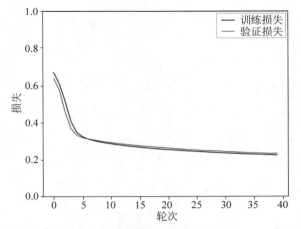

图 5.10　早停的训练误差和验证误差图（patience＝0）

（8）重复步骤（3），同时将 patience＝10 添加到早停回调中。重复步骤（5）绘制训练误差和验证误差图。

```
"""
Define your model with early stopping on test error with patience=10
"""
from keras.callbacks import EarlyStopping
np.random.seed(seed)
random.set_seed(seed)

model_3 = Sequential()
model_3.add(Dense(16, activation='relu', \
                input_dim=X_train.shape[1]))
model_3.add(Dense(8, activation='relu'))
model_3.add(Dense(4, activation='relu'))
model_3.add(Dense(1, activation='sigmoid'))
"""
Choose the loss function to be binary cross entropy and the optimizer
to be SGD for training the model
"""
model_3.compile(optimizer='sgd', loss='binary_crossentropy')
# define the early stopping callback
es_callback = EarlyStopping(monitor='val_loss', \
                            mode='min', patience=10)
# train the model
history=model_3.fit(X_train, y_train, \
                    validation_data=(X_test, y_test), \
                    epochs=300, batch_size=50, \
                    callbacks=[es_callback], verbose=0, \
                    shuffle=False)
```

（9）再次画出误差图。

```
# plot training error and test error
matplotlib.rcParams['figure.figsize'] = (10.0, 8.0)
plt.plot(history.history['loss'])
plt.plot(history.history['val_loss'])
```

```
plt.ylim(0,1)
plt.ylabel('loss')
plt.xlabel('epoch')
plt.legend(['train loss', 'validation loss'], \
            loc='upper right')
```

预期输出如图 5.11 所示。

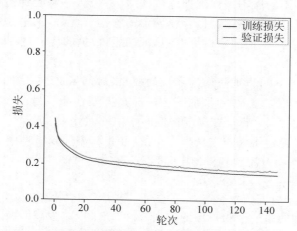

彩色图片

图 5.11　早停的训练误差和验证误差图（patience＝10）

通过在模型中添加 patience＝10 的早停回调，训练过程在大约 150 个轮次后自动停止。

在本训练中学习了如何应用早停来防止 Keras 模型过拟合训练数据。为此，使用 EarlyStopping 回调并用它来训练模型。使用此回调在验证损失出现增加时停止模型训练，并添加了一个 patience 参数，该参数规定了在多少个轮次之后早停模型。

◆ 说明：源代码网址为 https://packt.live/3iuM4eL，在线运行代码网址为 https://packt.live/38AbweB。

5.5.2　数据增强

数据增强是一种正则化技术，它试图通过廉价的方式在更多训练示例上训练模型来解决过拟合问题。在应用数据增强时，可用数据以不同的方式转换成为新的训练数据到模型中。这种类型的正则化已被证明是有效的，特别是对于某些特定的应用，如计算机视觉和语音处理中的目标检测/识别。

例如，在计算机视觉的应用中，可以通过将每个图像的镜像版本和旋转版本添加到数据集来简单地将训练数据集的大小增加一倍或三倍。这些转换生成的新训练样例显然不如原来的训练样例好，但它们可以改进模型过拟合。

执行数据增强的一个具有挑战性的方面是选择要对数据执行的正确变换。可根据数据集和应用程序的类型选择转换方式。

5.5.3　添加噪声

对数据添加噪声来正则化的基本思想与数据增强相同。在小数据集上训练深度神经网络增加了网络记忆单个数据示例，而不是获取输入和输出之间的关系。这会导致其在之后的新数据上表现不佳,表明模型过拟合了训练数据。相反,在大型数据集上训练模型会增加模型捕获真实底层过程的机会,而不是记住单个数据点,减少过拟合。

扩充训练数据和减少过拟合的一种方法是向可用数据中注入噪声来生成新的数据示例。这种类型的正则化可以减少过拟合,与权重正则化技术的效果相当。

通过将单个示例的不同版本添加到训练数据中(每个版本都是通过在原始示例中添加少量噪声而创建的),可以确保模型不会拟合数据中的噪声。此外,通过扩充这些修改后的示例来增加训练数据集的大小,使模型可以更好地表示底层数据的生成过程,增加了模型学习真实过程的机会。

在深度学习的应用中,可以通过向隐藏层的权重、激活函数、网络的梯度甚至输出层添加噪声,以及通过向训练样本(输入层)添加噪声来提高模型性能。另一个需要通过尝试不同网络并观察结果来解决的挑战:确定在深度神经网络中的何处添加噪声。

在 Keras 中可以轻松地将噪声定义为一个层,并将其添加到模型中。例如,要将标准差为0.1(均值等于 0)的高斯噪声添加到模型中,可以这样写。

```
from keras.layers import GaussianNoise
model.add(GaussianNoise(0.1))
```

以下代码将为模型的第一个隐藏层的输出/激活结果中添加高斯噪声。

```
model = Sequential()
model.add(Dense(4, input_dim=30, activation='relu'))
model.add(GaussianNoise(0.01))
model.add(Dense(4, activation='relu'))
model.add(Dense(4, activation='relu'))
model.add(Dense(1, activation='sigmoid'))
```

在本节中学习了 3 种正则化方法:早停、数据增强和添加噪声。除了学习基本概念和过程之外,还学习了它们是如何减少过拟合的,并获得了一些关于如何使用它们的提示和建议。下一节将学习使用 scikit-learn 提供的函数来调整超参数。这样做的目的是将 Keras 模型合并到 scikit-learn 工作流中。

5.6　scikit-learn 超参数调优

超参数调优是提高深度学习模型性能的一项非常重要的技术。在第 4 章中了解了如何将 Keras 包装器与 scikit-learn 组合使用,它允许在 scikit-learn 工作流中使用 Keras 模型。因此,scikit-learn 中有很多不同的机器学习和数据分析工具及方法都已应用于 Keras 深度学习模型了,这其中就包括 scikit-learn 超参数优化器。

第 4 章学习了通过编写用户自定义函数,以循环每个超参数的可能值来微调超参数。本节将学习使用 scikit-learn 中可用的各种超参数优化方法以更简单的方式执行它。通过完成涉及真实数据集的实践来训练应用这些方法。

5.6.1　使用 scikit-learn 进行网格搜索

目前为止,构建深度神经网络会涉及多个超参数的确定。超参数包括隐藏层的数量、每个隐藏层包含的单元数量、每层的激活函数、网络的损失函数、优化器的类型及其参数、正则器的

类型及其参数、批量大小、训练轮数等。不同的超参数值
会显著影响模型的性能。

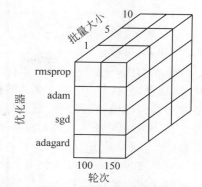

因此，如何确定最优的超参数值已成为深度学习专
家极重要和极具挑战性的部分之一。由于选择适用于每
个数据集和每个问题的超参数没有绝对的规则，因此需
要通过对每个特定问题的反复试验来确定超参数的值。
使用不同超参数训练和评估模型并根据模型性能决定最
终超参数的这个过程称为超参数微调或超参数调优。

为每个超参数设置一个范围或一组可能的值是非常
重要的。可以创建一个网格，如图 5.12 所示。因此，超
参数调优可以看作一个网格搜索问题；尝试网格中的每
个单元格（超参数的每种可能组合）并找到一个可以为模
型带来最佳性能的单元格。

图 5.12　由优化器、批量大小、轮次的一些值创建的超参数网格

scikit-learn 提供了一个名为 GridSearchCV() 的参数优化器来执行这种详尽的网格搜索。
GridSearchCV() 接收模型作为估计器参数，接收包含超参数所有可能值的字典作为 param_
grid 参数。然后它遍历网格中的每个点，使用该点的超参数值对模型执行交叉验证，并返回最
佳交叉验证值，以及导致该分数的超参数值。

在第 4 章中了解到在 scikit-learn 中使用 Keras 模型，需要定义一个返回 Keras 模型的函
数。例如，下面的代码块定义了一个 Keras 模型，稍后在该模型上进行超参数调优。

```python
from keras.models import Sequential
from keras.layers import Dense
def build_model():
    model = Sequential(optimizer)
    model.add(Dense(10, input_dim=X_train.shape[1], \
                    activation='relu'))
    model.add(Dense(10, activation='relu'))
    model.add(Dense(1))
    model.compile(loss='mean_squared_error', \
                  optimizer= optimizer)
    return model
```

下一步是定义参数网格。假设调整 optimizer＝['rmsprop','adam','sgd','adagrad']，
epochs＝[100,150]，batch_size＝[1,5,10]。

```python
optimizer = ['rmsprop', 'adam', 'sgd', 'adagrad']
epochs = [100, 150]
batch_size = [1, 5, 10]

param_grid = dict(optimizer=optimizer, epochs=epochs, \
                  batch_size= batch_size)
```

现在已经创建了超参数网格，可以创建包装器了，以便为 Keras 模型构建接口并将其用作
估计器来执行网格搜索。

```python
from keras.wrappers.scikit_learn import KerasRegressor
model = KerasRegressor(build_fn=build_model, \
```

```
                                verbose=0, shuffle=False)
from sklearn.model_selection import GridSearchCV
grid_search = GridSearchCV(estimator=model, \
                                param_grid=param_grid, cv=10)
results = grid_search.fit(X, y)
```

前面的代码遍历网格中的每个单元格,并使用每个单元格中的超参数值执行 10-fold 交叉验证(这里,它执行 10-fold 交叉验证 $4\times2\times3=24$ 次)。然后,返回这 24 个单元格中每个单元格的交叉验证值,以及获得最佳分数的那个值。

◆ **说明**:对许多可能的超参数组合执行 k-fold 交叉验证肯定需要很长时间。由于这个原因,可以通过将 n_jobs=-1 参数传递给 GridSearchCV() 来并行化该过程,这样会用每个可用的处理器来执行网格搜索。此参数的默认值为 n_jobs=1,这意味着没有并行化。

创建超参数网格只是迭代超参数并寻找最佳选择的一种方法。另外一种方法是简单地随机选择超参数,将在下一节中学习。

5.6.2 使用 scikit-learn 进行随机搜索

因为详尽的网格搜索效率不高,所以它并不是调整深度学习模型超参数的最佳选择。在深度学习中有许多的超参数,详尽的网格搜索可能会需要很长的时间才能完成。执行超参数调优的另一种方法就是在网格上进行随机抽样,并对一些随机选择的单元格执行 k-fold 交叉验证。scikit-learn 提供了一个称为 RandomizedSearchCV() 的优化器来执行随机搜索以实现超参数优化。

例如,更改 5.6.1 节的网格搜索为随机搜索,如下所示。

```
from keras.wrappers.scikit_learn import KerasRegressor
model = KerasRegressor(build_fn=build_model, verbose=0)

from sklearn.model_selection import RandomizedSearchCV
grid_search = RandomizedSearchCV(estimator=model, \
                                param_distributions=param_grid, \
                                cv=10, n_iter=12)
results = grid_search.fit(X, y)
```

注意,RandomizedSearchCV() 需要提供额外的 n_iter 参数,该参数的作用是确定函数选择多少个随机单元格,它决定了需要执行多少次 k-fold 交叉验证。因此,如果选择较小的值,将考虑较少的超参数组合,并且该方法将花费较少的时间。另外,param_grid 参数在此处更改为 param_distributions。param_distributions 参数可以作为一个字典,其中参数名称作为键,参数列表或分布作为每个键的值。

RandomizedSearchCV() 不如 GridSearchCV() 好,因为它没有考虑超参数的所有可能值和组合。因此,对深度学习模型执行超参数调整的一种聪明方法是,要么对许多超参数执行 RandomizedSearchCV(),要么对较少且它们之间有较大差距的超参数使用 GridSearchCV()。

通过对超参数进行随机搜索,可确定哪些超参数对模型性能影响最大。它还可以帮助我们缩小重要超参数的范围。然后通过对较少数量的超参数和每个超参数的较小范围执行 GridSearchCV() 来完成超参数调整。这被称为 coarse-to-fine 超参数调优。

这一节中练习使用 scikit-learn 优化器实现超参数调优。接下来将在下一个实践中尝试通过调整超参数来优化 Avila,数据集的模型。

◤ **实践 5.03** **对Avila模式分类器进行超参数调优**

在本实践中将构建一个与实践 5.01 类似的 Keras 模型,但这次,需要将向模型添加正则化。然后,再使用 scikit-learn 优化器对模型执行超参数调整,包括对正则化器的超参数进行调整,具体步骤如下。

(1) 使用 X=pd. read_csv('../data/avila-tr_feats. csv')和 y = pd. read_csv('../data/avila-tr_target. csv')从 GitHub 的 Chapter05 文件夹的 data 子文件夹中加载数据集。

(2) 该函数返回一个具有三个隐藏层的 Keras 模型,第一个隐藏层的大小为 10,第二个隐藏层的大小为 6,第三个隐藏层的大小为 4,均采用 L2 权重正则化。使用这些值作为模型的超参数:activation='relu',loss='binary_crossentropy',optimizer='sgd'和 metrics =['accuracy']。此外,还应将 L2 lambda 超参数作为参数传递给函数,以便稍后对其进行调优。

(3) 为 Keras 模型创建包装器并使用 cv=5 对其执行 GridSearchCV()。然后,在参数网格中添加以下值:lambda_parameter =[0.01,0.5,1],epochs=[50,100]和 batch_size=[20]。参数搜索完成后,输出最佳交叉验证分数的准确率和超参数。还可以输出所有其他交叉验证分数,以及产生该分数的超参数。

(4) 重复步骤(3),这次在更小的范围内使用 GridSearchCV(),lambda_parameter=[0.001,0.01,0.05,0.1],epochs=[400],batch_size=[10]。

(5) 重复步骤(4),但从 Keras 模型中移除 L2 正则化器,在每个隐藏层添加带有 rate 参数的丢弃正则化。使用参数网格中的以下值对模型执行 GridSearchCV()并输出结果。rate=[0,0.2,0.4],epochs=[350,400]和 batch_size=[10]。

(6) 重复步骤(5),使用 rate=[0.0,0.05,0.1]和 epochs=[400]。

执行这些步骤后,预期输出如下。

```
Best cross-validation score= 0.7862895488739013
Parameters for Best cross-validation score= {'batch_size': 20, 'epochs':
100, 'rate': 0.0}
Accuracy 0.786290 (std 0.013557) for params {'batch_size': 20, 'epochs':
100, 'rate': 0.0}
Accuracy 0.786098 (std 0.005184) for params {'batch_size': 20, 'epochs':
100, 'rate': 0.05}
Accuracy 0.772004 (std 0.013733) for params {'batch_size': 20, 'epochs':
100, 'rate': 0.1}
```

◆ 说明:本实践答案见附录 A 的实践 5.03 对 Avila 模式分类器进行超参数调优。

在本实践中,一起学习了如何使用正则化器在 Keras 模型上实现超参数调优,以使用真实数据集执行分类。还学习了如何使用 scikit-learn 优化器对模型超参数进行调优,包括正则化器的超参数。在本节通过创建超参数网格并迭代它们来实现超参数调优,使用 scikit-learn 工作流找到最优的超参数集。

5.7 总结

本章介绍了用于提高深度学习模型正确率的两个非常重要的技术:正则化和超参数调优。了解了正则化是如何通过几种不同的方法来解决模型过拟合问题的,包括 L1 和 L2 正则化及丢弃正则化,还有其他常用的一些正则化技术。另外,我们发现了超参数调优对机器学习模型的重要性,尤其是对深度学习模型进行超参数调整极具挑战性。

下一章将探讨评估模型性能时正确率指标及其他指标(如准确度、灵敏度、特异性和 AUC-ROC 评分)的局限性,包括如何使用它们来更好地评估模型。

## 第 6 章

模 型 评 估

本章将介绍模型评估,讨论在标准技术不可行的情况下,尤其是存在不平衡类的情况下,评估模型性能的准确性替代方法。最后,将利用混淆矩阵、灵敏度、特异性、精确性、FPR、ROC 曲线和 AUC 评分来评估分类器的性能。学完本章,读者会对准确率和零精度有一个深入的了解,并能理解和应对不平衡数据集带来的挑战。

6.1　简介

第 5 章讨论了神经网络的正则化技术。正则化是一种防止模型过拟合的重要技术,它可以帮助模型在新的、未见过的数据示例上有一个好的表现。我们讨论的正则化技术之一是 L1 和 L2 权重正则化,其中权重中被添加了惩罚项。另一种正则化技术是丢弃正则化,即在每次迭代时从模型拟合过程中随机移除一些层的单元。这两种正则化技术都是为了防止个别权重或单位受到太大的影响,并允许它们泛化。

在本章将学习一些不同的评估技术来代替准确率。对于一些科学家来说,建立模型后的第一步是评估模型,评估模型最简单的方法是通过准确率进行评估。然而在现实场景中,特别是在预测飓风,预测一种罕见的疾病或者预测是否有人会拖欠贷款等有高度不平衡类的分类任务时,使用准确率来评估模型并不是最佳的评估技术。

本章探讨了不平衡数据集等核心概念,以及如何使用不同的评估技术来处理这些不平衡数据集。首先介绍了准确率及其局限性。然后,探讨了零精度、不平衡数据集、灵敏性、特异性、精确性、假阳性、ROC 曲线和 AUC 评分的概念。

6.2　准确率

为了正确理解准确率,让我们来了解一下模型评估。模型评估是模型开发过程的一个组成部分。一旦构建并执行了模型,下一步就是评估模型。

模型是建立在训练数据集上的,在同一训练数据集上评估模型的性能是数据科学中的不良做法。一旦在训练数据集上训练了模型,就应该在与训练数据集完全不同的数据集上对其进行评估,这个数据集被称为测试数据集。目标是建立一个泛化的模型,这意味着该模型在任何数据集上都能产生类似(但不相同)的结果或相对类似的结果。只有在模型上使用未知的数据评估模型时,才能实现这一点。

模型评估过程需要一个可以量化模型性能的度量标准。模型评估最简单的度量是准确率。准确率是模型预测正确的比例,以下是计算准确率的公式。

$$准确率 = \frac{正确预测次数}{预测总次数}$$

例如,如果有 10 条预测记录,其中 7 条预测正确,那么就可以说模型的准确率是 70%(7/10 = 0.7 或 70%)。

零精度是通过预测最频繁的类别可以达到的精度。即如果不运行算法并仅根据最常见的结果来预测准确度,那么基于此预测计算的准确度称为零精度。

$$零精度 = \frac{频繁发生结果的实例总数}{实例总数}$$

看看下面这个例子。

10 个实际结果:[1,0,0,0,0,0,0,0,0,0,0,1,0]。

预测结果:(0,0,0,0,0,0,0,0,0,0,0)。

零精度 = 8/10 = 0.8 或 80%。

零精度 80% 也就是正确率 80%,这意味着在不运行算法的情况下达到了 80% 的准确率。当零精度很高时,响应变量的分布偏向于经常出现的结果。

做一个找数据集零精度的训练。使用 Pandas 库中的 value_count 函数可以找到数据集的零精度。value_count 函数返回一个包含唯一值计数的序列。

◆ 说明:本章中所有的训练和实践都可以在 GitHub 上找到,具体的网址是 https://packt.live/37jHNUR。

训练 6.01 计算太平洋飓风数据集的零精度

有一个记录是否在太平洋观测到飓风的数据集,它有两栏,日期和飓风。日期列表示观测的日期,而飓风列表示当天是否有飓风。飓风列的值为 1 的行表示有飓风,而值为 0 的行表示没有飓风。通过以下步骤找到数据集的零精度。

	Date	hurricane
0	1949-06-11	0
1	1949-06-12	0
2	1949-06-13	0
3	1949-06-14	0
4	1949-06-15	0

(1) 打开 Jupyter Notebook,导入所有需要的库,并将 pacific_hurricanes.csv 文件加载到本书的 GitHub 库的数据文件夹中。

图 6.1 太平洋飓风数据集的数据探索

```
# Import the data
import pandas as pd
df = pd.read_csv("../data/pacific_hurricanes.csv")
df.head()
```

图 6.1 所示是上述代码的输出。

(2) 使用 Pandas 库内置的 value_count 函数获取飓风列数据的分布。value_count 函数显示了唯一值的实例总数。

```
df['hurricane'].value_counts()
```

上面的代码产生如下输出。

```
0 22435
1 1842
Name: hurricane, dtype: int64
```

（3）使用 value_count 函数并将 normalize 参数设置为 True。从 Pandas 库的索引 0 开始搜索，要找到零精度，获得与某一天没有飓风发生相关的值的比例。

```
df['hurricane'].value_counts(normalize=True).loc[0]
```

上面的代码产生如下输出。

```
0.9241257156979857
```

计算的数据集的零精度为 92.4126%。

这里可以看到数据集具有 92.4126% 的零精度。即如果只做一个简单的模型来预测大多数类别的结果，模型有 92.4126% 的准确率。

◆ **说明**：源代码网址为 https://packt.live/31FtQBm，在线运行代码网址为 https://packt.live/2ArNwNT。

在本章后面的实践 6.01 中将看到零精度如何随着测试/训练数据分割比例的改变而改变。下面介绍准确率的优点和局限性。

（1）准确率的优点如下。

- 易于使用：准确率非常容易计算和理解，因为它只是一个简单的分数公式。

- 更受欢迎：由于准确率是最容易计算也是最受欢迎的指标，并且被普遍接受为评估模型的第一步，故大多数关于数据科学的介绍性书籍都将准确率作为一种评估指标来教授学生。

- 适合于不同的模型之间的比较：假设用不同的模型解决一个问题，准确率能给出最高精确度的模型。

（2）准确率的局限性如下。

- 没有响应变量分布的表示：准确率没有给响应/因变量分布的概念。即使在模型中获得了 80% 的准确率，也不知道响应变量是如何分布的，以及数据集的零精度是多少。如果数据集的零精度超过了 70%，那么一个 80% 准确率的模型就是无用的。

- 缺少类型 1 和类型 2 错误信息：准确率不给我们关于模型的类型 1 和类型 2 错误的信息。类型 1 错误是当一个类为负时，预测它为正，而类型 2 错误是当一个类为正时，预测它为负。本章后面会讨论这两种类型的错误。下一节将介绍不平衡数据集。对不平衡数据集进行分类模型的准确率评分特别容易产生误导，这就是为什么其他评估指标对模型评估有用。

6.3 不平衡数据集

不平衡数据集是分类问题的一个特例，其中类的分布在类之间是不同的。在这类数据集中，一类占绝对优势。换句话说，不平衡数据集的零精度非常高。

以信用卡欺诈为例。如果有一个信用卡交易的数据集，那么在所有的交易中，只有非常少的交易是欺诈的,大多数交易是正常的交易。如果 1 代表欺诈交易,0 代表正常交易,那么就会有很多 0,几乎没有 1。数据集的零精度可能超过 99%。这意味着多数类(此处指 0)绝对大于少数类(此处指 1)。这样的集合是不平衡的数据集。

图 6.2 显示了一个不平衡数据集的广义散点图,其中星星代表少数类,圆圈代表多数类。可以看到,圆圈比星星要多得多,这使得机器学习模型很难区分这两类。

在机器学习中,有两种方法可以克服数据集不平衡的缺点。

(1) 抽样技术:缓解数据集不平衡的一种方法是使用特殊的抽样技术,可以通过这种技术,选择训练和测试数据,这样就有足够多类表示。抽样方法很多,例如,可对少数群体进行抽样(即从少数群体中抽取更多的样本)或对多数群体进行抽样(即从多数群体中抽取更小的样本)。然而,如果数据高度不平衡,且零精度超过 90%,那么抽

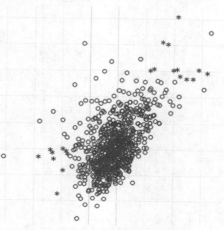

图 6.2 不平衡数据集散点图

样技术很难给出数据中多数-少数类的正确表示,模型可能会过拟合。所以,最好的方法是修改评估方法。

(2) 修改模型评估方法:当处理高度不平衡的数据集时,最好修改模型评估方法。这是获得良好结果最可靠的方法,这意味着使用这些方法可能会在新的、未见过的数据上获得好的结果。除了准确率之外,还有许多评估指标可以评估模型。为了学习这些方法,理解混淆矩阵的概念是很重要的。

6.4 混淆矩阵

混淆矩阵描述了分类模型的性能。换句话说,混淆矩阵是一种总结分类器性能的方法。图 6.3 显示了混淆矩阵的基本表示,表现了模型的预测结果与真实值的比较。

真实值	预测结果	预测结果
	0	1
0	TN	FP
1	FN	TP

图 6.3 混淆矩阵的基本表示

图 6.3 中缩写的含义如下。

• TN(真阴性):这是最初为阴性和预测为阴性结果的计数。

• FP(假阳性):这是最初为阴性但预测为阳性的结果计数。这种错误也称为类型 1 错误。

• FN(假阴性):这是最初为阳性但预测为阴性的结果计数。这种错误也称为类型 2 错误。

• TP(真阳性):这是最初为阳性和预测为阳性的结果计数。

应尽量使图 6.3 中的 TN 和 TP 框中的值(真阴性和真阳性)最大,使 FN 和 FP 框中的值(假阴性和假阳性)最小。

下面的代码是混淆矩阵的一个例子。

```
from sklearn.metrics import confusion_matrix
cm = confusion_matrix(y_test,y_pred_class)
print(cm)
```

上面的代码会产生如下输出。

```
array([[89, 2],
       [13, 4]], dtype=int64)
```

所有机器学习和深度学习算法的目标都是最大化 TN 和 TP 且最小化 FN 和 FP。下面是计算 TN、FP、FN 和 TP 的示例代码。

```
# True Negative
TN = cm[0,0]
# False Negative
FN = cm[1,0]
# False Positives
FP = cm[0,1]
# True Positives
TP = cm[1,1]
```

◆说明：准确率并不能帮助我们理解类型 1 错误和类型 2 错误。

从混淆矩阵中可以得到的指标有灵敏度、特异性、精确性、假阳性率、ROC 曲线和 AUC。

(1) 灵敏度：这是预测阳性的数量除以实际阳性的总数量。灵敏度也被称为 recall 或真阳性。在例子中，它是被分类为 1 的患者总数除以实际为 1 的患者总数。

$$灵敏度 = TP/(TP + FN)$$

灵敏度是指当实际值为阳性时，预测值阳性的频率。建立一个模型来预测病人是否再次入院，这里需要的模型是高度灵敏的。需要将 1 预测为 1。如果 0 预测为 1，还可以接受，但如果 1 预测为 0，则意味着病人预计不会再入院，这将对医院进行严重处罚。

(2) 特异性：这是预测阴性的数量除以实际阴性的总数量。使用前面的例子，特异性是再入院预测为 0 的数量除以实际为 0 的患者总数。特异性又称真负率。

$$特异性 = TN/(TN + FP)$$

特异性指的是实际值为阴性时，正确的频率。在某些情况下，如进行垃圾邮件检测时，需要更具体的算法。当一封电子邮件是垃圾邮件时，该模型的预测值为 1，不是 0。这时需要模型预测的结果总是 0，因为如果一个非垃圾邮件被归类为垃圾邮件，那么重要的电子邮件可能会被放入垃圾邮件文件夹。与此同时，模型的灵敏度可能会受到影响，一些垃圾邮件可能会到达收件箱，但非垃圾邮件永远不会进入垃圾邮件文件夹。

◆说明：模型应该是灵敏的还是特异的完全取决于业务问题。

(3) 精确性：是真实的阳性数量除以预测的阳性总数。精确性指的是当预测值为阳性时，正确的频率。

$$精确性 = TP/(TP + FP)$$

(4) 假阳性率(FPR)：是假阳性事件的数量除以实际阴性事件的总数。FPR 指的是当实际值为阴性时，出错的频率。FPR 也等于 1-特异性。

$$假阳性率 = FP/(FP + TN)$$

（5）ROC 曲线：评价分类模型的另一种重要方法是使用 ROC 曲线。ROC 曲线是真阳性率（灵敏度）和 FPR（1-特异性）之间的曲线。图 6.4 是 ROC 曲线的示例。

为了在多条曲线中决定哪条 ROC 曲线是最好的，需要查看曲线左上角的空白区域——空白区域越小，结果越好。图 6.5 是多条 ROC 曲线的示例。

彩色图片

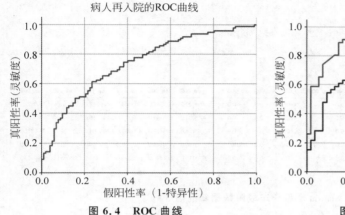

图 6.4　ROC 曲线　　　　　图 6.5　多条 ROC 曲线

◆ 说明：曲线①比曲线②好，因为它在左上角留下的空白区域更少。

模型的 ROC 曲线表示灵敏度和特异性之间的关系。

（6）曲线下面积（AUC）：即 ROC 曲线下与坐标轴围成的面积，有时 AUC 也可以写成 AUROC。AUC 是一个数值，ROC 曲线下与坐标轴围成的面积越大越好，所以 AUC 评分越大越好，图 6.5 展示了一个 AUC 的例子。

图 6.5 显示曲线①的 AUC 大于曲线②的 AUC，即曲线①的 AUC 优于曲线②的 AUC。AUC 评分没有标准规则，但这里有一些可接受的值，以及它们与模型质量的关系，如图 6.6 所示。

AUC评分	模型质量
0.9～1	优秀
0.8～0.9	好
0.7～0.8	一般
0.6～0.7	差
0.5～0.6	失效

图 6.6　可接受的 AUC 评分

理解了各种度量的理论，接下来通过一些实践和训练，实现所学到的内容。

训练 6.02　Scania卡车数据的计算精度和零精度

本训练使用的数据集是从日常使用中出现故障的 Scania 重型卡车收集的数据。受关注的系统是空气压力系统（APS），该系统产生的加压空气可用于卡车的各种功能，如制动和变速。数据集中的正类表示 APS 中某个特定组件的组件故障，而负类表示与 APS 无关的组件的故障。

该测试的目的是预测哪些卡车由于 APS 出现了故障，以便维修和维护人员在寻找卡车故障原因和检查卡车某个区域时可以使用这些信息。

◆ 说明：本训练的数据集可以从该书的 GitHub 存储库 https://packt.live/2SGEEsH 下载。

在这个训练中，由于内部数学运算的随机性，可能会得到略有不同的结果。

数据预处理及探索性数据分析如下。

（1）导入所需的库。使用 Pandas 库的 read_csv 函数加载数据集，并查看数据集的前 5 行。

```
#import the libraries
import numpy as np
import pandas as pd

# Load the Data
X = pd.read_csv("../data/aps_failure_training_feats.csv")
y = pd.read_csv("../data/aps_failure_training_target.csv")

# use the head function view the first 5 rows of the data
X.head()
```

上述代码输出如图 6.7 所示。

	aa_000	ab_000	ac_000	ad_000	ae_000	af_000	ag_000	ag_001	ag_002	ag_003	...	ee_002	ee_003	ee_004	ee_005	ee_006	ee_007
0	76698	0.0	2.130706e+09	280.0	0.0	0.0	0.0	0.0	0.0	0.0	...	1240520.0	493384.0	721044.0	469792.0	339156.0	157956.0
1	33058	0.0	0.000000e+00	0.0	0.0	0.0	0.0	0.0	0.0	0.0	...	421400.0	178064.0	293306.0	245416.0	133654.0	81140.0
2	41040	0.0	2.280000e+02	100.0	0.0	0.0	0.0	0.0	0.0	0.0	...	277378.0	159812.0	423992.0	409564.0	320746.0	158022.0
3	12	0.0	7.000000e+01	66.0	0.0	10.0	0.0	0.0	318.0	0.0	...	240.0	46.0	58.0	44.0	10.0	0.0
4	60874	0.0	1.368000e+03	458.0	0.0	0.0	0.0	0.0	0.0	0.0	...	622012.0	229790.0	405298.0	347188.0	286954.0	311560.0

5 rows × 170 columns

图 6.7 Scania 重型卡车故障数据集的前 5 行

（2）使用 describe 方法描述数据集中的特征值。

```
# Summary of Numerical Data
X.describe()
```

上述代码输出如图 6.8 所示。

	aa_000	ab_000	ac_000	ad_000	ae_000	af_000	ag_000	ag_001	ag_002	ag_003	...
count	6.000000e+04	60000.000000	6.000000e+04	6.000000e+04	60000.000000	60000.000000	6.000000e+04	6.000000e+04	6.000000e+04	6.000000e+04	...
mean	5.933650e+04	0.162500	3.362258e+08	1.434071e+05	6.535000	10.548200	2.191577e+02	9.648104e+02	8.509771e+03	8.760054e+04	...
std	1.454301e+05	1.687318	7.767625e+08	3.504525e+07	158.147893	205.387115	2.036364e+04	3.400891e+04	1.494818e+05	7.575171e+05	...
min	0.000000e+00	0.000000	0.000000e+00	0.000000e+00	0.000000	0.000000	0.000000e+00	0.000000e+00	0.000000e+00	0.000000e+00	...
25%	8.340000e+02	0.000000	8.000000e+00	0.000000e+00	0.000000	0.000000	0.000000e+00	0.000000e+00	0.000000e+00	0.000000e+00	...
50%	3.077600e+04	0.000000	1.200000e+02	4.200000e+01	0.000000	0.000000	0.000000e+00	0.000000e+00	0.000000e+00	0.000000e+00	...
75%	4.866800e+04	0.000000	8.480000e+02	2.920000e+02	0.000000	0.000000	0.000000e+00	0.000000e+00	0.000000e+00	0.000000e+00	...
max	2.746564e+06	204.000000	2.130707e+09	8.584298e+09	21050.000000	20070.000000	3.376892e+06	4.109372e+06	1.055286e+07	6.340207e+07	...

8 rows × 170 columns

图 6.8 Scania 重型卡车故障数据集的数值元数据

◆ **说明**：自变量又称解释变量，因变量又称响应变量。另外，Python 中的索引从 0 开始。

（3）使用 head 函数探索 y。

```
y.head()
```

	class
0	0
1	0
2	0
3	0
4	0

图 6.9 Scania 重型卡车故障数据集 y 变量的前 5 行

上述代码输出如图 6.9 所示。

（4）使用来自 scikit-learn 库的 train_test_split 函数将数据拆分为测试集和训练集。为了确保得到相同的结果，将 random_state 参数设置为 42。数据按 80%∶20% 的比例分割数据，即 80% 的数据为训练数据，其余 20% 为测试数据。

```
from sklearn.model_selection import train_test_split
seed = 42
X_train, X_test, \
y_train, y_test= train_test_split(X, y, test_size=0.20, \
                                    random_state=seed)
```

（5）使用 StandardScaler 函数缩放训练数据并使用缩放器缩放测试数据。

```
# Initialize StandardScaler
from sklearn.preprocessing import StandardScaler
sc = StandardScaler()

# Transform the training data
X_train = sc.fit_transform(X_train)
X_train = pd.DataFrame(X_train,columns=X_test.columns)

# Transform the testing data
X_test = sc.transform(X_test)
X_test = pd.DataFrame(X_test,columns=X_train.columns)
```

◆ 说明：sc.fit_transform()函数对数据进行转换，并将数据转换为 NumPy 数组。在 DataFrame 对象中，需要对这些数据进行进一步的分析，因此 pd.DataFrame()函数将数据重新转换为数据帧。

这就完成了本训练的数据预处理部分。现在，建立一个神经网络，并计算准确率。

（6）导入创建神经网络架构所需的库。

```
# Import the relevant Keras libraries
from keras.models import Sequential
from keras.layers import Dense
from keras.layers import Dropout
from tensorflow import random
```

（7）初始化 Sequential 类。

```
# Initiate the Model with Sequential Class
np.random.seed(seed)
random.set_seed(seed)
model = Sequential()
```

（8）添加 5 个隐藏层的 Dense 类，给每个隐藏层添加丢弃正则化层。构建第一个隐藏层，大小为 64，丢弃率为 0.5；第二个隐藏层的大小为 32，丢弃率为 0.4；第三个隐藏层的大小为 16，丢弃率为 0.3；第四个隐藏层的大小为 8，丢弃率为 0.2；最后一个隐藏层的大小为 4，丢弃率为 0.1。每个隐藏层都有一个 ReLU 激活函数，内核初始化器设置为 uniform。

```
# Add the hidden dense layers and with dropout Layer
model.add(Dense(units=64, activation='relu', \
                kernel_initializer='uniform', \
                input_dim=X_train.shape[1]))
model.add(Dropout(rate=0.5))
model.add(Dense(units=32, activation='relu', \
                kernel_initializer='uniform'))
model.add(Dropout(rate=0.4))
model.add(Dense(units=16, activation='relu', \
                kernel_initializer='uniform'))
model.add(Dropout(rate=0.3))
```

```
model.add(Dense(units=8, activation='relu', \
                kernel_initializer='uniform'))
model.add(Dropout(rate=0.2))
model.add(Dense(units=4, activation='relu', \
                kernel_initializer='uniform'))
model.add(Dropout(rate=0.1))
```

（9）使用 sigmoid 激活函数添加一个输出 Dense 层。

```
# Add Output Dense Layer
model.add(Dense(units=1, activation='sigmoid', \
                kernel_initializer='uniform'))
```

◆ 说明：因为输出是二进制的，所以用的是 sigmoid 函数。如果输出是多类（即多于两个类），则应该使用 softmax 函数。

（10）编译网络，拟合模型。设置 metrics＝['accuracy']，计算训练过程中的准确率。

```
# Compile the model
model.compile(optimizer='adam', \
              loss='binary_crossentropy', \
              metrics=['accuracy'])
```

（11）将模型设置为 100 个轮次，批量大小为 20，验证分割为 20％。

```
#Fit the Model
model.fit(X_train, y_train, epochs=100, \
          batch_size=20, verbose=1, \
          validation_split=0.2, shuffle=False)
```

（12）评估测试数据集上的模型。

```
test_loss, test_acc = model.evaluate(X_test, y_test)
print(f'The loss on the test set is {test_loss:.4f} \
and the accuracy is {test_acc*100:.4f}%')
```

上面的代码产生如下输出。

```
12000/12000 [==============================] - 0s 20us/step
The loss on the test set is 0.0802 and the accuracy is 98.9917%
```

该模型返回的准确率为 98.9917％。但这就足够好了吗？通过将其与零精度进行比较来得到这个问题的答案。

（13）零精度可以使用 Pandas 库的 value_count 函数来计算，在训练 6.01 中使用了这个函数。

```
"""
Use the value_count function to calculate distinct class values
"""
y_test['class'].value_counts()
```

上面的代码产生如下输出。

```
0    11788
1      212
Name: class, dtype: int64
```

（14）计算零精度。

```
# Calculate the null accuracy
y_test['class'].value_counts(normalize=True).loc[0]
```

上面的代码产生如下输出。

```
0.9823333333333333
```

这里得到了模型的零精度。最后,必须注意以下几点:模型的准确率为98.9917%。在理想条件下,98.9917%的准确率是非常好的,但在这里,零精度很高,这有助于我们客观地看待模型的性能。模型的零精度是98.2333%,由于模型的零精度高,98.9917%的准确率就不够好了,但肯定还算不错的,在这种情况下的准确率不是评估算法的正确指标。

◆说明:源代码网址为 https://packt.live/31FUb2d,在线运行代码网址为 https://packt.live/3goL0ax。

现在,看看改变训练/测试比例分割数据时,神经网络模型的准确率和零精度的计算结果。

◆ 实践 6.01　改变训练/测试比例,计算神经网络的准确率和零精度

训练/测试比例分割数据是一种随机抽样技术。在这个实践中,改变训练/测试的比例将会影响零精度和准确率。为了实现这一点,必须更改定义训练/测试比例的代码部分。使用训练6.02的结果,并按照以下步骤完成此实践。

(1)导入所有必需的库并加载数据集。

(2)将 test_size 和 random_state 分别从 0.20 更改为 0.30,42 更改为 13。

(3)使用 StandardScaler 函数缩放数据。

(4)导入构建神经网络体系结构所需的库,并初始化 Sequential 类。

(5)用丢弃正则化添加 Dense 层。设置第一个隐藏层,大小为 64,丢弃率为 0.5;第二个隐藏层的大小为 32,丢弃率为 0.4;第三个隐藏层的大小为 16,丢弃率为 0.3;第四个隐藏层的大小为 8,丢弃率为 0.2;最后一个隐藏层的大小为 4,丢弃率为 0.1。设置所有激活函数为 ReLU 激活函数。

(6)添加一个输出 Dense 层与 sigmoid 激活函数。

(7)编译网络模型,利用准确率拟合模型。拟合 100 个轮次的模型,批量大小为 20 个。

(8)将模型与训练数据拟合,同时保存拟合过程的结果。

(9)评估测试数据集上的模型。

(10)计算测试目标数据集的每个类中值的数量。

(11)使用 Pandas 库的 value_count 函数计算零精度。

需要注意的是,在这个实践中,由于数学内部运算的随机性,可能会得到略有不同的结果。可以看到,当改变训练/测试比例时,准确性和零精度将会改变。在本章中,不涉及任何抽样技术,因为有一个高度不平衡的数据集,抽样技术不会产生任何有效率的结果。

◆说明:本实践答案见附录 A 的实践 6.01 改变训练/测试比例,计算神经网络的准确率和零精度。

继续下一个训练,计算从混淆矩阵导出的矩阵。

训练 6.03   基于混淆矩阵推导和计算指标

这个训练中使用的数据集是从日常使用的 Scania 重型卡车收集的数据,这些数据在一定程度上是不完美的。重点关注的系统是空气压力系统(APS),该系统产生的加压空气可用于卡车的各种功能,如制动和换挡。数据集中的正类表示 APS 中某个特定组件的组件故障,而负类表示与 APS 无关的组件的故障。

本次训练的目的是预测哪些卡车由于 APS 而出现了故障,就像之前的训练中所做的那样。推导神经网络模型的灵敏度、特异性、准确率和假阳率,以评估模型的性能。最后,调整阈值,重新计算灵敏度和特异性。按照以下步骤来完成这个训练。

➡️ 说明:本训练的数据集可以从该书的 GitHub 存储库 https://packt. live/2SGEEsH 下载。

由于数学内部运算的随机特性,可能会得到略有不同的结果。

(1)使用 Pandas 库的 read_csv 函数导入必要的库并加载数据。

```
# Import the libraries
import numpy as np
import pandas as pd


# Load the Data
X = pd.read_csv("../data/aps_failure_training_feats.csv")
y = pd.read_csv("../data/aps_failure_training_target.csv")
```

(2)使用 train_test_split 函数将数据拆分为训练和测试数据集。

```
from sklearn.model_selection import train_test_split
seed = 42
X_train, X_test, \
y_train, y_test = train_test_split(X, y, \
                   test_size=0.20, random_state=seed)
```

(3)使用 StandardScaler 函数对特征数据进行缩放,使其均值为 0,标准差为 1。将缩放的训练数据拟合并应用于测试数据。

```
from sklearn.preprocessing import StandardScaler
sc = StandardScaler()

# Transform the training data
X_train = sc.fit_transform(X_train)
X_train = pd.DataFrame(X_train,columns=X_test.columns)

# Transform the testing data
X_test = sc.transform(X_test)
X_test = pd.DataFrame(X_test,columns=X_train.columns)
```

(4)导入创建模型所需的 Keras 库。实例化 Keras 模型的 Sequential 类,并向模型添加五个隐藏层,每一层都包括丢弃率。第一个隐藏层的大小为 64,丢弃率为 0.5;第二个隐藏层的大小为 32,丢弃率为 0.4;第三个隐藏层的大小为 16,丢弃率为 0.3;第四个隐藏层的大小为 8,丢弃率为 0.2;最后一个隐藏层的大小为 4,丢弃率为 0.1。所有隐藏层都有 ReLU 激活函数,并有 kernel_initializer = 'uniform'。使用 sigmoid 激活函数向模型添加最终输出层。通过计算训练过程中的准确率来编译模型。

```python
# Import the relevant Keras libraries
from keras.models import Sequential
from keras.layers import Dense
from keras.layers import Dropout
from tensorflow import random

np.random.seed(seed)
random.set_seed(seed)
model = Sequential()

# Add the hidden dense layers and with dropout Layer
model.add(Dense(units=64, activation='relu', \
                kernel_initializer='uniform', \
                input_dim=X_train.shape[1]))
model.add(Dropout(rate=0.5))
model.add(Dense(units=32, activation='relu', \
                kernel_initializer='uniform'))
model.add(Dropout(rate=0.4))
model.add(Dense(units=16, activation='relu', \
                kernel_initializer='uniform'))
model.add(Dropout(rate=0.3))
model.add(Dense(units=8, activation='relu', \
                kernel_initializer='uniform'))
model.add(Dropout(rate=0.2))
model.add(Dense(units=4, activation='relu', \
                kernel_initializer='uniform'))
model.add(Dropout(rate=0.1))

# Add Output Dense Layer
model.add(Dense(units=1, activation='sigmoid', \
                kernel_initializer='uniform'))

# Compile the Model
model.compile(optimizer='adam', \
              loss='binary_crossentropy', \
              metrics=['accuracy'])
```

（5）使用 batch_size＝20 和 validation_split＝0.2 对模型进行 100 个轮次的训练,使其与训练数据相匹配。

```python
model.fit(X_train, y_train, epochs=100, \
          batch_size=20, verbose=1, \
          validation_split=0.2, shuffle=False)
```

（6）模型完成对训练数据的拟合后,使用模型的 predict 和 predict_proba 方法创建一个变量,该变量是模型对测试数据的预测结果。

```python
y_pred = model.predict(X_test)
y_pred_prob = model.predict_proba(X_test)
```

（7）测试集上的预测值如果大于 0.5 就设置为 1,如果小于 0.5 就设置为 0,以此来计算预测类。使用 scikit-learn 中的 confusion_matrix 函数计算混淆矩阵。

```
from sklearn.metrics import confusion_matrix
y_pred_class1 = y_pred > 0.5
cm = confusion_matrix(y_test, y_pred_class1)
print(cm)
```

上面的代码产生如下输出。

```
[[11730  58]
 [   69 143]]
```

始终使用 y_test 作为第一个参数,使用 y_pred_class1 作为第二个参数,这样总是可以得到正确的结果。

(8)计算真阴性(TN)、假阴性(FN)、假阳性(FP)和真阳性(TP)。

```
# True Negative
TN = cm[0,0]

# False Negative
FN = cm[1,0]

# False Positives
FP = cm[0,1]

# True Positives
TP = cm[1,1]
```

◆ 说明:如果按相反的顺序使用 y_test 和 y_pred_class1,仍然可以计算出矩阵,但会出现错误。

(9)计算灵敏度。

```
# Calculating Sensitivity
Sensitivity = TP / (TP + FN)
print(f'Sensitivity: {Sensitivity:.4f}')
```

上面的代码产生如下输出。

```
Sensitivity: 0.6745
```

(10)计算特异性。

```
# Calculating Specificity
Specificity = TN / (TN + FP)
print(f'Specificity: {Specificity:.4f}')
```

上面的代码产生如下输出。

```
Specificity: 0.9951
```

(11)计算准确率。

```
# Precision
Precision = TP / (TP + FP)
print(f'Precision: {Precision:.4f}')
```

上面的代码产生如下输出。

```
Precision: 0.7114
```

(12)计算误报率。

```
# Calculate False positive rate
False_Positive_rate = FP / (FP + TN)
print(f'False positive rate: \
    {False_Positive_rate:.4f}')
```

上面的代码产生如下输出。

```
False positive rate: 0.0049
```

图 6.10 是这些指标的汇总。

◈ **说明**：灵敏度与特异性成反比。

正如前面讨论的，模型应该更灵敏。那么，怎么解决这个问题呢？答案在于阈值概率。通过调整因变量的分类阈值为 1 或 0，可以提高模型的灵敏度。最初将 y_pred_class1 的值设置为大于 0.5，现在将阈值更改为 0.3，并重新运行代码以检查结果。

度量	值
灵敏度	0.6745或67.45%
特异性	0.9951或99.51%
精度	0.7114或71.14%
假阳性率	0.0049或0.49%

图 6.10　指标汇总

（13）执行步骤(7)，将阈值从 0.5 修改为 0.3，并重新运行代码。

```
y_pred_class2 = y_pred > 0.3
```

（14）现在，创建一个混淆矩阵，计算特异性和灵敏度。

```
from sklearn.metrics import confusion_matrix
cm = confusion_matrix(y_test,y_pred_class2)
print(cm)
```

上面的代码产生如下输出。

```
[[11700   88]
 [   58  154]]
```

下面与之前阈值为 0.5 的混淆矩阵进行比较。

```
[[11730   58]
 [   69  143]]
```

◈ **说明**：y_test 的原始值应该作为第一个参数传递，而 y_pred 作为第二个参数传递。

（15）计算混淆矩阵的各个组成部分。

```
# True Negative
TN = cm[0,0]

# False Negative
FN = cm[1,0]

# False Positives
FP = cm[0,1]

# True Positives
TP = cm[1,1]
```

（16）计算新的灵敏度。

```
# Calculating Sensitivity
Sensitivity = TP / (TP + FN)
print(f'Sensitivity: {Sensitivity:.4f}')
```

上面的代码产生如下输出。

```
Sensitivity: 0.7264
```

（17）计算特异性。

```
# Calculating Specificity
Specificity = TN / (TN + FP)
print(f'Specificity: {Specificity:.4f}')
```

上面的代码产生如下输出。

```
Specificity: 0.9925
```

阈值	灵敏度	特异性
0.5	67.45%	99.51%
0.3	72.64%	99.25%

图 6.11　灵敏度和特异性比较

降低阈值后灵敏度和特异性明显提高，如图 6.11 所示。

很明显，降低阈值会增加灵敏度。

（18）可视化数据分布。为了便于理解为什么降低阈值会增加灵敏度，可以绘制预测概率的直方图。回想一下，创建 y_pred_prob 变量来预测分类器的概率。

```
import matplotlib.pyplot as plt
%matplotlib inline
# histogram of class distribution
plt.hist(y_pred_prob, bins=100)
plt.title("Histogram of Predicted Probabilities")
plt.xlabel("Predicted Probabilities of APS failure")
plt.ylabel("Frequency")
plt.show()
```

图 6.12 显示了上述代码的输出。

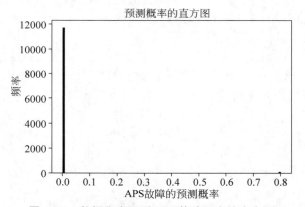

图 6.12　数据集中预测 APS 故障概率的直方图

这个直方图清楚地表明，预测的分类器的大多数概率都为 0.0～0.1，这确实是非常低的。除非将阈值设置得很低，否则无法提高模型的灵敏度。此外，要注意灵敏度与特异性成反比，所以当一个增加时，另一个就会减少。

◆ **说明**：源代码网址为 https://packt.live/31E6v32，在线运行代码网址为 https://packt.live/3gquh6y。

该阈值没有默认值，但通常使用 0.5 作为默认值。选择阈值的一种方法是绘制直方图，然后手动选择阈值。在例子中，0.1～0.7 的任何阈值都可以用作模型，因为这些值之间几乎没有预测，这可以从图 6.12 中看出。

另一种选择阈值的方法是绘制 ROC 曲线，它将真阳率绘制成假阳率的函数。根据对每一项的容忍度，可以选择阈值。如果希望评估模型的性能，绘制 ROC 曲线也是一个很好的方法，因为 ROC 曲线下与坐标轴围成的面积是对模型性能的直接度量。

实践 6.02 计算ROC曲线和AUC评分

ROC 曲线和 AUC 评分是一种简单评价二元分类器性能的有效方法。在这个实践中，将绘制 ROC 曲线，计算模型的 AUC 评分。使用与训练 6.03 中相同的数据集，训练相同的模型。利用 APS 失效数据计算 ROC 曲线和 AUC 评分。按照以下步骤完成此实践。

(1) 导入所有必需的依赖项并加载数据集。

(2) 使用 train_test_split 函数将数据拆分为训练数据集和测试数据集。

(3) 使用 StandardScaler 函数对训练和测试数据进行缩放。

(4) 导入构建神经网络体系结构所需的库，并初始化 Sequential 类。用丢弃正则化添加 5 个 Dense 的层。第一个隐藏层大小为 64，丢弃率为 0.5；第二个隐藏层大小为 32，丢弃率为 0.4；第三个隐藏层大小为 16，丢弃率为 0.3；第四个隐藏层大小为 8，丢弃率为 0.2；最后一个隐藏层大小为 4，丢弃率为 0.1。设置所有激活函数为 ReLU 激活函数。

(5) 添加一个输出 Dense 层与 sigmoid 激活函数。利用准确率编译网络模型。对模型进行 100 个轮次的训练，批量大小为 20。

(6) 将模型与训练数据拟合，保存拟合过程的结果。

(7) 创建一个代表测试数据集预测类的变量。

(8) 使用 sklearn.metrics 中的 roc_curve 函数计算假阳性率和真阳性率。假阳性率和真阳性率是三个返回变量中的第一个和第二个。将真实值和预测值传递给函数。

(9) 绘制 ROC 曲线，这是真阳性率作为假阳性率的函数。

(10) 使用 sklearn.metrics 的 roc_auc_score 计算 AUC 评分。同时传递模型的真实值和预测值。

执行完这些步骤后，会得到如下输出。

```
0.944787151628455
```

说明：本实践答案见附录 A 的实践 6.02 计算 ROC 曲线和 AUC 评分。

在这个实践中，学习了利用 APS 故障数据集计算 ROC 曲线和 AUC 评分，还了解了灵敏度和特异性会随阈值的变化而变化。

6.5 总结

本章讨论了模型的评估和准确率。我们了解到当数据集不平衡时，准确率并不是最合适的评估技术。此外，学习了如何使用 scikit-learn 计算混淆矩阵，以及如何推导其他指标，如灵敏度、特异性、精确度和假阳性率。

最后,学习了如何使用阈值来调整指标,以及如何使用 ROC 曲线和 AUC 评分评估模型。在现实生活中处理不平衡的数据集是很常见的,如信用卡欺诈检测、疾病预测和垃圾邮件检测等问题都有不同程度的不平衡数据。

下一章将学习一种不同类型的神经网络架构——卷积神经网络,它可以很好地完成图像分类任务。它可以将图像分为两类进行性能测试,并使用不同的架构和激活函数进行实验。

## 第 7 章

基于卷积神经网络的
计算机视觉

本章将介绍计算机视觉,以及计算机视觉如何通过神经网络来实现。我们将学习构建图像处理器和使用卷积神经网络来对模型进行分类,还将学习卷积神经网络的体系结构,以及如何利用最大汇集和平坦化、特征映射和特征检测等技术。学完本章后,读者不仅能构建图像分类器,还能根据应用程序有效地评估它们。

7.1 简介

第 6 章学习了模型评估,涉及了准确率,以及它为什么会对一些数据集产生误导,特别是具有高度不平衡类的分类任务。具有不平衡类的数据集,如预测太平洋的飓风或预测是否有人拖欠信用卡贷款,值为正的例子相对于值为负的例子来说比较少见,因此,由于零精度高,所以准确率是有误导性的。

为了防止分类不平衡,我们学习了可用于适当评估模型的技术,包括计算模型评估指标,如灵敏度、特异性、假阳性率和 AUC 评分,并绘制 ROC 曲线。本章将学习如何对图像进行分类。图像分类在现实世界中有很多应用。

计算机视觉是机器学习和人工智能中最重要的概念之一。随着智能手机的广泛使用,人们每天都在拍摄、分享和上传图片,通过图像产生的数据量呈几何级数增长。因此,对计算机视觉领域专家的需求空前高涨。此外,由于医学成像领域的进步,医疗保健等行业正处于革命的边缘。

本章将介绍计算机视觉和计算机视觉在各个行业的应用,还将学习卷积神经网络(Convolutional Neural Network,CNN),这是用于图像处理的最广泛的神经网络。与神经网络类似,CNN 也由接收输入的神经元组成,这些输入是通过加权和激活函数处理的。然而,与使用向量作为输入的 ANN 不同,CNN 使用图像作为输入。本章将更详细地研究 CNN 以及与之相关的概念:池化层、扁平化层、特征映射和特征检测。我们将把 Keras 作为一个工具,在真实的图像上运行图像处理算法。

7.2 计算机视觉

为了理解计算机视觉,先来讨论一下人类视觉。人类视觉是人类眼睛和大脑看到和识别物体的能力。计算机视觉是让机器拥有与人类视觉类似的、对物体的观察和识别能力。

人类的眼睛很容易就能准确地辨别出动物是老虎还是狮子,但要让计算机系统清楚地理解这些物体,则需要进行大量的训练。计算机视觉也可以被定义为建立能够模拟人眼和大脑功能的数学模型。本质上,它就是去训练计算机理解图像和视频的内容。

计算机视觉是许多机器人前沿领域不可或缺的一部分:保健和医疗设备(X光、核磁共振扫描、CT扫描等)、无人机、自动驾驶汽车、运动和娱乐等。几乎所有的企业都需要计算机视觉才能成功运行。

想象一下,世界各地的闭路电视镜头产生的数据,每天智能手机拍摄照片的数量,每天在YouTube等网站上分享的视频数量,以及人们在Facebook和Instagram等流行社交网站上分享的照片,所有这些都会产生大量的图像数据。为了使计算机在处理和分析数据的过程中更加智能,这些数据需要专门从事计算机视觉的高级专家来处理。计算机视觉是机器学习中一个非常有利的领域。以下几节将描述如何使用神经网络,尤其是卷积神经网络,来实现计算机视觉。

7.3　卷积神经网络

当谈到计算机视觉时,就会同时谈到CNN。CNN是一类深度神经网络,主要应用于计算机视觉和图像领域。CNN用于识别图像,根据相似度对图像进行聚类,并在场景中实现对象识别。CNN有不同的层——输入层、输出层和多个隐藏层。CNN的这些隐藏层包括全连接层、卷积层、作为激活函数的ReLU层、标准化层和池化层。在一个非常简单的层面上,CNN帮助我们识别图像并适当地标记它们,如图7.1所示。例如,一个老虎图像将被标识为一只老虎。

图7.2是CNN对老虎进行分类的例子。

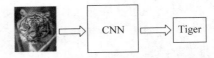

图7.1　普通的CNN　　　　　图7.2　CNN将一张老虎的图片归类为"老虎"类

7.4　卷积神经网络架构

CNN网络架构的主要组成部分如下。

- 输入图像。
- 卷积层。
- 池化层。
- 扁平化。

7.4.1　输入图像

输入图像是CNN网络架构的第一个组件。图像可以是任何类型,如人、动物、风景、医用X射线图像等。每幅图像都被转换成一个由0和1组成的数字矩阵。图7.3解释了计算机如何识别字母 T 的图像。

所有值为 1 的块表示数据,而 0 表示空格。

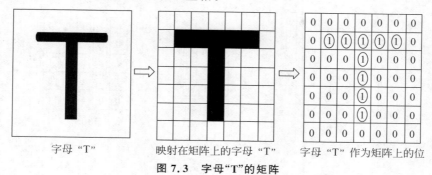

字母 "T"　　　　映射在矩阵上的字母 "T"　　　字母 "T" 作为矩阵上的位

图 7.3　字母"T"的矩阵

7.4.2　卷积层

卷积层是图像开始被处理的地方,其由以下两部分组成。

- 特征检测器或过滤器。
- 特征图。

特征检测器或过滤器就是放置在图像上以将其转换为特征图的矩阵或模式,如图 7.4 所示。

卷积运算　　　　特征检测器

输入图像

图 7.4　特征检测器

由图 7.5 可以看到,将这个特征检测器(叠加)放在原始图像上,对相应的元素进行计算,计算通过将相应的元素相乘来完成。对所有的单元格重复这个过程。这将产生一个新的处理过的图像——$(0×0+0×0+0×1)+(0×1+1×0+0×0)+(0×0+0×1+0×1)=0$。

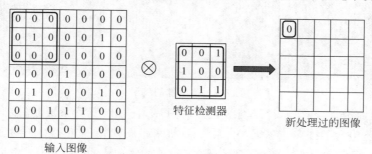

输入图像　　特征检测器　　新处理过的图像

图 7.5　图像中隐藏的特征检测器

特征图是指由图像和特征检测器的卷积产生的简化图像。把特征检测器放在原始图像的所有可能位置上,并从中导出一个较小的图像,该导出图像为输入图像的特征图,如图7.6所示。

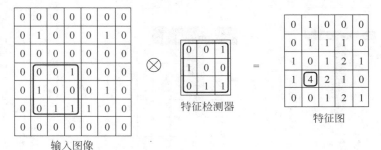

图7.6　特征图

🔹**说明:**在这里,特征检测器是滤波器,特征图是简化图像。在简化图像时,会丢失一些信息。

在一个真实的CNN中,使用多个特征检测器来生成多个特征图,如图7.7所示。

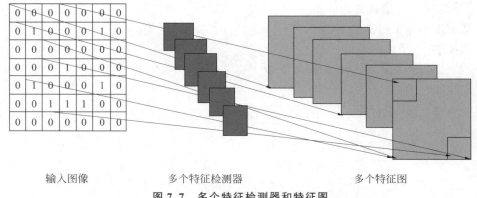

输入图像　　　　　　　多个特征检测器　　　　　　　多个特征图

图7.7　多个特征检测器和特征图

7.4.3　池化层

池化层可以忽略图像中不太重要的数据,并进一步简化图像,同时保留图像的重要特征。图7.8所示的三张图片,总共包含了三只猫。

彩色图片

图7.8　猫图像的例子

为了确定图片中是否有猫,神经网络会分析图片,它可以看耳朵形状、眼睛形状等。与此同时,这张图片还包含了许多与猫无关的特征。前两张图片中的树和叶子对于识别猫是无用的。池化有助于算法理解图像的哪些部分是相关的,哪些部分是不相关的。

从卷积层得到的特征图通过池化层进一步简化图像,同时保留图像中最相关的部分。池化层由最大池化、最小池化和平均池化等函数组成。这意味着选择一个矩阵的大小,比如 2×2,然后扫描特征图,从 2×2 矩阵中选择符合那个块的最大的数。图 7.9 可以清楚地了解最大池化是如何工作的。在合并后的特征中,选择特征图中每个颜色框中最大的数。

彩色图片

图 7.9 池化

考虑一个盒子里有数字 4 的情况。假设数字 4 代表一只猫的耳朵,而耳朵周围的空格是 0 和 1,所以忽略 0 和 1,只选择 4。下面是一些示例代码,使用它来添加池化层,在这里,Maxpool2D 用于最大池化,这有助于识别最重要的特性。

```
classifier.add(MaxPool2D(2,2))
```

7.4.4 扁平化

扁平化是 CNN 的一部分,此时图像可以作为神经网络的输入。顾名思义,扁平化是指将池化的图像扁平化并转换为单个列。每一行都被转变为一列,然后一列一列地堆叠起来。图 7.10 将一个 3×3 的矩阵转换为一个 1×n 的矩阵,这里 n 是 9。

我们可实时地将许多池化特性图扁平化到一列中,这一列可作为 ANN 的输入。图 7.11 显示了许多池化层被扁平化成一个单独的列。

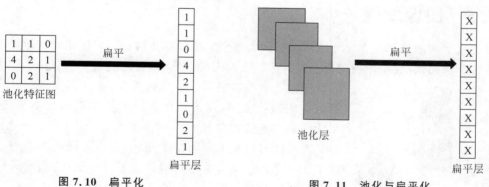

图 7.10 扁平化

图 7.11 池化与扁平化

下面是一些示例代码,可以用其添加一个扁平化层,这里扁平化是使 CNN 网络扁平。

```
classifier.add(Flatten())
```

现在,来看一下 CNN 网络的整体架构,如图 7.12 所示。

下面是一些示例代码,我们可以将它添加到 CNN 的第一层。

```
classifier.add(Conv2D(32,3,3,input_shape=(64,64,3),activation='relu'))
```

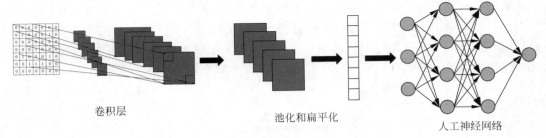

卷积层　　　　　　　　池化和扁平化　　　　　　　人工神经网络

图 7.12　CNN 网络架构

"32,3,3"是指有 32 个尺寸为 3×3 的特征检测器。习惯从 32 开始,后续可添加 64 或 128。

input_shape:由于所有的图像都有不同的形状和大小,input_shape 将所有的图像转换成统一的形状和大小。(64,64)为转换后图像的尺寸。它可以设置为 128 或 256,但如果使用的是笔记本电脑的 CPU,建议使用 64×64。最后一个参数 3 是因为图像是彩色图像(编码为红色、蓝色和绿色,或 RGB)。如果图像是黑白的,参数可以设置为 1。使用的激活函数是 ReLU。

◆ 说明:在本书中,使用 Keras 和 TensorFlow 作为后端。如果后端是编程框架,那么 input_shape 将被编码为(3,64,64)。

最后一步是拟合已创建的数据。下面是实现代码。

```
classifier.fit_generator(training_set,steps_per_epoch = 5000,\
                        epochs = 25,validation_data = test_set,\
                        validation_steps = 1000)
```

◆ 说明:steps_per_epoch 是训练图像的数量,validation_steps 是测试图像的数量。

7.5　图像增强

增强这个词的意思是在尺寸或数量上增大或变大的动作或过程。图像或数据增强以类似的方式工作。图像/数据增强可以创建许多批次的图像。然后,它将随机变换应用于批次中的随机图像。数据转换可以是旋转图像、移动图像、翻转图像等。通过应用这种变换,在批次中获得了更多不同的图像,也获得了比原来更多的数据。

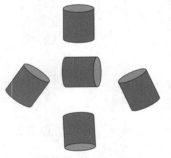

图 7.13　圆柱体的图像增强

圆柱体可以从不同的角度旋转,并以不同的方式查看。在图 7.13 中,可以从五个不同的角度看一个圆柱体,所以已经从一张图片中创建了五张不同的图片。

下面是一些用于图像增强的示例代码。在这里,ImageDataGenerator 类用于处理图像数据。shear_range,zoom_range 和 horizontal_flip 都是用来转换图像的。

```
from keras.preprocessing.image import ImageDataGenerator

train_datagen = ImageDataGenerator(rescale = 1./255.0,\
```

```
                                          shear_range = 0.3,\
                                          zoom_range = 0.3,\
                                          horizontal_flip = False)
test_datagen = ImageDataGenerator(rescale = 1./255.0)
```

图像增强是图像处理的重要组成部分,它具有如下优点。

- 减少过拟合。它通过创建同一图像的多个版本,并按给定量旋转来帮助减少过度匹配。
- 增加图像的数量。一个图像充当多个图像。因此,当数据集拥有较少的图像时,每个图像可以通过图像增强转换为多个图像。图像增强会增加图像的数量,算法对每一幅图像的处理也会有所不同,如图7.14所示。
- 简单预测新图像。从不同的角度看一个足球的单一图像,每个角度都被认为是一个不同的图像。这将使该算法在预测新图像时更加准确。

图7.14　足球图像的图像增强

现在,已经学习了计算机视觉与CNN的概念和理论,来研究一些实际的例子。

首先,从一个训练开始,在这个训练中,构建一个简单的CNN。在以下的训练和实践中,使用置换和组合来调整CNN。

- 添加更多的CNN层;
- 添加更多的ANN层;
- 更改优化器功能;
- 更改激活功能。

从创建第一个CNN开始,这样就可以将汽车和花的图像分类到它们各自的类中。

训练7.01　创建一个识别图像中汽车和花的卷积神经网络

这个训练中有汽车和花的图像,它们被分成训练集和测试集,构建一个CNN来识别一个图像是汽车还是花。

💠说明:本章中所有的训练和实践将在Jupyter Notebook中被应用。可从这个网址https://packt.live/39tID2C中下载本书的GitHub库和所有准备好的模板。

在开始之前,确保已经从本书的GitHub存储库中下载了图像数据集到自己的工作目录中。需要一个training_set文件夹来训练模型,还需要一个test_set文件夹来测试模型。每个文件夹都包含一个cars文件夹(包含汽车图像)和一个flowers文件夹(包含花的图像)。

完成这项工作的步骤如下。

（1）导入 NumPy 库、必要的 Keras 库和类。

```
# Import the Libraries
from keras.models import Sequential
from keras.layers import Conv2D, MaxPool2D, Flatten, Dense
import numpy as np
from tensorflow import random
```

（2）现在，设置一个 seed，用 Sequential 类启动模型。

```
# Initiate the classifier
seed = 1
np.random.seed(seed)
random.set_seed(seed)
classifier = Sequential()
```

（3）添加 CNN 的第一层，设置输入形状为(64,64,3)和每个图像的尺寸，设置激活函数为 ReLU。

```
classifier.add(Conv2D(32,3,3, input_shape=(64,64,3), \
                activation='relu'))
```

32,3,3 表示有 32 个尺寸为 3×3 的特征检测器

（4）现在，添加图像大小为 2×2 的池化层。

```
classifier.add(MaxPool2D(2,2))
```

（5）通过在 CNN 模型中添加一个扁平化层来压缩池化层的输出。

```
classifier.add(Flatten())
```

（6）添加人工神经网络的第一密集层。128 是节点数量的输出。作为训练，128 是一个好的开始。激活函数是 ReLU。在本实践中 2 的幂是最好的。

```
classifier.add(Dense(128, activation='relu'))
```

（7）添加人工神经网络的输出层。这是一个二元分类问题，所以大小为 1，激活函数为 sigmoid。

```
classifier.add(Dense(1, activation='sigmoid'))
```

（8）使用 adam 优化器编译网络，并计算训练过程中的准确率。

```
#Compile the network
classifier.compile(optimizer='adam', loss='binary_crossentropy', \
                    metrics=['accuracy'])
```

（9）创建训练和测试数据生成器。重新将训练和测试图像缩放，使所有值都在 0 和 1 之间。为训练数据生成器设置这些参数：shear_range = 0.2，zoom_range = 0.2，horizontal_flip = True。

```
from keras.preprocessing.image import ImageDataGenerator
train_datagen = ImageDataGenerator(rescale = 1./255,\
                            shear_range = 0.2,\
                            zoom_range = 0.2,\
                            horizontal_flip = True)
test_datagen = ImageDataGenerator(rescale = 1./255)
```

（10）从训练集文件夹中创建一个训练集。"../dataset/training_set"是放置数据的文件夹。CNN 模型的图像大小为 64×64，所以这里也应该传递相同的大小。batch_size 是单个批处理中的图像数量，即 32。因为正在处理二进制分类器，所以 class_mode 被设置为二进制。

```
training_set = train_datagen.flow_from_directory(\
               '../dataset/training_set',\
               target_size = (64, 64),\
               batch_size = 32,\
               class_mode = 'binary')
```

（11）对测试集重复步骤（10），同时将文件夹设置为测试图像的位置，即"../dataset/test_set"。

```
test_set = test_datagen.flow_from_directory(\
           '../dataset/test_set',\
           target_size = (64, 64),\
           batch_size = 32,\
           class_mode = 'binary')
```

（12）最后，拟合数据。将 steps_per_epoch 设置为 10000，将 validation_steps 设置为 2500。

```
classifier.fit_generator(training_set,steps_per_epoch = 10000,\
                         epochs = 2,validation_data = test_set,\
                         validation_steps = 2500,shuffle=False)
```

上面的代码产生如下输出。

```
Epoch 1/2
10000/10000 [==============================] - 1994s 199ms/step -
loss: 0.2474 - accuracy: 0.8957 - val_loss: 1.1562 - val_accuracy:
0.8400
Epoch 2/2
10000/10000 [==============================] - 1695s 169ms/step -
loss: 0.0867 - accuracy: 0.9689 - val_loss: 1.4379 - val_accuracy:
0.8422
```

验证集的准确率为 84.22%。

◆ 说明：为了得到更准确的结果，可以试着将轮次的数量增加到 25 个左右。源代码网址为 https://packt.live/38njqHU，在线运行代码网址为 https://packt.live/3iqFpSN。

这就完成了处理图像和识别图像内容的训练。注意，这是一个健壮的代码，可以解决计算机视觉中的任何二进制分类问题。这意味着即使图像数据发生变化，代码也将保持不变。在下一个实践中将修改模型的一些参数，并评估模型的性能，来测试学习的知识。

◆ 实践 7.01 用多个卷积层和softmax层对模型进行修复

既然已经成功地运行了一个 CNN 模型，下面就可以尝试改进算法的性能了。有许多方法可以提高其性能，其中最直接的方法之一是向模型添加多个 ANN 层，本实践就是学习这个方法。我们也会将激活函数从 sigmoid 改为 softmax。通过这样做，可以将结果与前一个训练的结果进行比较。按照以下步骤完成这个实践。

（1）构建一个 CNN 导入库，设置一个 seed，创建一个 Sequential 类并导入 Conv2D、MaxPool2D、Flatten 和 Dense。使用 Conv2D 构建卷积层。因为图片是 2D 的，所以在这里使用 2D。类似地,Maxpool2D 用于最大池化,扁平化用于压缩 CNN,Dense 用于向 ANN 添加一个全连接的 CNN。

（2）使用前面的库构建 CNN 架构。在添加第一层之后,向 CNN 添加另外两个层。

（3）添加一个池化和扁平化层,作为 ANN 的输入。

（4）构建一个全连接的 ANN,其输入是 CNN 的输出。添加 ANN 的第一层之后,再添加三层。对于 ANN 的输出层使用 softmax 激活函数,编译模型。

（5）对数据进行图像增强处理和转换。ImageDataGenerator 类用于处理。Shear_range、zoom_range 和 horizontal_flip 都用于图像的转换。

（6）创建训练和测试集数据。

（7）最后,匹配已创建的数据。

在实现这些步骤之后,应该得到以下预期的输出。

```
Epoch 1/2
10000/10000 [==============================] - 2452s 245ms/step -
loss: 8.1783 - accuracy: 0.4667 - val_loss: 11.4999 - val_accuracy:
0.4695
Epoch 2/2
10000/10000 [==============================] - 2496s 250ms/step -
loss: 8.1726 - accuracy: 0.4671 - val_loss: 10.5416 - val_accuracy:
0.4691
```

➡ **说明**：本实践的答案见附录 A 的实践 7.01 用多个卷积层和 softmax 层对模型进行修复。

在这次实践中,修改了 CNN 模型,尝试提高图像分类器的准确性。增加了额外的卷积层和额外的 ANN 全连接层,并改变了输出层的激活函数。这样做,模型的准确性就降低了。在下一个训练中,把激活函数重新变回 sigmoid 函数。通过在验证数据集上评估的准确性来评估性能。

◆ **训练 7.02** **用sigmoid激活函数对模型进行修复**

本训练将重建模型,将激活函数从 softmax 恢复为 sigmoid。这样做,可以使模型比之前更加准确,按照以下步骤完成这个训练。

（1）导入 NumPy 库、需要的 Keras 库和类。

```
# Import the Libraries
from keras.models import Sequential
from keras.layers import Conv2D, MaxPool2D, Flatten, Dense
import numpy as np
from tensorflow import random
```

（2）现在,设置 seed 并使用 Sequential 类初始化模型。

```
# Initiate the classifier
seed = 43
np.random.seed(seed)
random.set_seed(seed)
classifier = Sequential()
```

（3）添加 CNN 的第一层,设置输入形状为(64,64,3),即每张图像的维度,设置激活函数为 ReLU。然后,添加 32 个大小为(3,3)的特征检测器。再添加两个卷积层,具有 32 个大小为(3,3)的特征检测器,同样使用 ReLU 激活函数。

```
classifier.add(Conv2D(32,3,3,input_shape=(64,64,3),\
                      activation='relu'))
classifier.add(Conv2D(32, (3, 3), activation = 'relu'))
classifier.add(Conv2D(32, (3, 3), activation = 'relu'))
```

(4) 添加图像大小为 2×2 的池化层。

```
classifier.add(MaxPool2D(2,2))
```

(5) 再添加一个 Conv2D,参数与步骤(3)相同,并添加一个池化层。

```
classifier.add(Conv2D(32, (3, 3), activation = 'relu'))
classifier.add(MaxPool2D(pool_size = (2, 2)))
```

(6) 通过在 CNN 模型中添加一个扁平层来扁平池化层的输出。

```
classifier.add(Flatten())
```

(7) 添加 ANN 的密集层。这里,128 是节点数量的输出。作为训练,128 是一个很好的开始。激活函数是 ReLU。作为实践,2 的幂是首选的。使用相同的参数添加另外三个层。

```
classifier.add(Dense(128,activation='relu'))
classifier.add(Dense(128,activation='relu'))
classifier.add(Dense(128,activation='relu'))
classifier.add(Dense(128,activation='relu'))
```

(8) 添加 ANN 的输出层。这是一个二进制分类问题,因此输出为 1,激活函数为 sigmoid。

```
classifier.add(Dense(1,activation='sigmoid'))
```

(9) 使用 Adam 优化器对网络进行编译,并计算训练过程中的准确率。

```
classifier.compile(optimizer='adam', loss='binary_crossentropy', \
                   metrics=['accuracy'])
```

(10) 创建训练和测试数据生成器。将训练和测试图像缩放 1/255,使所有的值都在 0 和 1 之间。仅为训练数据生成器设置这些参数:shear_range=0.2,zoom_range=0.2,horizontal_flip=True。

```
from keras.preprocessing.image import ImageDataGenerator
train_datagen = ImageDataGenerator(rescale = 1./255,
                                   shear_range = 0.2,
                                   zoom_range = 0.2,
                                   horizontal_flip = True)
test_datagen = ImageDataGenerator(rescale = 1./255)
```

(11) 从训练集文件夹中创建一个训练集。../dataset/training_set 是存放数据的文件夹。CNN 模型的图像大小为 64×64,所以这里也应该传递相同的大小。batch_size 是单个批处理中的图像数量,即 32。class_mode 是二进制的,因此需要二进制分类器。

```
training_set = \
train_datagen.flow_from_directory('../dataset/training_set',\
                                  target_size = (64, 64),\
                                  batch_size = 32,\
                                  class_mode = 'binary')
```

（12）接下来对测试集重复步骤（11），然后将文件夹设置为测试图像的位置，即'../dataset/test_set'。

```
test_set = \
test_datagen.flow_from_directory('../dataset/test_set',\
                                 target_size = (64, 64),\
                                 batch_size = 32,\
                                 class_mode = 'binary')
```

（13）最后，拟合数据。将 steps_per_epoch 设置为 10000，将 validation_steps 设置为 2500。

```
classifier.fit_generator(training_set,steps_per_epoch = 10000,\
                         epochs = 2,validation_data = test_set,\
                         validation_steps = 2500,shuffle=False)
```

上面的代码产生如下输出。

```
Epoch 1/2
10000/10000 [==============================] - 2241s 224ms/step -
loss: 0.2339 - accuracy: 0.9005 - val_loss: 0.8059 - val_accuracy:
0.8737
Epoch 2/2
10000/10000 [==============================] - 2394s 239ms/step -
loss: 0.0810 - accuracy: 0.9699 - val_loss: 0.6783 - val_accuracy:
0.8675
```

模型的准确率为 86.75%，明显高于前面训练中建立的模型的准确率，这说明了激活函数的重要性，将输出激活函数从 softmax 改为 sigmoid，准确率就从 46.91% 提高到了 86.75%。

👉说明：源代码网址为 https://packt.live/31Hu9vm，在线运行代码网址为 https://packt.live/3gqE9x8。

下一个训练将使用不同的优化器进行实验，并观察它如何影响模型的性能。

👉说明：在二进制分类问题中（在汽车与花的例子中），使用 sigmoid 作为输出的激活函数更好。

◀ 训练 7.03 　将优化器Adam更改为SGD

本训练将再次修改模型，将优化器更改为 SGD，将得到的准确率与之前的模型进行比较。按照以下步骤来完成这个训练。

（1）导入 NumPy 库、必要的 Keras 库与类。

```
# Import the Libraries
from keras.models import Sequential
from keras.layers import Conv2D, MaxPool2D, Flatten, Dense
import numpy as np
from tensorflow import random
```

（2）现在，使用 Sequential 类初始化模型。

```
# Initiate the classifier
seed = 42
np.random.seed(seed)
random.set_seed(seed)
classifier = Sequential()
```

（3）添加 CNN 的第一层，设置输入形状为$(64,64,3)$，设置每个图像的维数，设置激活函数为 ReLU，然后添加 32 个大小为$(3,3)$的特征检测器。

```
classifier.add(Conv2D(32,(3,3),input_shape=(64,64,3),\
                activation='relu'))
classifier.add(Conv2D(32,(3,3),activation='relu'))
classifier.add(Conv2D(32,(3,3),activation='relu'))
```

（4）现在，添加池化层，图像大小为2×2。

```
classifier.add(MaxPool2D(pool_size=(2, 2)))
```

（5）添加一个与步骤（3）有相同参数的 Conv2D 和一个与步骤（4）有相同参数的池化层。

```
classifier.add(Conv2D(32, (3, 3), input_shape = (64, 64, 3), \
                activation = 'relu'))
classifier.add(MaxPool2D(pool_size=(2, 2)))
```

（6）添加一个扁平层来完成 CNN 的架构。

```
classifier.add(Flatten())
```

（7）添加尺寸为 128 的 ANN 的第一密集层。然后在网络中添加三个相同参数的密集层。

```
classifier.add(Dense(128,activation='relu'))
classifier.add(Dense(128,activation='relu'))
classifier.add(Dense(128,activation='relu'))
classifier.add(Dense(128,activation='relu'))
```

（8）添加 ANN 的输出层。这是一个二元分类问题，因此输出为 1，激活函数为 sigmoid。

```
classifier.add(Dense(1,activation='sigmoid'))
```

（9）使用 SGD 优化器编译网络，并在训练过程中计算准确率。

```
classifier.compile(optimizer='SGD', loss='binary_crossentropy', \
                metrics=['accuracy'])
```

（10）创建训练和测试数据生成器。重新将训练和测试图像缩放 1/255，使所有值都在 0 和 1 之间。为训练数据生成器设置这些参数：shear_range = 0.2，zoom_range = 0.2，horizontal_flip＝True。

```
from keras.preprocessing.image import ImageDataGenerator

train_datagen = ImageDataGenerator(rescale = 1./255,\
                                shear_range = 0.2,\
                                zoom_range = 0.2,\
                                horizontal_flip = True)
test_datagen = ImageDataGenerator(rescale = 1./255)
```

（11）在训练集文件夹中创建一个训练集。../dataset/training_set 是存放数据的文件夹。CNN 模型的图像大小是 64×64，所以这里也应该传递相同的大小。batch_size 是单个批处理中的图像数量为 32。class_mode 是二进制的，因此创建的是二进制分类器。

```
training_set = \
train_datagen.flow_from_directory('../dataset/training_set',\
                                target_size = (64, 64),\
                                batch_size = 32,\
                                class_mode = 'binary')
```

（12）对测试集重复步骤（11），然后将文件夹设置为测试图像的位置，即'.. /dataset/test_set'。

```
test_set = \
test_datagen.flow_from_directory('../dataset/test_set',\
                                  target_size = (64, 64),\
                                  batch_size = 32,\
                                  class_mode = 'binary')
```

（13）最后，拟合数据。将 step_per_epoch 设置为10000，将 validation_steps 设置为2500。

```
classifier.fit_generator(training_set,steps_per_epoch = 10000,\
                         epochs = 2,validation_data = test_set,\
                         validation_steps = 2500,shuffle=False)
```

上面的代码产生如下输出。

```
Epoch 1/2
10000/10000 [==============================] - 4376s 438ms/step -
loss: 0.3920 - accuracy: 0.8201 - val_loss: 0.3937 - val_accuracy:
0.8531
Epoch 2/2
10000/10000 [==============================] - 5146s 515ms/step -
loss: 0.2395 - accuracy: 0.8995 - val_loss: 0.4694 - val_accuracy:
0.8454
```

由于使用了多个 ANN 和 SGD 作为优化器，准确率为 84.54%。

✦ 说明：源代码网址为 https://packt.live/31Hu9vm，在线运行代码网址为 https://packt.live/3gqE9x8。

综上，该数据集的最佳准确率可以通过以下操作获得。

- 添加多个卷积神经网络层。
- 添加多个人工神经网络层。
- 具有 sigmoid 激活函数。
- 具有 adam 优化器。
- 将轮次的大小增加到 25（这需要大量的计算时间——确保有一个 GPU 来做这个）。这将增加模型预测的准确率。

最后，继续预测一个新的未知图像，将其传递给算法，并验证该图像是否被正确分类。接下来的一个训练将演示如何使用该模型对新图像进行分类。

◀ 训练 7.04 ▎ **对一个新图像进行分类**

这个训练将尝试对一幅新图像进行分类。选一张未测试过的图像，使用这个新图像来测试算法。可以运行本章中的任何一种算法（最高准确率的算法是首选），然后使用该模型对图像进行分类。

✦ 说明：本训练中使用的图像可以在本书的 GitHub 存储库 https://packt.live/39tID2C 找到。

在开始之前，确保已将 test_image_1 从本书的 GitHub 存储库下载到自己的工作目录中。这个训练是在前面训练的基础上进行的，因此需确保已经准备好本章中的一种算法可以在自己的工作区中运行。

完成这项工作的步骤如下。

（1）加载图像。"test_image_1.jpg"是测试图像的路径。更改系统中保存数据集的路径，查看图像以验证它是什么。

```
from keras.preprocessing import image
new_image = image.load_img('../test_image_1.jpg', \
                             target_size = (64, 64))
new_image
```

（2）打印位于训练集的 class_indices 属性中的类标签。

```
training_set.class_indices
```

（3）处理图片。

```
new_image = image.img_to_array(new_image)
new_image = np.expand_dims(new_image, axis = 0)
```

（4）预测新图像。

```
result = classifier.predict(new_image)
```

（5）预测方法将输出图像为 1 或 0。要将 1 或 0 映射到花或汽车，使用带有 if…else 语句的 class_indices 方法，如下所示。

```
if result[0][0] == 1:
    prediction = 'It is a flower'
else:
    prediction = 'It is a car'

print(prediction)
```

上面的代码产生如下输出。

```
It is a car
```

test_image_1 正是一辆汽车的图像，说明模型预测正确。

在这个训练中训练模型，然后给模型一个汽车的图像，可以发现算法对图像进行了正确的分类。可以使用相同的过程训练模型来处理任何类型的图像。例如，如果使用感染的肺部和健康的肺部的扫描来训练模型，那么模型将能够区分新扫描代表的是感染的肺还是健康的肺。

◆ 说明：源代码网址为 https://packt.live/31I6B9F，在线运行代码网址为 https://packt.live/2BzmEMx。

下一个实践将运用训练 7.04 中所学的知识，用训练的模型对新图像进行分类。

◆ **实践 7.02** **对另一个新图像进行分类**

在这个实践中，尝试对另一个新图像进行分类，就像在前面的训练中做的那样。选一张未使用过的新图像，使用这个新图像来测试算法。可以运行本章中的任何一种算法（首选最高准确率的算法），然后使用该模型对图像进行分类。实施这项实践的步骤如下。

（1）运行本章中的任何一种算法。

（2）从目录 test_image_2 中加载图像。

（3）使用该算法处理图像。

（4）查看预测的新图像，检查预测是否正确。

➡ 说明：在这个实践中使用的图像可以在本书的 GitHub 库 https://packt. live/ 39tID2C 中找到。

在开始之前，确保已经从本书的 GitHub 存储库下载了 test_image_2 到自己的工作目录。这个训练是前面的训练延续，所以准备好本章中的一种算法，可以在自己的工作区中运行。

执行这些步骤后，会得到以下预期输出。

```
It is a flower
```

➡ 说明：本实践的答案见附录 A 的实践 7.02 对一个新图像进行分类。

在这个实践中，根据验证数据集的准确率，在给定各种已修改的参数（包括优化器和输出层中的激活函数）时训练了本章中性能最高的模型。在测试图像上测试了分类器，验证了它的正确性。

7.6 总结

在这一章中学习了为什么人们需要计算机视觉，以及它是如何工作的。我们了解了计算机视觉是机器学习中最热门的领域之一。然后，我们使用了卷积神经网络并了解了其体系结构，且研究了如何在现实生活中构建 CNN。此外我们还通过增加更多的 ANN、CNN 层及改变激活和优化器函数来改进算法，并尝试了不同的激活函数和损失函数。

最后，通过算法成功地对汽车和花的新图像进行了分类。当然，汽车和花的图像可以被任何其他图像替代，比如老虎和鹿，或者有或没有肿瘤的大脑 MRI 扫描。任何二值分类计算机成像问题都可以用同样的方法解决。

下一章将研究一种更高效的计算机视觉处理技术，该技术不仅耗时更少，而且更易于实现。下一章将了解如何为自己的应用程序微调预先训练的模型，这将有助于创建更准确的模型，这些模型可以在更快的时间内进行训练。下一章用到的模型称为 VGG16 和 ResNet50，它们是对图像进行分类的常用的预训练模型。

第8章 迁移学习和预训练模型

CHAPTER 8

本章介绍预训练模型的概念,并将它们应用于与训练模型不同的应用,称为迁移学习。学完本章,读者就能将特征提取应用于预训练模型,利用预训练模型进行图像分类,并将微调应用于预训练模型以对花和汽车的图像进行分类。这与第7章中完成的任务相同,但是这次训练的模型准确率更高,训练时间更短。

8.1 简介

第7章学习了如何使用 Keras 从零开始创建卷积神经网络(CNN)。尝试了不同的架构,添加了更多的卷积层和密集层,并更换了激活函数。通过汽车和花图像分类的准确率来比较了每个模型的性能。

然而,在实际项目中,几乎没有人从头开始编写卷积神经网络,而是根据要求对卷积神经网络进行调参和训练。本章将介绍迁移学习和预训练网络(也称为预训练模型)的重要概念。

我们将使用图像在其他的用于分类的预训练模型中进行匹配,尝试对图像进行分类,而不是从头建立一个 CNN。同时我们将调整模型,使其更灵活。在本章使用的模型称为 VGG16 和 ResNet50,后面会对这些模型进行讨论。在研究预训练模型之前,需要先了解迁移学习。

8.2 预训练与迁移学习

人类通过经验学习,可以将在一种情况下获得的知识应用于未来面临的类似情况。例如,想学习驾驶一辆 SUV,但是您从未驾驶过 SUV,只知道如何驾驶一辆小型两厢车。SUV 的尺寸比两厢车大得多,所以驾驶 SUV 肯定是一个挑战。不过,一些基本系统(如离合器、加速器和刹车)仍然与两厢车类似。所以,在学习驾驶 SUV 时,知道如何驾驶两厢车会对你有很大的帮助。在驾驶两厢车时获得的所有知识都可以在学习驾驶 SUV 时用到,这就是迁移学习。根据定义,迁移学习是机器学习中的一个概念,即在机器学习中存储和使用在一个实践中获得的知识,同时学习另一个类似的实践。两厢 SUV 车型完全符合这一定义。

假设您想知道一幅画,画的是猫还是狗,有两种方法。一种是从头开始建立一个深度学习模型,然后将新的图片传递给网络。另一种办法是使用预训练的深度学习神经网络模型,这个模型已经用猫和狗的图像建立起来了,而不用从头创建一个神经网络。

使用预训练的模型可以节省计算时间和资源。除了这些,使用预训练的网络还会有一些意外的优势。例如,几乎所有的猫和狗的图片中都会有许多其他的物体,比如树、天空、家具等,所以甚至可以使用这个预训练过的网络来识别诸如树木、天空和家具等物体。

因此,预训练的网络是一个保存的网络(在深度学习的情况下,是一个神经网络),它在一个非常大的数据集上训练,主要是关于图像分类问题。为了在一个预先训练过的网络上工作,需要理解特征提取和微调的概念。

理解特征提取需要回顾卷积神经网络的架构,一个 CNN 的完整架构在高层次上由以下组件组成。

- 一个卷积层;
- 池化层和扁平化层;
- 人工神经网络(ANN)。

图 8.1 展示了一个完整的 CNN 架构。

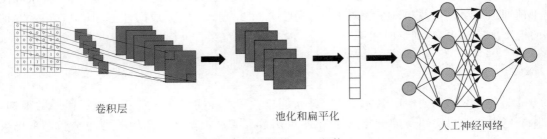

卷积层　　　　　　　　　　池化和扁平化　　　　　　　人工神经网络

图 8.1　完整的 CNN 架构

现在,将这个体系结构分为两部分。第一部分包含除人工神经网络之外的所有内容,而第二部分只包含人工神经网络。图 8.2 展示了一个分裂的 CNN 架构。

Part 1　　　　　　　　　　　　　　　　　　　　Part 2

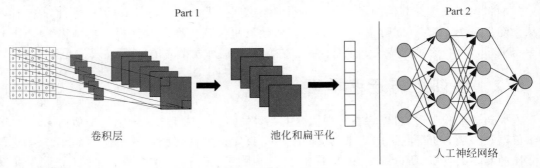

卷积层　　　　　　　　　　池化和扁平化　　　　　　人工神经网络

图 8.2　分裂的 CNN 架构

第一部分称为卷积基础层,第二部分称为分类器。

在特征提取中,会不断反复使用卷积基础层,而分类器会改变。因此,可保留卷积基础层的学习,在卷积基础层上传递不同的分类器。分类器可以是狗对猫、自行车对汽车,甚至是用于分类肿瘤、感染等的医学 X 光图像。图 8.3 是用于不同分类器的一些卷积基础层。

下一个问题是能不能像卷积基础层一样重复使用分类器,一般来说是不能的。由于分类器在卷积基础层的研究中可能更通用,所以可以重复使用。然而,分类器的研究主要针对模型所训练的类。因此,建议只重复使用卷积基础层,而不重复使用分类器。

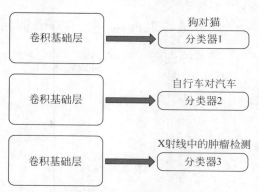

图 8.3　可反复使用的卷积基础层

卷积基础层的广义学习量取决于层的深度。例如,在猫的例子中,模型的初始层学习一般的特征,如边缘和背景,而更高的层可能学习更多的具体细节,如眼睛、耳朵或鼻子的形状。因此,如果新数据集与原始数据集区别很大——例如,如果希望识别水果而不是猫——那么最好只使用卷积基础层的一些初始层,而不是使用整个层。

冻结卷积层:预训练学习最重要的特征之一是理解冻结预训练网络的某些层的概念。冻结本质上意味着停止权重更新一些卷积层的过程。由于使用的是一个预先训练过的网络,理解存储在网络初始层的信息是非常重要的。如果这些信息在训练一个网络时被更新,可能会失去一些已经学习并存储在预训练网络中的一般概念。如果添加一个分类器(CNN),网络顶部的很多密集层都是随机初始化的,也有可能会出现由于反向传播的原因,网络初始层的学习被完全破坏的情况。

为了避免这种信息衰减,我们冻结了一些层。这是通过将层设置为不可训练来实现的。冻结一些层并训练其他层的过程称为微调网络。

8.3　对预训练的网络进行微调

微调意味着调整神经网络,使其与要处理的任务更相关。可以冻结网络的一些初始层,这样就不会丢失存储在这些层中的信息。存储在那里的信息是通用的且有用的。然而,如果在分类器学习时冻结这些层,解冻之前,就可以稍微调整它们,使其更好地适应要处理的问题。假设有一个预训练过的识别动物的网络。如果想识别特定的动物,比如猫和狗,就可以稍微调整图层,让模型了解猫和狗的样子。这就像使用整个预训练的网络,然后添加一个由猫和狗的图像组成的新层。通过使用一个预先构建的网络并在其上添加一个分类器来进行类似的实践,模型将根据猫和狗的图片进行训练。

系统进行微调有以下三个阶段。

(1)在预训练的系统上添加一个分类器(ANN)。

(2)冻结卷积基础层,训练网络。

(3)对添加的分类器和卷积基础层的未冻结部分进行联合训练。

8.3.1　ImageNet 数据集

在实际工作中,几乎不需要自己构建基本的卷积模型,可以使用预训练的模型。但是,对于视觉计算从哪里得到数据呢? 答案是:ImageNet。ImageNet 数据集是一个用于视觉对象识别的大型视觉数据集。它由 1400 多万张带有对象名称的标记图像组成,包含类别超过 20000 个。

8.3.2　Keras 的一些预训练网络

下面的预训练网络可以看作基本的卷积层。可以使用这些网络并匹配一个分类器（ANN）。

- VGG16。
- Inception V3。
- Xception。
- ResNet50。
- MobileNet。

不同的供应商已经创建了上述预训练的网络。例如，ResNet50 是由微软创建的，而 Inception V3 和 MobileNet 是由谷歌创建的。本章使用 VGG16 和 ResNet50 模型。

VGG16 是一个 16 层的卷积神经网络模型，由牛津大学的 K. Simonyan 和 A. Zisserman 提出。该模型于 2014 年提交给 ImageNet 大尺度视觉识别挑战赛（ILSVRC），该挑战赛用其测试使用 ImageNet 数据集的最先进的模型。ResNet50 卷积神经网络是在 ImageNet 数据集上训练的，该模型有 50 层，并在 2015 年的 ILSVRC 中获得了第一名。

既然了解了这些网络是什么，接下来我们将练习利用这些预训练的神经网络并使用 VGG16 模型对一片比萨图像进行分类。

◆说明：本章涉及的所有的训练和实践都将在 Jupyter Notebook 上进行。可从 https://packt. live/2uI63CC 下载本书的 GitHub 库和所有准备好的模板。

◀ **训练 8.01**　**使用VGG16网络识别图像**

本训练使用 VGG16 网络对一片比萨图像进行处理和识别。在完成以下步骤之前，从 GitHub 下载比萨图像并保存到工作目录。

（1）导入库。

```
import numpy as np
from keras.applications.vgg16 import VGG16
from keras.preprocessing import image
from keras.applications.vgg16 import preprocess_input
```

（2）初始化模型。

```
classifier = VGG16()
```

◆说明：最后一层预测（density）有 1000 个值，这意味着 VGG16 总共有 1000 个标签，图像是这 1000 个标签中的一个。

（3）加载图像。'.. /Data/Prediction/pizza.jpg.jpg'是图像在系统中的路径，在不同的系统上是不同的。

```
new_image= image.load_img('../Data/Prediction/pizza.jpg', \
                          target_size=(224, 224))
new_image
```

上述代码的输出如图 8.4 所示。

目标大小应该是 224×224，因为 VGG16 只接受(224,224)。

（4）使用 img_to_array 函数将图像更改为数组。

```
transformed_image = image.img_to_array(new_image)
transformed_image.shape
```

上面的代码产生如下输出。

```
(224, 224, 3)
```

（5）VGG16 允许进一步处理的图像必须是四维形式。用以下代码展开图像尺寸。

```
transformed_image = np.expand_dims(transformed_image, axis=0)
transformed_image.shape
```

上面的代码产生如下输出。

```
(1, 224, 224, 3)
```

图 8.4　一片比萨的图片

（6）使用 preprocess_input 函数对图像进行预处理。

```
transformed_image = preprocess_input(transformed_image)
transformed_image
```

上述代码的输出如图 8.5 所示。

```
array([[[[ -65.939    ,  -83.779    ,  -91.68    ],
         [ -72.939    ,  -89.779    ,  -97.68    ],
         [ -73.939    ,  -88.779    ,  -95.68    ],
         ...,
         [-101.939    , -114.779    , -121.68    ],
         [ -89.939    , -103.779    , -108.68    ],
         [ -66.939    ,  -81.779    ,  -88.68    ]],

        [[ -66.939    ,  -83.779    ,  -91.68    ],
         [ -71.939    ,  -89.779    ,  -95.68    ],
         [ -66.939    ,  -81.779    ,  -89.68    ],
         ...,
         [ -98.939    , -113.779    , -121.68    ],
         [ -72.939    ,  -88.779    , -100.68    ],
         [ -49.939003 ,  -67.779    ,  -75.68    ]],
```

图 8.5　图像预处理的截图

（7）创建预测变量。

```
y_pred = classifier.predict(transformed_image)
y_pred
```

（8）检查图像的形状。应该是(1,1000)，之所以是 1000 是因为 ImageNet 数据集有 1000 个类别的图像。预测变量显示了图像成为这些图像之一的概率。

```
y_pred.shape
```

上面的代码产生如下输出。

```
(1, 1000)
```

（9）使用 decode_predictions 函数输出图像的前 5 个概率，并将预测变量 y_pred 的函数、预测的数量和相应的标签传递给输出。

```
from keras.applications.vgg16 import decode_predictions
decode_predictions(y_pred,top=5)
```

上面的代码产生如下输出。

```
[[('n07873807', 'pizza', 0.97680503),
  ('n07871810', 'meat_loaf', 0.012848727),
  ('n07880968', 'burrito', 0.0019428912),
  ('n04270147', 'spatula', 0.0019108421),
  ('n03887697', 'paper_towel', 0.0009799759)]]
```

数组的第一列是内部代码号,第二列是可能的标签,第三列是图像成为标签的概率。

(10)用人类可读的形式进行预测。从 decode_predictions 函数结果的输出中输出最有可能的标签。

```
label = decode_predictions(y_pred)
"""
Most likely result is retrieved, for example, the highest probability
"""
decoded_label = label[0][0]
# The classification is printed
print('%s (%.2f%%)' % (decoded_label[1], \
      decoded_label[2]*100 ))
```

上面的代码产生如下输出。

```
pizza (97.68%)
```

在这个训练中,以 97.68% 的概率预测了一张图片是比萨。显然,这里更高的准确率意味着 ImageNet 数据集中存在与我们的图片相似的对象,并且我们的算法已经能够成功识别出图片。

👉说明:源代码网址为 https://packt.live/3dXqdsQ,在线运行代码网址为 https://packt.live/3dZMZAq。

在接下来的实践中,运用所学到的知识,使用 VGG16 网络对一辆摩托车的图像进行分类。

◢ 实践 8.01　使用VGG16网络训练深度学习网络识别图像

使用 VGG16 网络对一辆摩托车的图像进行预测。在开始之前,将图片存放到 test_image_1 工作目录。按照以下步骤完成此实践。

(1)导入所需的库,以及 VGG16 网络。

(2)初始化预训练的 VGG16 模型。

(3)加载要分类的图像。

(4)通过应用变换对图像进行预处理。

(5)创建一个预测变量来预测图像。

(6)标记图像并对它进行分类。

👉说明:本实践答案见附录 A 的实践 8.01 使用 VGG16 网络训练深度学习网络识别图像。

与第 7 章不同,这里并不是从零开始构建 CNN,而是使用了预先训练的模型。我们刚才上传了一张需要分类的图片。从这里可以看到,它以 84.33% 的准确率被预测是一辆摩托车。下一个训练将处理 ImageNet 数据集中没有被匹配过的图像。

◢ 训练 8.02　对不在ImageNet数据集中的图像进行分类

现在,让我们处理一个不属于 VGG16 网络中 1000 个标签的图像。在这个训练中,将使用一个竹节虫的图像，在预训练的网络中没有竹节虫的标签。看看最终能得到什么结果。

（1）导入 NumPy 库和必要的 Keras 库。

```
import numpy as np
from keras.applications.vgg16 import VGG16
from keras.preprocessing import image
from keras.applications.vgg16 import preprocess_input
```

（2）初始化模型并打印模型摘要。

```
classifier = VGG16()
classifier.summary()
```

classifier. summary()展示了网络的体系结构。以下是需要注意的地方：它有一个四维输入形状(None，224，224，3)，还有三个卷积层。图 8.6 显示了输出的最后四层。

```
flatten (Flatten)              (None, 25088)          0

fc1 (Dense)                    (None, 4096)           102764544

fc2 (Dense)                    (None, 4096)           16781312

predictions (Dense)            (None, 1000)           4097000
=================================================================
Total params: 138,357,544
Trainable params: 138,357,544
Non-trainable params: 0

None
```

图 8.6 使用 VGG16 分类器输出的最后四层

说明：最后一层预测（密集层）有 1000 个值。这意味着 VGG16 总共有 1000 个标签，我们的图像将是这 1000 个标签中的一个。

（3）加载图像。'../Data/Prediction/stick_insect.jpg'是图像在我们系统中的路径。在不同的系统上是不同的。

```
new_image = \
image.load_img('../Data/Prediction/stick_insect.jpg', \
               target_size=(224, 224))
new_image
```

上述代码的输出如图 8.7 所示。

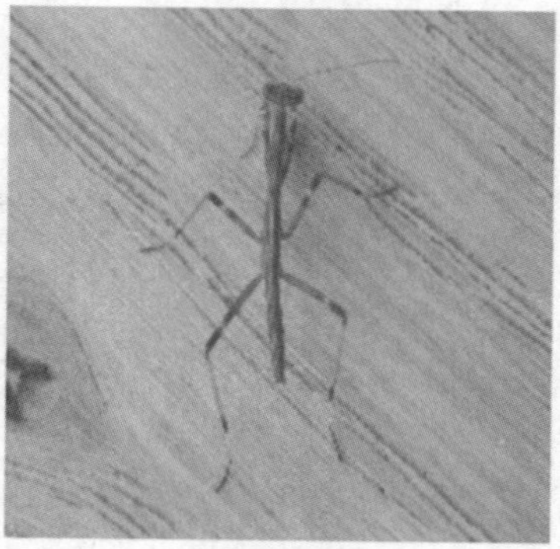

目标大小应该是 224×224，因为 VGG16 只接受(224，224)。

图 8.7 进行预测的竹节虫图像样本

（4）使用 img_to_array 函数将图像更改为数组。

```
transformed_image = image.img_to_array(new_image)
transformed_image.shape
```

（5）VGG16 允许进一步处理的图像必须是四维的形式。使用 expand_dims 函数沿第 0 轴扩展图像尺寸。

```
transformed_image = np.expand_dims(transformed_image, axis=0)
transformed_image.shape
```

（6）使用 preprocess_input 函数对图像进行预处理。

```
transformed_image = preprocess_input(transformed_image)
transformed_image
```

上述代码的输出如图 8.8 所示。

```
array([[[[-7.9390030e+00,  1.6221001e+01,  4.3320000e+01],
         [ 2.0609970e+00,  2.4221001e+01,  5.1320000e+01],
         [ 1.6060997e+01,  3.2221001e+01,  5.6320000e+01],
         ...,
         [ 7.0609970e+00,  2.1221001e+01,  4.0320000e+01],
         [-1.9390030e+00,  1.6221001e+01,  3.4320000e+01],
         [-6.9390030e+00,  1.4221001e+01,  3.1320000e+01]],

        [[ 9.0609970e+00,  3.3221001e+01,  6.0320000e+01],
         [ 6.0997009e-02,  2.2221001e+01,  4.9320000e+01],
         [ 8.0609970e+00,  3.1221001e+01,  5.4320000e+01],
         ...,
         [-6.9390030e+00,  1.1221001e+01,  2.9320000e+01],
         [-2.9390030e+00,  1.4221001e+01,  3.2320000e+01],
         [ 6.0609970e+00,  2.0221001e+01,  3.9320000e+01]],

        [[ 1.0060997e+01,  3.7221001e+01,  6.5320000e+01],
         [ 9.0609970e+00,  2.8221001e+01,  5.7320000e+01],
         [-9.3900299e-01,  1.8221001e+01,  4.6320000e+01],
         ...,
         [-6.9390030e+00,  9.2210007e+00,  2.9320000e+01],
         [-8.9390030e+00,  1.1221001e+01,  3.0320000e+01],
         [ 6.0997009e-02,  2.2221001e+01,  4.1320000e+01]],
```

图 8.8　显示图像预处理的几个实例的截图

（7）创建预测变量。

```
y_pred = classifier.predict(transformed_image)
y_pred
```

上述代码的输出如图 8.9 所示。

```
array([[4.21829981e-07, 1.85480451e-06, 1.72294085e-06, 6.76564525e-07,
        2.89053751e-05, 1.41852961e-05, 1.71890442e-05, 2.24749624e-06,
        3.92589482e-06, 3.78673963e-06, 2.06268323e-06, 7.51030393e-06,
        1.40643460e-05, 3.43733154e-05, 1.98462640e-05, 8.18990975e-06,
        1.08288223e-05, 1.76717931e-05, 1.64576650e-05, 3.33322532e-05,
        2.74088507e-05, 3.04659238e-06, 5.54778899e-06, 4.73525324e-06,
        3.29870386e-06, 1.77044087e-04, 1.83029479e-04, 5.83823072e-04,
        5.24099509e-04, 1.54459769e-06, 5.06804136e-05, 1.18027812e-04,
        2.67617492e-04, 1.81688793e-05, 3.93874470e-05, 4.16620605e-05,
        1.94424774e-05, 3.64137486e-05, 4.32395318e-04, 1.50895321e-05,
        6.48876361e-04, 8.92810232e-04, 4.67032398e-04, 1.95193552e-05,
        1.00129563e-03, 1.36421731e-04, 4.56671522e-04, 4.72387110e-05,
        5.16184491e-06, 2.23003917e-05, 1.38761870e-05, 3.23492600e-06,
        3.17189406e-04, 1.60120311e-04, 1.34436399e-04, 1.18729513e-05,
        1.03273931e-04, 1.06102932e-04, 9.10378076e-05, 3.55899065e-05,
        3.40783969e-04, 3.49663351e-05, 1.47626179e-05, 5.18944580e-06,
        2.36639626e-05, 2.91944925e-05, 1.46813414e-04, 8.76611521e-05,
        1.58484865e-04, 3.20514984e-04, 6.66521862e-02, 1.62668515e-03,
        5.70137578e-04, 3.67029905e-02, 4.12856275e-03, 1.79513693e-02,
```

图 8.9　创建预测变量

（8）检查图像的形状。应该是 (1,1000)，之所以为 1000 是因为 ImageNet 数据集有 1000 个类别的图像。预测变量显示了我们的图像成为这些图像之一的概率。

```
y_pred.shape
```

上面的代码会产生如下输出。

```
(1, 1000)
```

（9）在 VGG16 网络拥有的 1000 个标签中，选择图像标签的前 5 个概率。

```
from keras.applications.vgg16 import decode_predictions
decode_predictions(y_pred, top=5)
```

上面的代码会产生以下输出。

```
[[('n02231487', 'walking_stick', 0.30524516),
  ('n01775062', 'wolf_spider', 0.26035702),
  ('n03804744', 'nail', 0.14323168),
  ('n01770081', 'harvestman', 0.066652186),
  ('n01773549', 'barn_spider', 0.03670299)]]
```

数组的第一列是内部代码号，第二列是标签，第三列是图像成为标签的概率。

（10）用人类可读的格式进行预测。从 decode_predictions 函数的输出结果中输出最有可能的标签。

```
label = decode_predictions(y_pred)
"""
Most likely result is retrieved, for example, the highest probability
"""
decoded_label = label[0][0]
# The classification is printed
print('%s (%.2f%%)' % (decoded_label[1], decoded_label[2]*100 ))
```

上面的代码会产生以下输出。

```
walking_stick (30.52%)
```

在这里，您可以看到网络以 30.52％的准确率预测我们的图像是一根拐杖（图 8.10）。显然，图像不是拐杖，而是竹节虫，在 VGG16 网络包含的所有标签中，拐杖是最接近竹节虫的东西。

为了避免这样的输出，可以冻结 VGG16 的现有层，并添加我们自己的层。还可以添加一层包含拐杖和竹节虫的图像，这样就可以得到更好的输出。

如果您有大量拐杖和竹节虫图像，您可以执行类似的任务来提高模型将图像分类到各自类别的能力。然后，您可以重新运行上一个训练来测试它。

◆ 说明：源代码网址为 https://packt.live/31I7bnR，在线运行代码网址为 https://packt.live/31Hv1QE 上在线运行这个示例。

为了更详细地理解这一点，让我们研究一个不同的示例，在这个示例中，冻结网络的最后一层，并添加我们自己的带有汽车和花的图像的层，这将有助于提高网络对汽车和花的图像分类的准确性。

图 8.10　拐杖

◆ 训练 8.03　**微调VGG16模型**

让我们微调 VGG16 模型。在这个训练中，将冻结网络并删除 VGG16 的最后一层，其中有 1000 个标签。在去除最后一层后，建立一个新的花与汽车的分类器 ANN，就像在第 7 章中所做的那样，将这个 ANN 与 VGG16 连接，而不是原来的 1000 个标签的 ANN。本质上，用户自定义层替换 VGG16 的最后一层。

在开始之前,从这本书的 GitHub 存储库下载图像数据集到自己的工作目录。需要一个 training_set 文件夹和一个 test_set 文件夹来测试模型。每个文件夹都包含一个汽车文件夹(包含汽车图像)和一个花文件夹(包含花的图像)。完成这项工作的步骤如下。

◆ **说明**:与原有 1000 个标签(100 个不同的对象类别)的新模型不同,这一新的微调模型将只有花或汽车的图像。因此,无论提供什么图像作为模型的输入,它都会根据预测概率将其分类为花或汽车。

(1) 导入 NumPy 库、TensorFlow 的 Random 库和必要的 Keras 库。

```
import numpy as np
import keras
from keras.layers import Dense
from tensorflow import random
```

(2) 初始化 VGG16 模型。

```
vgg_model = keras.applications.vgg16.VGG16()
```

(3) 检查模型各层的参数状况。

```
vgg_model.summary()
```

上述代码的输出如图 8.11 所示。

```
fc1 (Dense)                    (None, 4096)          102764544
fc2 (Dense)                    (None, 4096)          16781312
predictions (Dense)            (None, 1000)          4097000
=================================================================
Total params: 138,357,544
Trainable params: 138,357,544
Non-trainable params: 0
```

图 8.11 初始化模型后输出模型各层的参数

(4) 从模型摘要中删除最后一层,即图 8.11 中标记的预测。创建顺序类的新 Keras 模型,并遍历 VGG 模型的所有层。除了最后一层,将它们全部添加到新模型中。

```
last_layer = str(vgg_model.layers[-1])

np.random.seed(42)
random.set_seed(42)
classifier= keras.Sequential()
for layer in vgg_model.layers:
    if str(layer) != last_layer:
        classifier.add(layer)
```

在这里,创建了一个新的模型分类器来代替 vgg_model。除最后一层 vgg_model 外,所有层都包含在分类器中。

(5) 输出新创建模型各层的参数状况。

```
classifier.summary()
```

上述代码的输出如图 8.12 所示。

最后一层预测(密集层)已被删除。

```
fc1 (Dense)                    (None, 4096)              102764544

fc2 (Dense)                    (None, 4096)              16781312
===============================================================
Total params: 134,260,544
Trainable params: 134,260,544
Non-trainable params: 0
```

图 8.12　删除最后一层后重新查看各层的参数

（6）通过迭代层来冻结层，并将训练参数设置为 False。

```
for layer in classifier.layers:
    layer.trainable=False
```

（7）使用 sigmoid 激活函数添加一个大小为 1 的新输出层，并输出模型各层的参数。

```
classifier.add(Dense(1, activation='sigmoid'))
classifier.summary()
```

图 8.13 是上述代码的输出。

```
fc1 (Dense)                    (None, 4096)              102764544

fc2 (Dense)                    (None, 4096)              16781312

dense_1 (Dense)                (None, 1)                 4097
===============================================================
Total params: 134,264,641
Trainable params: 4,097
Non-trainable params: 134,260,544
```

图 8.13　在添加新层后重新查看各层的参数

现在，最后一层是新创建的用户自定义层。

（8）使用 adam 优化器和二进制交叉熵损失函数编译网络，并在训练时计算准确率。

```
classifier.compile(optimizer='adam', loss='binary_crossentropy', \
                   metrics=['accuracy'])
```

创建一些训练和测试数据生成器，就像在第 7 章中所做的那样。将训练和测试图像重新缩放 1/255，使所有值都在 0 和 1 之间。为训练数据生成器还需要设置以下参数：shear_range＝0.2，zoom_range＝0.2，horizontal_flip＝True。

（9）接下来，在训练集文件夹中创建一个训练集，将数据存放在 . . /Data/dataset/training_set 文件夹中。CNN 模型的图像尺寸是 224×224，所以这里也要传递相同的尺寸。batch_size 是单个批处理中的图像数量，即 32。因为 class_mode 是二进制的，所以要创建一个二进制分类器。

◆ 说明：与第 7 章的基于卷积神经网络的计算机视觉中图像大小为 64×64 不同，VGG16 需要图像大小为 224×224。

最后，将模型与训练数据进行拟合。

```
from keras.preprocessing.image import ImageDataGenerator

generate_train_data = \
```

```
ImageDataGenerator(rescale = 1./255,\
                   shear_range = 0.2,\
                   zoom_range = 0.2,\
                   horizontal_flip = True)

generate_test_data = ImageDataGenerator(rescale =1./255)

training_dataset = \
generate_train_data.flow_from_directory(\
    '../Data/Dataset/training_set',\
    target_size = (224, 224),\
    batch_size = 32,\
    class_mode = 'binary')

test_datasetset = \
generate_test_data.flow_from_directory(\
    '../Data/Dataset/test_set',\
    target_size = (224, 224),\
    batch_size = 32,\
    class_mode = 'binary')

classifier.fit_generator(training_dataset,\
                         steps_per_epoch = 100,\
                         epochs = 10,\
                         validation_data = test_datasetset,\
                         validation_steps = 30,\
                         shuffle=False)
```

这里有 100 张训练图片,设置 steps_per_epoch ＝100,设置 validation_steps＝30,设置 shuffle＝False。

```
100/100 [==============================] - 2083s 21s/step - loss:
0.5513 - acc: 0.7112 - val_loss: 0.3352 - val_acc: 0.8539
```

(10) 预测新图像(代码与第 7 章中的相同)。首先,从'../Data/Prediction/test_image_2.jpg' 中加载图像,并且,还需要设置它的大小为(224,224),因为 VGG16 模型接受该大小的图像。

```
from keras.preprocessing import image
new_image = \
image.load_img('../Data/Prediction/test_image_2.jpg', \
              target_size = (224, 224))
new_image
```

还可以通过执行 new_image 代码来查看图像,并运行 training_dataset.class_indices 来查 看类标签。接下来,对图像进行预处理,首先使用 img_to_array 函数将图像转换为一个数组, 然后使用 expand_dims 函数沿第 0 轴添加一个新的维度。最后,使用分类器的 predict 方法进 行预测,并输出它。

```
new_image = image.img_to_array(new_image)
new_image = np.expand_dims(new_image, axis = 0)
result = classifier.predict(new_image)

if result[0][0] == 1:
    prediction = 'It is a flower'
else:
```

```
        prediction = 'It is a car'

print(prediction)
```

上面的代码产生如下输出。

```
It is a car
```

（11）最后一步，通过运行分类器来保存分类结果。

```
save('car-flower-classifier.h5').
```

在这里，可以看到算法通过识别汽车的图像完成了正确的图像分类。通过调整模型的图层，并根据需求对它进行建模，就可以用预建的 VGG16 模型来进行图像分类。VGG16 模型是一种非常强大的图像分类技术。

◆ 说明：源代码网址为 https://packt.live/2ZxCqzA，这个部分目前没有在线交互式示例，需要在本地运行。

下一个训练将使用一个不同的预训练模型——ResNet50，我们将学习如何用这个模型对图像进行分类。

训练8.04 使用ResNet进行图像分类

最后，在结束本章之前做一个 ResNet50 模型的训练。用 Nascar 赛车手的图像并试着通过网络对其进行预测。按照以下步骤来完成这个训练。

（1）导入必要的库。

```
import numpy as np
from keras.applications.resnet50 import ResNet50, preprocess_input
from keras.preprocessing import image
```

（2）初始化 ResNet50 模型并输出各层的参数。

```
classifier = ResNet50()
classifier.summary()
```

上述代码的输出如图 8.14 所示。

```
activation_49 (Activation)      (None, 7, 7, 2048)    0        add_16[0][0]

avg_pool (GlobalAveragePooling2 (None, 2048)          0        activation_49[0][0]

fc1000 (Dense)                  (None, 1000)          2049000  avg_pool[0][0]
==================================================================================
Total params: 25,636,712
Trainable params: 25,583,592
Non-trainable params: 53,120

None
```

图 8.14 模型各层的参数

（3）加载图像。'../Data/Prediction/test_image_3.jpg' 是图像在我们系统中的路径。在不同的系统上是不同的。

```
new_image = \
image.load_img('../Data/Prediction/test_image_3.jpg', \
            target_size=(224, 224))
new_image
```

图 8.15　进行预测的 Nascar 赛车图像样本

上述代码的输出如图 8.15 所示。

注意,目标大小应该是 224×224,因为 ResNet50 只接受(224,224)。

(4)使用 img_to_array 函数将图像更改为数组。

```
transformed_image = image.img_to_array(new_image)
transformed_image.shape
```

(5)对于 ResNet50 来说,图像必须是四维形式,以便能够进一步处理。使用 expand_dims 函数沿第 0 轴展开维度。

```
transformed_image = np.expand_dims(transformed_image, axis=0)
transformed_image.shape
```

(6)使用 preprocess_input 函数对图像进行预处理。

```
transformed_image = preprocess_input(transformed_image)
transformed_image
```

(7)利用分类器创建预测变量,利用其预测方法对图像进行预测。

```
y_pred = classifier.predict(transformed_image)
y_pred
```

(8)检查图像的形状,确认是否为(1,1000)。

```
y_pred.shape
```

上面的代码产生如下输出。

```
(1, 1000)
```

(9)选择图像使用 decode_predictions 函数的前 5 个概率,通过参数 y_pred 传递预测变量,以及预测次数最多的图像和对应标签。

```
from keras.applications.resnet50 import decode_predictions
decode_predictions(y_pred, top=5)
```

上面的代码产生如下输出。

```
[[('n04037443', 'racer', 0.8013074),
  ('n04285008', 'sports_car', 0.06431753),
  ('n02974003', 'car_wheel', 0.024077434),
  ('n02504013', 'Indian_elephant', 0.019822922),
  ('n04461696', 'tow_truck', 0.007778575)]]
```

数组的第一列是内部代码号,第二列是标签,第三列是图像成为标签的概率。

(10)用可读的格式进行预测。从 decode_forecasts 函数结果的输出中输出最有可能的标签。

```
label = decode_predictions(y_pred)
"""
Most likely result is retrieved, for example, the highest probability
"""
decoded_label = label[0][0]
```

```
# The classification is printed
print('%s (%.2f%%)' % (decoded_label[1], \
        decoded_label[2]*100 ))
```

上面的代码产生如下输出。

```
racer (80.13%)
```

在这里,模型清楚地显示(概率为 80.13%)图片是赛车手。这就是预训练模型的力量,Keras 给了我们使用和调整这些模型的灵活性。

➡ **说明**:源代码网址为 https://packt. live/2BzvTMK,在线运行代码网址为 https://packt. live/3eWelJh。

下一个实践将使用预训练的 ResNet50 模型对另一幅图像进行分类。

◀ **实践 8.02** **使用ResNet进行图像分类**

现在来做一个使用 ResNet 预训练网络的练习。有一幅位于 ../Data/Prediction/ test_image_4 的电视图像。使用 ResNet50 网络来预测图像。要实施该实践,遵循以下步骤。

(1)导入所需的库。

(2)启动 ResNet 模型。

(3)加载需要分类的图像。

(4)通过应用适当的变换对图像进行预处理。

(5)创建一个预测变量来预测图像。

(6)标记图像并进行分类。

➡ **说明**:本实践的答案见附录 A 的实践 8.02 使用 ResNet 进行图像分类。

预测结果显示该电视图像的准确率接近 100%。这次使用 ResNet50 预训练模型对电视图像进行分类,得到的结果与使用 VGG16 模型对一片比萨图像进行预测的结果相似。

8.4 总结

本章讨论了迁移学习的概念,以及它与预训练网络模型的关系。利用这些知识,可使用预先训练好的深度学习网络 VGG16 和 ResNet50 来预测各种图像。我们还练习了利用这些预训练的网络模型,使用诸如特征提取和微调等技术来更快更准确地训练模型。最后,学习了调整现有模型并使其根据我们的数据集工作的强大技术。这种在现有的 CNN 上建立自己的 ANN 的技术是行业中使用的最强大的技术之一。

下一章将使用 Google Assistant 查看一些现实生活中的案例,并通过其来学习顺序建模和顺序记忆。此外,还将学习顺序建模与循环神经网络(RNN)的关系。我们将详细学习梯度消失问题,并使用 LSTM 更好地克服梯度消失问题,这比使用简单的 RNN 效果好。最后把所学到的知识应用到时间序列问题中,并以很高的准确率预测股票趋势。

## 第 9 章

基于循环神经网络的顺序建模

本章将介绍顺序建模——创建模型来预测序列中的下一个值或一系列值。学完本章,读者就能够建立顺序模型,解释循环神经网络(Recurrent Neural Network,RNN),描述梯度消失问题,并实现长短期记忆(Long Short-Term Memory,LSTM)网络架构。本章将应用具有 LSTM 架构的 RNN 来预测 Alphabet 和亚马逊未来的股票价值。

9.1　简介

第 8 章我们了解了预训练的网络模型,以及如何通过迁移学习将其用于自己的应用。我们对 VGG16 和 ResNet50 这两个用于图像分类的预训练网络模型进行了实验,并用它们对新图像进行了分类,还根据自己的应用对其进行了微调。通过预训练网络模型,能够更快地训练出比卷积神经网络更准确的模型。

在传统的神经网络中(以及前几章所述的每一种神经网络结构),数据依次从输入层通过网络模型,再通过隐藏层(如果有的话),到达输出层。信息只通过网络传递一次,输出被认为是彼此独立的,只依赖于模型的输入。然而,在某些情况下,特定的输出依赖于模型之前的输出。

以一家公司的股价为例:任何一天最后的产出都与前一天的产出相关。同样,在自然语言处理(Neuro-Linguistic Programming,NLP)中,如果要让句子有语法意义,句子中的最后一个单词高度依赖于句子中的前一个单词。自然语言处理是序列建模的一种具体应用,在这种应用中,被处理和分析的数据集是自然语言数据。一种特殊类型的神经网络——循环神经网络(RNN),用于解决这类问题,其中网络模型需要记住以前的输出。

本章介绍和探索了 RNN 的概念和应用,还解释了 RNN 与标准前馈神经网络的不同之处,阐述了梯度消失问题和长短期记忆(LSTM)网络模型。本章还将介绍顺序数据以及如何处理它们。我们将学习使用股票市场数据进行股价预测,以了解有关这些概念的所有信息。

9.2　顺序记忆和顺序建模

如果分析一下 Alphabet 公司某 6 个月的股价,如图 9.1 所示,就可以看到有其的变化一个趋势。为了预测未来的股价,我们需要了解这一趋势,在牢记这一趋势的同时进行数学计算。

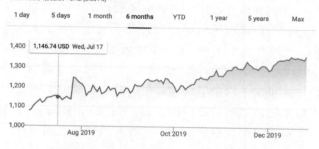

图 9.1 Alphabet 公司某 6 个月的股价

这一趋势与顺序记忆和顺序建模密切相关。如果有一个模型可以记住之前的输出,然后根据之前的输出预测下一个输出,那这个模型就具有顺序记忆。

为处理这个顺序记忆而进行的建模称为顺序建模。这不仅适用于股票市场数据,在自然语言处理应用中也是如此。

9.3 循环神经网络

循环神经网络(RNN)是一类建立在顺序记忆概念上的神经网络。RNN 在顺序数据中预测结果与传统的神经网络不同,目前,RNN 是处理顺序数据最可靠的技术。

如果拥有一部有智能助手的手机,打开后问智能助手第一个问题:"联合国是什么时候成立的?"答案如图 9.2 所示。

现在,问第二个问题:"它为什么成立?"答案如图 9.3 所示。

然后,问第三个问题:"它的总部在哪里?"答案如图 9.4 所示。

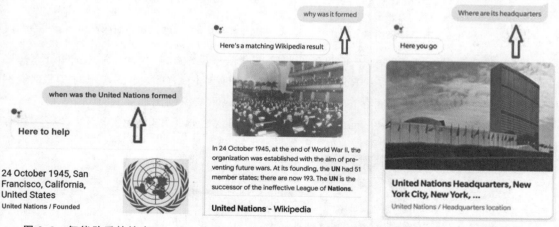

图 9.2 智能助手的输出(1)   图 9.3 智能助手的输出(2)   图 9.4 智能助手的输出(3)

这里值得注意的是,我们只在第一个问题中提到了"联合国",在第二个和第三个问题中,问了智能助手"为什么成立,总部在哪里"。智能助手的理解是,由于上一个问题是关于联合国的,所以下一个问题也是关于联合国的。实现这个对机器来说并不简单。

智能助手能够显示预期的结果,是因为它以顺序的形式处理了数据。机器知道当前的问题和之前的问题有关,本质上就是它记住了之前的问题。

再看另一个简单的例子,假设按照以下顺序预测下一个数字:7,8,9,…。希望下一个输出是 9+1。如果提供的序列为 3,6,9,…,下一个输出想要得到 9+3。虽然在这两种情况下,最后一个数字都是 9,但预测结果是不同的(也就是说,当我们考虑前一个值的输出信息而不仅仅是最后一个值时)。这里的关键是记住从前面的值中获得的上下文信息。

在高层次上,这种能够记住以前状态的网络被称为循环网络。为了理解 RNN,可以回顾一下传统的神经网络,也被称为前馈神经网络。这种神经网络之间的连接不形成循环,即数据只向一个方向流动,如图 9.5 所示。

在前馈神经网络中,如图 9.5 所示,输入层(左边的绿色圆圈)获取数据并将其传递给隐藏层(带有权重,中间的蓝色圆圈)。随后,隐藏层的数据被传递到输出层(右边的红色圆圈)。基于阈值,数据进行反向传播,但隐藏层中没有周期性的数据流。

在 RNN 中,网络的隐藏层允许数据和信息循环。如图 9.6 所示,该结构类似于一个前馈神经网络,不同的是,RNN 中的数据和信息是循环流动的。

彩色图片

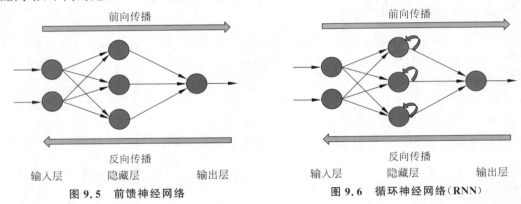

图 9.5 前馈神经网络   图 9.6 循环神经网络(RNN)

RNN 的隐藏层不仅可以输出,而且还能将输出的信息反馈给自身。在深入研究 RNN 之前,可以先讨论一下,为什么需要 RNN 以及为什么卷积神经网络(CNN)或常规的人工神经网络(ANN)在处理顺序数据方面存在不足。假设使用 CNN 来识别图像。首先,需要输入一张狗的图像,CNN 会将这张图像标记为"狗"。然后,再输入一张芒果的图像,CNN 会将图像标注为"芒果"。输入 t 时刻狗的图像,如图 9.7 所示。

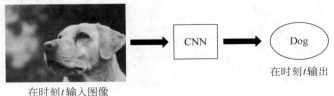

图 9.7 CNN 识别狗的图像

现在,输入 $t+1$ 时刻芒果的图像,如图 9.8 所示。

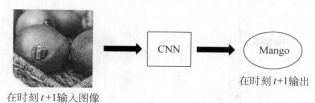

在时刻 $t+1$ 输入图像　　　　　　　　　　在时刻 $t+1$ 输出

图 9.8　CNN 识别芒果的图像

可以清楚地看到,狗的图像在 t 时刻的输出与芒果的图像在 $t+1$ 时刻的输出是完全独立的。因此,不需要算法来记住以前的输出实例。然而,如同在智能助手的示例中提到的,当我们询问联合国是何时成立的以及为什么成立时,前一个实例的输出必须被算法记住,以便处理顺序数据。CNN 或 ANN 做不到这一点,因此需要用 RNN 来代替。

在 RNN 中,可以在多个时间序列中有多个输出。图 9.9 是 RNN 的图形表示,表示网络从 $t-1$ 时刻到 $t+n$ 时刻的状态。

输出层

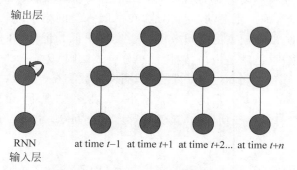

RNN
输入层　　at time $t-1$　at time $t+1$　at time $t+2$... at time $t+n$

图 9.9　一个处于不同时间的 RNN

在训练 RNN 时,可能会遇到一些与 RNN 的独特架构相关的问题。它们关注梯度的值,因为随着 RNN 深度的增加,梯度会消失或爆炸,具体见下一节内容。

9.3.1　梯度消失问题

如果有人问你“你昨晚吃了什么?”,你很容易记住昨晚的食物并正确回答。现在,如果有人问你“过去 30 天你晚餐吃了什么?”,可能你只记得过去三四天的菜单,再记住往前几天的菜单就有点困难了。这种从过去回忆信息的能力是梯度消失问题的基础。简单来说,梯度消失问题是指信息在一段时间内丢失或衰减。

图 9.10 表示 RNN 在不同的时刻 t 下的状态。最上面的点(红色)表示输出层,中间的点(蓝色)表示隐藏层,最下面的点(绿色)表示输入层。

如果您在 $t+10$ 时刻,您将很难记住在时间 t 时(即距离今天 10 天前)的晚餐菜单。此外,如果是在 $t+100$ 时刻,假设每天的晚餐没有固定菜式,则完全不可能记住 100 天前的晚餐菜单。在机器学习的背景下,使用基于梯度的学习方法和反向传播训练 ANN 时,会遇到梯度消失问题。先回顾一下神经网络的工作流程。

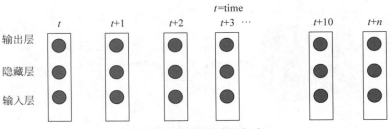

图 9.10　信息随时间衰减

（1）首先，用随机权重和偏差初始化网络。

（2）得到一个预测的输出，将这个产出与实际产出进行比较，差额就是成本。

（3）训练过程使用梯度，衡量成本与权值或偏差的变化速度有关。

（4）然后试图通过在整个训练过程中反复调整权值和偏差来降低成本，直到得到可能的最低值。

例如，如果把球放在一个陡峭的地面上，那么球会滚动得很快；如果把球放在一个平面上，它会滚动得很慢，或者根本不滚动。类似地，在深度神经网络中，当梯度较大时，模型学习得很快。如果梯度很小，那么模型的学习效率就会变得很低。记住，在任意一点，梯度都是直到该点的所有梯度的乘积（也就是说，它遵循微积分链式法则）。

此外，梯度通常是 0 和 1 之间的一个小数字，而两个数字在 0 和 1 之间的乘积会得到一个更小的数字。网络越深，网络初始层的梯度就越小。在某些情况下，会到达一个非常小的点，以至于在这个网络中没有发生任何训练，这就是梯度消失问题。图 9.11 显示了遵循微积分链式法则的梯度。

$$\frac{\partial C}{\partial b_1} = \sigma'(z_1) \times w_2 \times \sigma'(z_2) \times w_3 \times \sigma'(z_3) \times w_4 \times \sigma'(z_4) \times \frac{\partial C}{\partial a_4}$$

图 9.11　C 的梯度消失成本和微积分链式法则

参考图 9.10，假设在 $t+10$ 时刻的实例中得到一个输出，这个输出将反向传播到 t，它们距离 10 步远。现在，当权值被更新时，将有 10 个梯度（它们本身非常小），当它们彼此相乘时，数字会变得非常小，几乎可以忽略不计。这就是所谓的梯度消失。

9.3.2　梯度爆炸问题的简析

如果权重不是很小，而是大于 1，那么随后的乘法将使梯度指数增加，这就是所谓的梯度爆炸。梯度爆炸与梯度消失相反，因为在梯度消失的情况下，值变得非常小，而在梯度爆炸的情况下，值变得非常大。梯度消失与梯度爆炸都会导致网络遭受沉重的打击，无法预测任何事情。我们不会像梯度消失那样频繁地遇到梯度爆炸问题，但最好简要了解什么是梯度爆炸。

我们采取了一些方法来克服梯度消失或爆炸所面临的挑战，比如下一节将学习长短期记忆方法，它通过长期记忆信息来克服梯度的问题。

9.4 长短期记忆网络

长短期记忆（LSTM）网络是循环神经网络（RNN），其主要目的是为了克服梯度消失和梯度爆炸问题。这种架构使它们能够长时间记住数据和信息。

LSTM 网络是一种特殊的 RNN，具有长期依赖学习的能力。它们旨在避免长期依赖问题，能够长时间记住信息是它们的连接方式。图 9.12 显示了一个标准的循环网络，其中循环模块有一个 tanh 激活函数。这是个简单的 RNN，在这个简单的 RNN 架构中，经常要面对梯度消失问题。

LSTM 架构类似于简单的 RNN，但它们的重复模块具有不同的组件，如图 9.13 所示。

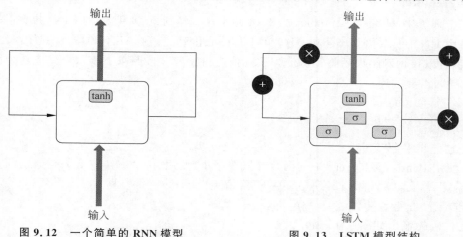

图 9.12 一个简单的 RNN 模型　　　　图 9.13 LSTM 模型结构

除了简单的 RNN 模型外，LSTM 还包括以下内容，如图 9.14 所示。

- sigmoid 激活函数（σ）；
- 数学计算函数（带有 ＋ 和 × 的黑色圆圈）；
- 门控单元（或门）。

简单 RNN 和 LSTM 之间的主要区别在于门控单元的存在。您可以将门视为计算机内存，可以在其中写入、读取或存储信息。图 9.14 显示了 LSTM 的详细图像。门中的单元（由黑色圆圈表示）决定存储什么以及何时允许读取或写入值。门接受从 0 到 1 的任何信息，即如果为 0，则信息被阻塞；如果为 1，则所有信息都流过。如果输入介于 0 和 1 之间，则只有部分信息流过。

除了这些输入门之外，网络的梯度还取决于两个因素：权重和激活函数。门决定哪些信息需要保留在 LSTM 单元中，哪些需要被遗忘

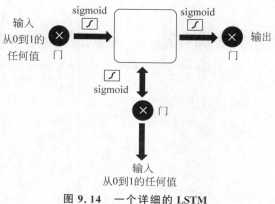

图 9.14 一个详细的 LSTM

或删除。也就是说,门就像水阀,网络可以选择哪个阀门允许水流动,哪个阀门不允许水流动。

阀门的调整方式使输出值永远不会产生梯度(消失或爆炸)问题。例如,如果值变得太大,那么就会有一个遗忘门,使它忘记该值,不再让它参与计算。遗忘门所做的就是将信息乘以 0 或 1。如果信息需要进一步处理,则遗忘门将该信息乘以 1,如果需要遗忘,则将该信息乘以 0。每个门都由一个 sigmoid 激活函数辅助,该函数将信息压缩到 0 和 1 之间。为了更好地理解这一点,接下来看一些实践和训练。

➧ 说明:本章所有的实践和训练都在 Jupyter Notebook 上使用。可在 https://packt.live/2vtdA8o 中下载这本书的 GitHub 知识库和所有准备好的模板。

◆ 训练 9.01　使用50个单元(神经元)的LSTM预测Alphabet股价趋势

在这个训练中,研究了 Alphabet 从 2014 年 1 月 1 日到 2018 年 12 月 31 日共 5 年的股价,并尝试使用 RNN 模型预测该公司 2019 年 1 月的股价趋势。我们有 2019 年 1 月该公司股价的实际值,可以在预测结束后将预测值与实际值进行比较。按照以下步骤来完成这个训练。

(1) 导入需要的库。

```
import numpy as np
import matplotlib.pyplot as plt
import pandas as pd
from tensorflow import random
```

(2) 使用 Pandas 库的 read_csv 函数导入数据集,使用 head 方法查看数据集的前 5 行。

```
dataset_training = pd.read_csv('../GOOG_train.csv')
dataset_training.head()
```

上述代码的输出如图 9.15 所示。

	Date	Open	High	Low	Close	Adj Close	Volume
0	2014-01-02	555.647278	556.788025	552.060730	554.481689	554.481689	3656400
1	2014-01-03	555.418152	556.379578	550.401978	550.436829	550.436829	3345800
2	2014-01-06	554.426880	557.340942	551.154114	556.573853	556.573853	3551800
3	2014-01-07	560.399475	567.717041	558.486633	567.303589	567.303589	5124300
4	2014-01-08	570.860291	571.517822	564.528992	568.484192	568.484192	4501700

图 9.15　GOOG_Training 数据集的前 5 行

(3) 使用开盘价进行预测,因此,从数据集中选择 Open stock price 列并打印值。

```
training_data = dataset_training[['Open']].values
training_data
```

上面的代码产生如下输出。

```
array([[ 555.647278],
       [ 555.418152],
       [ 554.42688 ],
       ...,
       [1017.150024],
       [1049.619995],
       [1050.959961]])
```

(4) 然后,使用 MinMaxScaler 对数据进行归一化并设置特征的范围使其最小值为 0、最大值为 1 来执行特征缩放。对训练数据使用缩放器的 fit_transform 方法。

```
from sklearn.preprocessing import MinMaxScaler
sc = MinMaxScaler(feature_range = (0, 1))
training_data_scaled = sc.fit_transform(training_data)
training_data_scaled
```

上面的代码产生如下输出。

```
array([[0.08017394],
       [0.07987932],
       [0.07860471],
       ...,
       [0.67359064],
       [0.71534169],
       [0.71706467]])
```

（5）在当前实例中获得 60 个时间戳用来创建数据。在这里选择 60 是因为 60 个先例就足以了解趋势，从技术上讲，可以选择任何数字的时间戳，但 60 是最优值。此外，这里的上界值是 1258，是训练集中的行（或记录）的索引或计数。

```
X_train = []
y_train = []
for i in range(60, 1258):
    X_train.append(training_data_scaled[i-60:i, 0])
    y_train.append(training_data_scaled[i, 0])
X_train, y_train = np.array(X_train), \
                   np.array(y_train)
```

（6）接下来，对数据进行重塑，使用 NumPy 的 reshape 函数将额外的维度添加到 X_train 的末尾。

```
X_train = np.reshape(X_train, (X_train.shape[0], \
                               X_train.shape[1], 1))
X_train
```

上述代码的输出如图 9.16 所示。

（7）导入以下 Keras 库来构建 RNN。

```
from keras.models import Sequential
from keras.layers import Dense, LSTM, Dropout
```

（8）设置 seed 并初始化顺序模型，如下所示。

```
seed = 1
np.random.seed(seed)
random.set_seed(seed)
model = Sequential()
```

（9）向网络添加一个具有 50 个单元的 LSTM 层，将 return_sequences 参数设置为 True，并将 input_shape 参数设置为（X_train.shape[1],1）。添加 3 个额外的 LSTM 层，每个层有 50 个单元，并将前两个的 return_sequences 参数设置为 True，如下所示。

```
model.add(LSTM(units = 50, return_sequences = True, \
               input_shape = (X_train.shape[1], 1)))
```

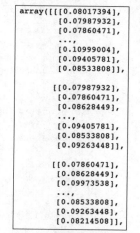

```
array([[[0.08017394],
        [0.07987932],
        [0.07860471],
        ...,
        [0.10999004],
        [0.09405781],
        [0.08533808]],

       [[0.07987932],
        [0.07860471],
        [0.08628449],
        ...,
        [0.09405781],
        [0.08533808],
        [0.09263448]],

       [[0.07860471],
        [0.08628449],
        [0.09973538],
        ...,
        [0.08533808],
        [0.09263448],
        [0.08214508]],
```

图 9.16 来自当前实例的一些时间戳数据

```
# Adding a second LSTM layer
model.add(LSTM(units = 50, return_sequences = True))
# Adding a third LSTM layer
model.add(LSTM(units = 50, return_sequences = True))
# Adding a fourth LSTM layer
model.add(LSTM(units = 50))
# Adding the output layer
model.add(Dense(units = 1))
```

（10）用 adam 优化器编译网络，并使用均方误差损失。将模型与 100 个轮次的训练数据拟合，批处理大小为 32。

```
# Compiling the RNN
model.compile(optimizer = 'adam', loss = 'mean_squared_error')

# Fitting the RNN to the Training set
model.fit(X_train, y_train, epochs = 100, batch_size = 32)
```

```
array([[1016.570007],
       [1041.       ],
       [1032.589966],
       [1071.5      ],
       [1076.109985],
       [1081.650024],
       [1067.660034],
       [1063.180054],
       [1046.920044],
       [1050.170044],
       [1080.       ],
       [1079.469971],
       [1100.       ],
       [1088.       ],
       [1077.349976],
       [1076.47998 ],
       [1085.       ],
       [1080.109985],
       [1072.680054],
       [1068.430054],
       [1103.       ]])
```

图 9.17   实际处理的数据

（11）加载并处理测试数据（此处将测试数据作为实际数据），选择表示 Open stock data 值的列。

```
dataset_testing = pd.read_csv("../GOOG_test.csv")
actual_stock_price = dataset_testing[['Open']].values
actual_stock_price
```

上述代码的输出如图 9.17 所示。

（12）连接数据，因为需要 60 个以前的实例来获得每天的股价，所以我们需要训练数据和测试数据。

```
total_data = pd.concat((dataset_training['Open'], \
                        dataset_testing['Open']), axis = 0)
```

（13）重塑并缩放输入的图片，准备测试数据。注意，预测的是 1 月份的趋势，其中有 21 个财务日，因此为了准备测试集，需要取下限为 60，上限为 81，确保有 21 个差值。

```
inputs = total_data[len(total_data) \
         - len(dataset_testing) - 60:].values
inputs = inputs.reshape(-1,1)
inputs = sc.transform(inputs)
X_test = []
for i in range(60, 81):
    X_test.append(inputs[i-60:i, 0])
X_test = np.array(X_test)
X_test = np.reshape(X_test, (X_test.shape[0], \
                    X_test.shape[1], 1))
predicted_stock_price = model.predict(X_test)
predicted_stock_price = sc.inverse_transform(\
                        predicted_stock_price)
```

（14）通过绘制实际股价和预测股价来可视化结果。

```
# Visualizing the results
plt.plot(actual_stock_price, color = 'green', \
        label = 'Real Alphabet Stock Price',\
        ls='--')
```

```
plt.plot(predicted_stock_price, color = 'red', \
        label = 'Predicted Alphabet Stock Price',\
        ls='-')
plt.title('Predicted Stock Price')
plt.xlabel('Time in days')
plt.ylabel('Real Stock Price')
plt.legend()
plt.show()
```

注意,预测的结果可能与 Alphabet 的实际股价略有不同。

预期的输出如图 9.18 所示。

这是训练 9.01 的结论,这里已经在 LSTM 的帮助下预测了 Alphabet 的股票趋势。正如图 9.18 所示,趋势已经被很好地捕捉到了。

➡ **说明**:源代码网址为 https://packt.live/2ZwdAzW,在线运行代码网址为 https://packt.live/2YV3PvX。

在接下来的实践中,将通过预测亚马逊 5 年的股价趋势来测试读者使用 LSTM 层构建 RNN 的知识掌握程度。

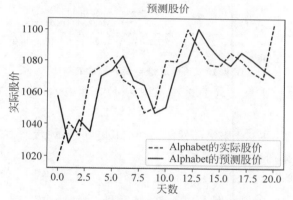

图 9.18 真实股价与预测股价的对比

◆ **实践 9.01** **使用50个单元(神经元)的LSTM预测亚马逊股价趋势**

本实践调查了亚马逊过去 5 年的股价,即从 2014 年 1 月 1 日到 2018 年 12 月 31 日。尝试使用 RNN 和 LSTM 来预测该公司 2019 年 1 月的未来趋势。保存 2019 年 1 月的实际值,在预测完成之后将预测值与实际值进行比较。按照以下步骤完成此实践。

(1)导入所需的库。

(2)从完整的数据集中提取 Open 列,对开放股票价值进行预测。从本书的 GitHub 存储库中下载数据集。可以在 https://packt.live/2vtdA8o 上找到这个数据集。

(3)对 0 到 1 之间的数据进行规范化。

(4)然后创建时间戳。2019 年 1 月每一天的值,由这天之前 60 天的数据进行预测。因此,如果用第 n 天到 12 月 31 日的数值来预测 1 月 1 日,那么用第 $n+1$ 天到 1 月 1 日的数值来预测 1 月 2 日,以此类推。

(5)将数据重塑为三维,因为网络需要三维的数据。

（6）在 Keras 框架下使用 50 个单元（这里的单元指神经元）和 4 个 LSTM 层建立 RNN 模型。第一步应该提供输入形状。注意，最后一个 LSTM 层总是添加 return_sequences＝True，所以不必显式定义。

（7）处理并准备测试数据，即 2019 年 1 月的实际数据。

（8）将训练和测试数据结合处理。

（9）可视化结果。

执行这些步骤后，预期输出如图 9.19 所示。

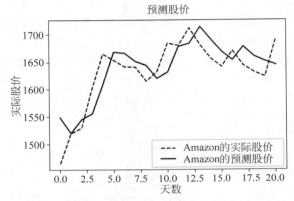

图 9.19　实际股价与预测股价的对比

➡ 说明：本实践答案见附录 A 的实践 9.01 使用带有 50 个单元（神经元）的 LSTM 预测亚马逊股价趋势。

现在，试着通过调整 LSTM 来提高性能。如何构建 LSTM 没有真正的标准，但是为了提高性能，可以尝试以下排列组合。

- 建造一个中等单元的 LSTM，比如 50。
- 建造一个超过 100 个单元的 LSTM。
- 使用更多数据，例如，用 10 年的数据代替 5 年的数据。
- 应用正则化使用 100 个单元。
- 应用正则化使用 50 个单元。
- 应用正则化使用更多的数据和 50 个单位元。

这个列表可以有多个组合，无论哪种组合提供了最好的结果，都可以被认为是该特定数据集的优质算法。在下一个训练中，通过向 LSTM 层添加更多的单元并观察性能来探索这些选项之一。

◀ 训练 9.02　**使用100个单元（神经元）的LSTM预测Alphabet股价趋势**

在本训练中将研究 Alphabet 从 2014 年 1 月 1 日到 2018 年 12 月 31 日的股价。为此，尝试使用 RNN 预测该公司 2019 年 1 月的未来趋势。保存 2019 年 1 月的实际值，将预测值与实际值进行比较。这和第一个训练的任务是一样的，但是现在用 100 个单元来代替 50 个单元。将输出结果与训练 9.01 使用带有 50 个单元（神经元）的 LSTM 预测 Alphabet 的股价趋势进行比较。按照以下步骤来完成这个训练。

（1）导入需要的库。

```
import numpy as np
import matplotlib.pyplot as plt
import pandas as pd
from tensorflow import random
```

（2）使用 Pandas 库的 read_csv 函数导入数据集，使用 head 方法查看数据集的前 5 行。

```
dataset_training = pd.read_csv('../GOOG_train.csv')
dataset_training.head()
```

（3）使用开盘价进行预测，因此从数据集中选择 Open stock price 列并打印值。

```
training_data = dataset_training[['Open']].values
training_data
```

（4）然后，使用 MinMaxScaler 对数据进行规范化，并设置特征的范围，使其最小值为 0，最大值为 1，从而执行特征缩放。对训练数据使用标量的 fit_transform 方法。

```
from sklearn.preprocessing import MinMaxScaler
sc = MinMaxScaler(feature_range = (0, 1))
training_data_scaled = sc.fit_transform(training_data)
training_data_scaled
```

（5）在当前实例中获得 60 个时间戳来创建数据。选择 60 个先例就足以了解趋势；从技术上讲，可以是任何数字，但 60 是最优值。此外，上界值是 1258，是训练集中的行（或记录）的索引或计数。

```
X_train = []
y_train = []
for i in range(60, 1258):
    X_train.append(training_data_scaled[i-60:i, 0])
    y_train.append(training_data_scaled[i, 0])
X_train, y_train = np.array(X_train), np.array(y_train)
```

（6）使用 NumPy 的 reshape 函数对数据进行重塑，以便在 X_train 的末尾添加额外的维度。

```
X_train = np.reshape(X_train, (X_train.shape[0], \
                               X_train.shape[1], 1))
```

（7）导入以下 Keras 库来构建 RNN。

```
from keras.models import Sequential
from keras.layers import Dense, LSTM, Dropout
```

（8）设置 seed 并初始化序列模型，如下所示。

```
seed = 1
np.random.seed(seed)
random.set_seed(seed)
model = Sequential()
```

（9）向网络添加一个具有 50 个单元的 LSTM 层，将 return_sequences 参数设置为 True，并将 input_shape 参数设置为（X_train.shape[1]，1）。添加三个额外的 LSTM 层，每个层有

50 个单元，并将前两个的 return_sequences 参数设置为 True。添加一个大小为 1 的最终输出层。

```
model.add(LSTM(units = 100, return_sequences = True, \
               input_shape = (X_train.shape[1], 1)))

# Adding a second LSTM
model.add(LSTM(units = 100, return_sequences = True))

# Adding a third LSTM layer
model.add(LSTM(units = 100, return_sequences = True))

# Adding a fourth LSTM layer
model.add(LSTM(units = 100))

# Adding the output layer
model.add(Dense(units = 1))
```

（10）用 adam 优化器编译网络，并使用均方误差损失。将模型与 100 个轮次的训练数据拟合，批处理大小为 32。

```
# Compiling the RNN
model.compile(optimizer = 'adam', loss = 'mean_squared_error')

# Fitting the RNN to the Training set
model.fit(X_train, y_train, epochs = 100, batch_size = 32)
```

（11）加载并处理测试数据（此处将测试数据作为实际数据），选择表示 Open stock price 值的列。

```
dataset_testing = pd.read_csv("../GOOG_test.csv")
actual_stock_price = dataset_testing[['Open']].values
actual_stock_price
```

（12）将数据连接起来，因为需要 60 个以前的实例来获得每天的股价，所以需要训练数据和测试数据。

```
total_data = pd.concat((dataset_training['Open'], \
                        dataset_testing['Open']), axis = 0)
```

（13）重塑并缩放输入数据，准备测试数据。注意，预测的是 1 月份的趋势，其中有 21 个财务日，因此为了准备测试集，可以取下限为 60，上限为 81，确保有 21 的差值。

```
inputs = total_data[len(total_data) \
                    - len(dataset_testing) - 60:].values
inputs = inputs.reshape(-1,1)
inputs = sc.transform(inputs)
X_test = []
for i in range(60, 81):
    X_test.append(inputs[i-60:i, 0])
X_test = np.array(X_test)
X_test = np.reshape(X_test, (X_test.shape[0], \
                    X_test.shape[1], 1))
predicted_stock_price = model.predict(X_test)
predicted_stock_price = sc.inverse_transform(\
                        predicted_stock_price)
```

（14）通过绘制实际股价和预测股价来可视化结果。

```
# Visualizing the results
plt.plot(actual_stock_price, color = 'green', \
        label = 'Real Alphabet Stock Price',ls='--')
plt.plot(predicted_stock_price, color = 'red', \
        label = 'Predicted Alphabet Stock Price',ls='-')
plt.title('Predicted Stock Price')
plt.xlabel('Time in days')
plt.ylabel('Real Stock Price')
plt.legend()
plt.show()
```

预期的输出，如图9.20所示。

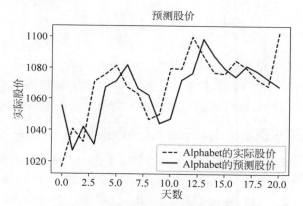

图 9.20　实际股价与预测股价的对比

💠说明：源代码网址为 https://packt.live/2ZDggf4，在线运行代码网址为 https://packt.live/2O4ZoJ7。

现在，将训练9.01使用50个单元(神经元)的LSTM与本训练使用100个单元的LSTM进行比较，可以看到，使用100个单元的LSTM获取的Alphabet股票趋势更好，如图9.21所示。

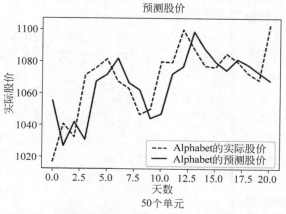

图 9.21　将输出结果与训练 9.01 的 LSTM 进行比较

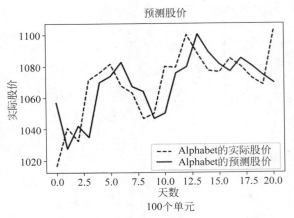

图 9.21 （续）

由图 9.21 可知，100 个单元的 LSTM 比 50 个单元的 LSTM 预测的趋势更准确。100 个单元的 LSTM 需要更多的计算时间，但结果也会更好。除了通过添加更多单元来修改模型，还可以添加正则化。下面的实践将测试添加正规化是否可以使亚马逊模型更准确。

实践 9.02　通过添加正则化预测亚马逊股价

这个实践研究亚马逊从 2014 年 1 月 1 日到 2018 年 12 月 31 日的股价。使用 RNN 和 LSTM 来预测该公司 2019 年 1 月的股价趋势。保存 2019 年 1 月的实际数据，预测完成后将预测值与实际值进行比较。最初使用带有 50 个单元（或神经元）的 LSTM 来预测亚马逊股价的趋势。在这里，添加丢弃正则化，并将结果与实践 9.01 进行比较。按照以下步骤完成此实践。

（1）导入所需的库。

（2）从完整的数据集中提取 Open 列，对开放股票的价值进行预测。可以从这本书的 GitHub 库 https://packt.live/2vtdA8o 上下载数据集。

（3）对 0 到 1 之间的数据进行规范化。

（4）然后创建时间戳。2019 年 1 月每一天的预测值都由之前 60 天的数据来预测。因此，如果用第 n 天到 12 月 31 日的数值来预测 1 月 1 日，那么用第 $n+1$ 天到 1 月 1 日之间的数据来预测 1 月 2 日，以此类推。

（5）将数据重塑为三维，因为网络需要三维数据。

（6）在 Keras 构建一个包含 4 个 LSTM 层的 RNN，每层有 50 个单元（神经元），每个 LSTM 层后有 20% 的丢弃。第一步应该提供输入数据形状。注意，最后的 LSTM 层总是添加 return_sequences＝True。

（7）处理并准备测试数据，即 2019 年 1 月的实际数据。

（8）对训练数据和测试数据结合处理。

（9）最后，可视化结果。

执行这些步骤后，预期输出如图 9.22 所示。

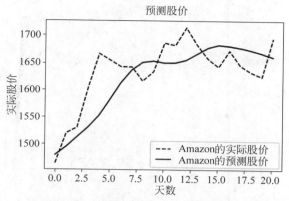

图 9.22 实际股价与预测股价的对比

◆ 说明：本实践答案见附录 A 的实践 9.02 通过增加正则化预测亚马逊的股价。

在下一个实践中，尝试构建一个在每个 LSTM 层中都有 100 个单元的 RNN，并将其与有 50 个单元 RNN 进行比较。

◆ **实践 9.03** **使用100个单元(神经元)的LSTM预测亚马逊股价趋势**

这个实践研究了亚马逊过去 5 年的股价，从 2014 年 1 月 1 日到 2018 年 12 月 31 日，使用 RNN 预测该公司 2019 年 1 月的趋势。保存 2019 年 1 月的实际值，在预测后将预测值与实际 值进行比较。还可以将输出值与实践 9.01 进行比较。按照以下步骤完成此实践。

（1）导入所需的库。

（2）从完整的数据集中提取 Open 列，对 Open stock price 列进行预测。

（3）对 0 到 1 之间的数据进行规范化。

（4）创建时间戳。2019 年 1 月每一天的预测值都由之前 60 天的数据来预测。因此，如果 用第 n 天到 12 月 31 日的数值来预测 1 月 1 日，那么用第 $n+1$ 天和 1 月 1 日来预测 1 月 2 日，以此类推。

（5）将数据重塑为三维，因为网络需要三维数据。

（6）在 Keras 构建一个 100 个单元的 LSTM(这里的单元指的是神经元)。第一步应该提 供输入形状。注意最后的 LSTM 层总是添加 return_sequences＝True。根据训练数据编写并 拟合模型。

（7）处理并准备测试数据，即 2019 年 1 月的实际数据。

（8）将训练数据和测试数据结合处理。

（9）可视化结果。

执行这些步骤后，预期输出如图 9.23 所示。

◆ 说明：本实践答案可见附录 A 的实践 9.02 通过增加正则化预测亚马逊的股价。

在这个实践中创建了一个具有 4 个 LSTM 层的 RNN，每个层有 100 个单元。将其与实 践 9.02 的结果进行了比较，实践 9.02 通过添加正则化预测亚马逊的股价，其中每层有 50 个

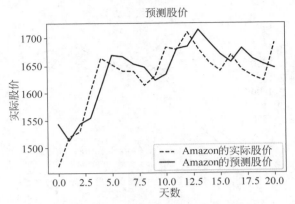

图 9.23　实际股价与预测股价的对比

单元。两种模型之间的差异最小,因此单元较少的模型是可取的,因为计算时间减少,且在训练数据时有更小的可能性过拟合。

9.5　总结

本章通过使用智能助手的真实案例来学习顺序建模和顺序存储。然后,了解了顺序建模与 RNN 的关系,以及 RNN 与传统前馈网络的区别。本章详细地介绍了梯度消失问题,以及如何使用 LSTM 来克服梯度消失问题。通过预测股票趋势,我们将所学到的知识应用到了时间序列问题中。

通过本书我们学习了机器学习和 Python 的基础知识,同时也对应用 Keras 开发高效的深度学习解决方案有了深入的了解。通过建立一个逻辑回归模型,先使用 scikit-learn,然后使用 Keras,探索机器学习和深度学习的区别。

然后,进一步探索了 Keras 及其不同的模型,通过创建各种现实场景的预测模型,如将网上购物者分类为有购买意愿和没有购买意愿,学习如何评估、优化和改进模型,以获得最大的信息,从而创建对新的、不可见的数据表现良好的健壮模型。

我们还通过使用 scikit-learn 的包装器构建 Keras 模型来整合交叉验证,帮助那些熟悉 scikit-learn 工作流程的人轻松地利用 Keras 模型。然后,学习了如何应用 L1、L2、丢弃正则化来提高模型的准确性,防止模型对训练数据过拟合。

接下来通过应用技术,如用于基线比较的零精度和评估指标(如精度、AUC-ROC 分数等),进一步探讨了模型评估,了解了如何为模型分类任务打分。最终,这些高级的评估技术能够帮助理解模型在什么条件下表现良好,以及在哪里还有改进的空间。

最后本书使用 Keras 创建了一些先进的模型。通过建立各种参数的 CNN 模型对图像进行分类探索计算机视觉。然后使用预训练模型对新图像进行分类,并对这些预训练模型进行微调,以便能够应用于自己的应用程序。最后,讨论了顺序建模,用于对股价和自然语言处理等序列进行建模。通过创建具有 LSTM 层的 RNN 网络来预测真实股票数据的股价,并在每层中尝试使用不同数量的单元以及丢弃正则化来测试这些知识。

总的来说,我们对如何使用 Keras 来解决真实数据集的各种问题有了全面的理解。本书涵盖了在线购物者的分类任务、C 型肝炎数据和 Scania 卡车的故障数据,以及回归任务,如在给定各种化学属性时预测各种化学物质的毒性研究。本书还完成了图像分类任务,并建立了 CNN 模型来预测图像是花还是汽车,通过 RNN 建立回归任务来预测未来的股价。使用真实数据集构建模型时,可以将这些知识和理解应用到自己的问题解决方案中,并创建自己的应用程序。

各章实践内容解析

实践 1.01 向模型添加正则化

在这个实践中，将使用与 scikit-learn 包相同的逻辑回归模型。这一次，将向模型添加正则化，并搜索最优正则化参数，这个过程通常称为超参数调优。在训练模型之后测试预测，并将模型评估指标与基线模型和未规范化的模型产生的指标进行比较。

（1）从训练 1.03 中加载特征数据，从训练 1.02 中加载目标数据。

```
import pandas as pd
feats = pd.read_csv('../data/OSI_feats_e3.csv')
target = pd.read_csv('../data/OSI_target_e2.csv')
```

（2）创建测试数据集与训练数据集。使用训练数据集训练数据。不过，这一次使用部分训练数据集进行验证，以选择最合适的超参数。

再次使用 test_size＝0.2 为测试保留 20％的数据。验证集的大小取决于有多少次验证。如果进行 10 次交叉验证，相当于保留 10％的训练数据集来验证模型。每一次折叠将使用训练数据集的 10％，所有折叠的平均误差用于比较具有不同超参数的模型。给 random_state 变量赋一个随机值。

```
from sklearn.model_selection import train_test_split
test_size = 0.2
random_state = 13
X_train, X_test, y_train, y_test = \
train_test_split(feats, target, test_size=test_size, \
                 random_state=random_state)
```

（3）检查数据帧的尺寸。

```
print(f'Shape of X_train: {X_train.shape}')
print(f'Shape of y_train: {y_train.shape}')
print(f'Shape of X_test: {X_test.shape}')
print(f'Shape of y_test: {y_test.shape}')
```

上面的代码产生如下输出。

```
Shape of X_train: (9864, 68)
Shape of y_train: (9864, 1)
Shape of X_test: (2466, 68)
Shape of y_test: (2466, 1)
```

（4）接下来，实例化模型。尝试两种类型的正则化参数 l1 和 l2，并进行 10 次交叉验证。在对数空间中从 1×10^{-2} 相等地迭代正则化参数到 1×10^{6}，观察参数如何影响结果。

```
import numpy as np
from sklearn.linear_model import LogisticRegressionCV
Cs = np.logspace(-2, 6, 9)
model_l1 = LogisticRegressionCV(Cs=Cs, penalty='l1', \
                                cv=10, solver='liblinear', \
                                random_state=42, max_iter=10000)
model_l2 = LogisticRegressionCV(Cs=Cs, penalty='l2', cv=10, \
                                random_state=42, max_iter=10000)
```

◆说明：对于具有 l1 正则化参数的 logistic 回归模型，只能使用 liblinear 求解器。

（5）接下来，将模型与训练数据拟合。

```
model_l1.fit(X_train, y_train['Revenue'])
model_l2.fit(X_train, y_train['Revenue'])
```

上述代码的输出如图 A.1 所示。

```
LogisticRegressionCV(Cs=array([1.e-02, 1.e-01, 1.e+00, 1.e+01, 1.e+02, 1.e+03, 1.e+04, 1.e+05,
       1.e+06]),
                     class_weight=None, cv=10, dual=False, fit_intercept=True,
                     intercept_scaling=1.0, l1_ratios=None, max_iter=10000,
                     multi_class='auto', n_jobs=None, penalty='l2',
                     random_state=42, refit=True, scoring=None, solver='lbfgs',
                     tol=0.0001, verbose=0)
```

图 A.1　fit 命令的输出，表示所有模型的训练参数

（6）可以看到两个不同模型正则化参数的值是多少。选取正则化参数，得到误差最小的模型。

```
print(f'Best hyperparameter for l1 regularization model: \
{model_l1.C_[0]}')
print(f'Best hyperparameter for l2 regularization model: \
{model_l2.C_[0]}')
```

上面的代码产生如下输出。

```
Best hyperparameter for l1 regularization model: 1000000.0
Best hyperparameter for l2 regularization model: 1.0
```

◆说明：C_ 属性只有在模型经过训练之后才可用，因为它是在交叉验证过程的最佳参数确定之后设置的。

（7）为了评估模型的性能，对测试集进行预测，将其与真实值进行比较。

```
y_pred_l1 = model_l1.predict(X_test)
y_pred_l2 = model_l2.predict(X_test)
```

（8）为了比较这些模型，计算评估指标。首先，看一下模型的准确性。

```
from sklearn import metrics
accuracy_l1 = metrics.accuracy_score(y_pred=y_pred_l1, \
                                     y_true=y_test)
accuracy_l2 = metrics.accuracy_score(y_pred=y_pred_l2, \
                                     y_true=y_test)
```

```
print(f'Accuracy of the model with l1 regularization is \
{accuracy_l1*100:.4f}%')
print(f'Accuracy of the model with l2 regularization is \
{accuracy_l2*100:.4f}%')
```

上面的代码产生如下输出。

```
Accuracy of the model with l1 regularization is 89.2133%
Accuracy of the model with l2 regularization is 89.2944%
```

（9）另外，看看其他评估指标。

```
precision_l1, recall_l1, fscore_l1, _ = \
metrics.precision_recall_fscore_support(y_pred=y_pred_l1, \
                                        y_true=y_test, \
                                        average='binary')

precision_l2, recall_l2, fscore_l2, _ = \
metrics.precision_recall_fscore_support(y_pred=y_pred_l2, \
                                        y_true=y_test, \
                                        average='binary')

print(f'l1\nPrecision: {precision_l1:.4f}\nRecall: \
{recall_l1:.4f}\nfscore: {fscore_l1:.4f}\n\n')
print(f'l2\nPrecision: {precision_l2:.4f}\nRecall: \
{recall_l2:.4f}\nfscore: {fscore_l2:.4f}')
```

上面的代码产生如下输出。

```
l1
Precision: 0.7300
Recall: 0.4078
fscore: 0.5233

l2
Precision: 0.7350
Recall: 0.4106
fscore: 0.5269
```

（10）训练模型后，观察系数的值。

```
coef_list = [f'{feature}: {coef}' for coef, \
             feature in sorted(zip(model_l1.coef_[0], \
                               X_train.columns.values.tolist()))]
for item in coef_list:
    print(item)
```

◆ 说明：coef_ attribute 只有在模型训练之后才可用，因为它是在交叉验证过程的最佳参数确定之后设置的。

上述代码的输出如图 A.2 所示。

（11）对具有 l2 正则化参数类型的模型做同样的操作。

```
coef_list = [f'{feature}: {coef}' for coef, \
             feature in sorted(zip(model_l2.coef_[0], \
                               X_train.columns.values.tolist()))]
for item in coef_list:
    print(item)
```

图 A.3 显示了上述代码的输出。

```
ExitRates: -15.883224778812533
TrafficType_15: -14.795568293882813
TrafficType_19: -14.572417554129022
Browser_11: -14.194513734001333
TrafficType_18: -13.580838983781868
TrafficType_12: -10.887010740988496
Browser_3: -1.591759861518971
OperatingSystems_6: -1.3061883214341672
Browser_13: -1.1580420838412984
TrafficType_13: -1.1370525347807676
TrafficType_14: -1.0975546272442658
Browser_6: -1.0010333108800196
BounceRates: -0.914113125024657
Browser_7: -0.8502023615800486
TrafficType_3: -0.811958144680347
TrafficType_6: -0.610088799226249
OperatingSystems_3: -0.608450446552214
TrafficType_1: -0.6050916722027272
OperatingSystems_1: -0.5365902656959869
OperatingSystems_4: -0.511145112548375
TrafficType_4: -0.5062856279182754
Browser_2: -0.505996673246434
TrafficType_2: -0.4643006690778846
TrafficType_9: -0.4466955982654509
Browser_4: -0.4214541023779841
Browser_5: -0.41616336572267953
TrafficType_5: -0.415441717179765
TrafficType_7: -0.3955699524561608
Browser_1: -0.3880867021005534
Browser_8: -0.3829361496965676
OperatingSystems_2: -0.3452133463717456
TrafficType_10: -0.2669938991218146
TrafficType_11: -0.20084569889820056
SpecialDay: -0.1699360413524664
VisitorType_Returning_Visitor: -0.1585189488537066
Region_9: -0.1357553937048372
Browser_10: -0.1127513630701900
Region_4: -0.07146513811457653
TrafficType_20: -0.027994440964808312
TrafficType_8: -0.0108032157923093
Administrative: -0.00884876456543602
ProductRelated_Duration: 7.88423086299589e-05
Administrative_Duration: 0.0001023427967355818
Informational_Duration: 0.0003083388371428332
ProductRelated: 0.0011034989322559698
Informational: 0.0046205350312407
OperatingSystems_8: 0.014922953675113934
VisitorType_New_Visitor: 0.015142794845965939
Region_7: 0.0355762002523206
Region_1: 0.0365404961936195
Region_3: 0.06097956829573871
PageValues: 0.08295642466041496
is_weekend: 0.12026927900778797
Region_8: 0.15007889661364254
Region_6: 0.194660570446381
Region_2: 0.24091910301862
OperatingSystems_7: 0.6430414471829574
Month_Dec: 0.92590409301365
Month_Mar: 0.9329536574050367
Month_May: 1.0175770611658324
TrafficType_16: 1.219454600596873
Month_June: 1.339624880405915
Month_Aug: 1.383936112795327
Month_Oct: 1.44626691635744
Browser_12: 1.521383337562806
Month_Sep: 1.52711292500647
Month_Jul: 1.705660382959831
Month_Nov: 2.0227013012240787
```

图 A.2 l1 正则化模型的特征列名及其各自系数的值

```
TrafficType_13: -0.3400914152870425
Month_May: -0.2996216354738292
TrafficType_3: -0.2688656704433146
Month_Dec: -0.2600371384272894
Month_Mar: -0.234528066357572
VisitorType_Returning_Visitor: -0.2092729117037135
ExitRates: -0.2012507161286322
OperatingSystems_3: -0.17171727353008637
BounceRates: -0.1586075270424227
SpecialDay: -0.1580618965470213
TrafficType_1: -0.1430491232199023
Browser_6: -0.1019491451763765
Region_4: -0.0990463148840445
Region_9: -0.098731976376963
Browser_3: -0.0891419835802275
Month_June: -0.042681926326746056
TrafficType_15: -0.04024689666293222
Browser_7: -0.0332791149692195
TrafficType_6: -0.03110264347927257
Region_1: -0.02705221846251710
OperatingSystems_6: -0.02574568309220721
TrafficType_19: -0.022043612613013
Browser_13: -0.02179773922236909
Browser_2: -0.017512124173199008
Region_7: -0.010600896457621618
TrafficType_14: -0.009414755781185648
TrafficType_18: -0.008565351627323418
Browser_11: -0.00782534459577881
Region_3: -0.0072270657113633
Informational: -0.002843129486895496
OperatingSystems_1: -0.00275400395039517
TrafficType_9: -0.0023956603277564
OperatingSystems_8: -0.001631491786570406
TrafficType_12: -0.00106153301984689
OperatingSystems_4: 1.637769994524623e-05
ProductRelated_Duration: 6.203896052153687e-05
Administrative_Duration: 0.0001498531976570715
Informational_Duration: 0.000264649183336201
ProductRelated: 0.003308445071856749
Browser_8: 0.005488297445258887
Month_Aug: 0.009417525299432315
TrafficType_7: 0.00986539049004020
OperatingSystems_7: 0.010685888007649
Administrative: 0.0118184280723880
Browser_5: 0.01191776097601972
TrafficType_16: 0.016810452784330476
Browser_1: 0.0229099984358603
Region_8: 0.02399879250627973
Browser_4: 0.035356650810786
Browser_12: 0.042525537053214
TrafficType_5: 0.050261995361115
TrafficType_4: 0.06057990490809306
Month_Oct: 0.070648304441291
Region_6: 0.07365061384877
Browser_10: 0.081088209812906
TrafficType_20: 0.0860894143614226
Month_Sep: 0.087814924285524
PageValues: 0.08801299639787297
TrafficType_11: 0.09918509028872
Region_2: 0.11817125757973408
TrafficType_2: 0.11955934680571
OperatingSystems_2: 0.1256213570064921
TrafficType_10: 0.125944816079453
Month_Jul: 0.134208604044297
is_weekend: 0.15588521706821454
VisitorType_New_Visitor: 0.18484311217638447
TrafficType_8: 0.22599108047373068
Month_Nov: 0.6282700212046415
```

图 A.3 特征列名称及其各自系数的值,用于 l2 正则化模型

◆ **说明:** 源代码网址为 https://packt.live/2VIoe5M,本节目前没有在线交互式示例,需要在本地运行。

实践 2.01 　**使用Keras创建逻辑回归模型**

在这个实践中,将使用 Keras 库创建一个基本模型。建立的模型将把一个网站的用户分为两类,一类会购买产品的,另一类则不会。为了做到这一点,利用与第 1 章相同的在线购物购买意图数据集,并预测相同的变量。

执行以下步骤来完成此实践。

(1) 从开始菜单打开 Jupyter Notebook 来实现这个实践。加载在线购物购买意图数据集,可以从 GitHub 存储库下载。使用 Pandas 库来加载数据,导入 Pandas 库。保存.csv 文件到适当的数据文件夹,或者更改代码中使用的文件的路径。

```
import pandas as pd
feats = pd.read_csv('../data/OSI_feats.csv')
target = pd.read_csv('../data/OSI_target.csv')
```

(2) 对于此实践执行预处理。正如在第 1 章中所做的,把数据集分为训练集和测试集,并把测试集留到最后评估模型时使用。通过设置参数 test_size=0.2,保留 20% 的数据用于测试,设置一个 random_state 参数,以便重新生成结果。

```
from sklearn.model_selection import train_test_split
test_size = 0.2
random_state = 42

X_train, X_test, y_train, y_test = \
train_test_split(feats, target, test_size=test_size, \
                 random_state=random_state)
```

(3) 在 NumPy 和 TensorFlow 中设置一个 seed 以实现再现性。通过初始化 Sequential 类的模型开始创建模型。

```
from keras.models import Sequential
import numpy as np
from tensorflow import random
np.random.seed(random_state)
random.set_seed(random_state)
model = Sequential()
```

(4) 要想向模型添加一个完全连接的层,首先要添加一个 Dense 类的层,包括层中的节点数。在例子中,节点数值是 1,因为正在执行二进制分类,并且希望输出的是 0 或 1。此外,只在模型的第一层指定输入维度,作用是指示输入数据的格式以及传递特征的数量。

```
from keras.layers import Dense
model.add(Dense(1, input_dim=X_train.shape[1]))
```

(5) 在上一层的输出中加入一个 sigmoid 激活函数来复制逻辑回归算法。

```
from keras.layers import Activation
model.add(Activation('sigmoid'))
```

(6) 一旦以正确的顺序获得了所有的模型组成,就需要对模型进行编译,以便配置所有的学习过程。使用 adam 优化器与 binary_crossentropy 损失函数来计算损失,并通过将参数传递给 metrics 参数来跟踪模型的准确性。

```
model.compile(optimizer='adam', loss='binary_crossentropy', \
                metrics=['accuracy'])
```

（7）打印模型摘要以验证模型是否符合我们的预期。

```
print(model.summary())
```

上述代码的输出如图 A.4 所示。

```
Model: "sequential_1"

Layer (type)                  Output Shape               Param #
=================================================================
dense_1 (Dense)               (None, 1)                  69

activation_1 (Activation)     (None, 1)                  0
=================================================================
Total params: 69
Trainable params: 69
Non-trainable params: 0

None
```

图 A.4　模型的总结

（8）使用模型类的 fit 方法拟合模型。提供训练数据、轮次的数量，以及每个轮次之后需要使用多少数据进行验证。

```
history = model.fit(X_train, y_train['Revenue'], epochs=10, \
                validation_split=0.2, shuffle=False)
```

图 A.5 显示了上述代码的输出。

```
Train on 7891 samples, validate on 1973 samples
Epoch 1/10
7891/7891 [==============================] - 0s 49us/step - loss: 3.4358 - accuracy: 0.7656 - val_loss: 0.9237 - val_
accuracy: 0.8702
Epoch 2/10
7891/7891 [==============================] - 0s 34us/step - loss: 0.8518 - accuracy: 0.8446 - val_loss: 0.7980 - val_
accuracy: 0.8920
Epoch 3/10
7891/7891 [==============================] - 0s 36us/step - loss: 0.5456 - accuracy: 0.8680 - val_loss: 0.5081 - val_
accuracy: 0.8890
Epoch 4/10
7891/7891 [==============================] - 0s 37us/step - loss: 0.4471 - accuracy: 0.8761 - val_loss: 0.3054 - val_
accuracy: 0.8946
Epoch 5/10
7891/7891 [==============================] - 0s 34us/step - loss: 0.3870 - accuracy: 0.8808 - val_loss: 0.3196 - val_
accuracy: 0.8844
Epoch 6/10
7891/7891 [==============================] - 0s 40us/step - loss: 0.3938 - accuracy: 0.8764 - val_loss: 0.3646 - val_
accuracy: 0.8819
Epoch 7/10
7891/7891 [==============================] - 0s 35us/step - loss: 0.3527 - accuracy: 0.8832 - val_loss: 0.3138 - val_
accuracy: 0.8855
Epoch 8/10
7891/7891 [==============================] - 0s 36us/step - loss: 0.3350 - accuracy: 0.8813 - val_loss: 0.3891 - val_
accuracy: 0.8789
Epoch 9/10
7891/7891 [==============================] - 0s 38us/step - loss: 0.3477 - accuracy: 0.8799 - val_loss: 0.3302 - val_
accuracy: 0.8814
Epoch 10/10
7891/7891 [==============================] - 0s 34us/step - loss: 0.3640 - accuracy: 0.8816 - val_loss: 0.3136 - val_
accuracy: 0.8839
```

图 A.5　对模型采用拟合方法

（9）损失值和准确值都存储在历史变量中。根据在每个时期跟踪的损失和精度绘制出每个时期的值。

```
import matplotlib.pyplot as plt
%matplotlib inline
```

```
# Plot training and validation accuracy values
plt.plot(history.history['accuracy'])
plt.plot(history.history['val_accuracy'])
plt.title('Model accuracy')
plt.ylabel('Accuracy')
plt.xlabel('Epoch')
plt.legend(['Train', 'Validation'], loc='upper left')
plt.show()

# Plot training and validation loss values
plt.plot(history.history['loss'])
plt.plot(history.history['val_loss'])
plt.title('Model loss')
plt.ylabel('Loss')
plt.xlabel('Epoch')
plt.legend(['Train', 'Validation'], loc='upper left')
plt.show()
```

图 A.6 显示了上述代码的输出。

（10）根据一开始提供的测试数据对模型进行评价，这将客观地评估模型的性能。

```
test_loss, test_acc = model.evaluate(X_test, y_test['Revenue'])
print(f'The loss on the test set is {test_loss:.4f} \
and the accuracy is {test_acc*100:.3f}%')
```

上述代码的输出可以在下面找到。在这里，模型使用测试数据集中对用户的购买意图进行预测，并通过将其与 y_test 中的真实值进行比较来评估性能。评估测试数据集上的模型会产生可以输出的损失值和精度值。

```
2466/2466 [==============================] - 0s 15us/step
The loss on the test set is 0.3632 and the accuracy is 86.902%
```

◆ 说明：源代码网址为 https://packt.live/3dVTQLe，在线运行代码网址为 https://packt.live/2ZxEhV4。

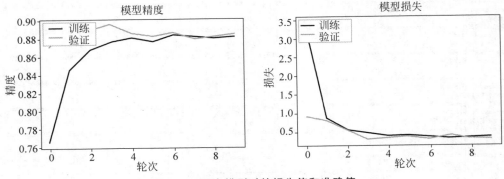

图 A.6　拟合模型时的损失值和准确值

◆ 实践 3.01　**构建单层神经网络进行二进制分类**

这个实践将比较逻辑回归模型不同节点大小和不同激活函数的单层神经网络的结果。将使用的数据集表示飞机螺旋桨检查的标准化测试结果，而类别表示它们是否通过了手动目视检查。当给出自动化测试结果时，将创建模型来预测人工检查的结果。按照以下步骤完成此实践。

（1）加载所有需要的包。

```
# import required packages from Keras
from keras.models import Sequential
from keras.layers import Dense, Activation
import numpy as np
import pandas as pd
from tensorflow import random
from sklearn.model_selection import train_test_split
# import required packages for plotting
import matplotlib.pyplot as plt
import matplotlib
%matplotlib inline
import matplotlib.patches as mpatches
# import the function for plotting decision boundary
from utils import plot_decision_boundary
```

（2）设置 seed。

```
"""
define a seed for random number generator so the result will be
reproducible
"""
seed = 1
```

（3）加载模拟数据集，输出 X 和 Y 的大小和示例的数量。

```
"""
load the dataset, print the shapes of input and output and the number
of examples
"""
feats = pd.read_csv('../data/outlier_feats.csv')
target = pd.read_csv('../data/outlier_target.csv')
print("X size = ", feats.shape)
print("Y size = ", target.shape)
print("Number of examples = ", feats.shape[0])
```

预期输出：

```
X size = (3359, 2)
Y size = (3359, 1)
Number of examples = 3359
```

（4）绘制数据集。每个点的 x 和 y 坐标就是两个输入特征。每条记录的颜色代表通过/失败的结果。

```
class_1=plt.scatter(feats.loc[target['Class']==0,'feature1'], \
                    feats.loc[target['Class']==0,'feature2'], \
                    c="red", s=40, edgecolor='k')

class_2=plt.scatter(feats.loc[target['Class']==1,'feature1'], \
                    feats.loc[target['Class']==1,'feature2'], \
                    c="blue", s=40, edgecolor='k')

plt.legend((class_1, class_2),('Fail','Pass'))
plt.xlabel('Feature 1')
plt.ylabel('Feature 2')
```

图 A.7 显示了上述代码的输出。

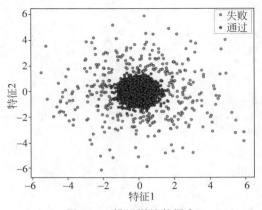

图 A.7　模拟训练数据点

（5）建立逻辑回归模型，逻辑回归模型为无隐藏层的单节点序列模型，使用 sigmoid 激活函数。

```
np.random.seed(seed)
random.set_seed(seed)
model = Sequential()
model.add(Dense(1, activation='sigmoid', input_dim=2))
model.compile(optimizer='sgd', loss='binary_crossentropy')
```

（6）将模型与训练数据拟合。

```
model.fit(feats, target, batch_size=5, epochs=100, verbose=1, \
          validation_split=0.2, shuffle=False)
```

预期输出如图 A.8 所示，100 个轮次之后验证集上的损失为 0.3537。

```
Epoch 96/100
2687/2687 [==============================] - 0s 159us/step - loss: 0.3365 - val_loss: 0.3546
Epoch 97/100
2687/2687 [==============================] - 0s 153us/step - loss: 0.3366 - val_loss: 0.3545
Epoch 98/100
2687/2687 [==============================] - 0s 156us/step - loss: 0.3365 - val_loss: 0.3541
Epoch 99/100
2687/2687 [==============================] - 0s 155us/step - loss: 0.3365 - val_loss: 0.3536
Epoch 100/100
2687/2687 [==============================] - 0s 156us/step - loss: 0.3366 - val_loss: 0.3537
```

图 A.8　100 个轮次中最后 5 个轮次的损失细节

（7）在训练数据上绘制决策边界。

```
matplotlib.rcParams['figure.figsize'] = (10.0, 8.0)
plot_decision_boundary(lambda x: model.predict(x), feats, target)
plt.title("Logistic Regression")
```

图 A.9 显示了上述代码的输出。

逻辑回归模型的线性决策边界显然不能捕获两类之间的圆形决策边界，将所有结果作为一个通过的结果进行预测。

（8）创建一个包含三个节点和一个 ReLU 激活函数的隐藏层及一个节点和一个 sigmoid 激活函数的输出层的神经网络。最后，编译模型。

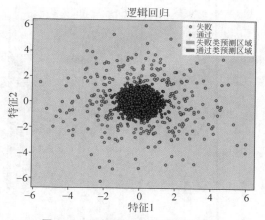

图 A.9　逻辑回归模型的决策边界

```
np.random.seed(seed)
random.set_seed(seed)
model = Sequential()
model.add(Dense(3, activation='relu', input_dim=2))
model.add(Dense(1, activation='sigmoid'))
model.compile(optimizer='sgd', loss='binary_crossentropy')
```

(9) 将模型与训练数据拟合。

```
model.fit(feats, target, batch_size=5, epochs=200, verbose=1, \
          validation_split=0.2, shuffle=False)
```

预期输出如图 A.10 所示,200 个轮次之后验证集中评估的损失为 0.0260。

```
Epoch 196/200
2687/2687 [==============================] - 0s 163us/step - loss: 0.0131 - val_loss: 0.0261
Epoch 197/200
2687/2687 [==============================] - 0s 163us/step - loss: 0.0130 - val_loss: 0.0261
Epoch 198/200
2687/2687 [==============================] - 0s 165us/step - loss: 0.0130 - val_loss: 0.0259
Epoch 199/200
2687/2687 [==============================] - 0s 169us/step - loss: 0.0130 - val_loss: 0.0259
Epoch 200/200
2687/2687 [==============================] - 0s 161us/step - loss: 0.0129 - val_loss: 0.0260
```

图 A.10　200 个轮次中最后 5 个轮次的损失细节

(10) 绘制所创建的决策边界。

```
matplotlib.rcParams['figure.figsize'] = (10.0, 8.0)
plot_decision_boundary(lambda x: model.predict(x), feats, target)
plt.title("Decision Boundary for Neural Network with "\
          "hidden layer size 3")
```

图 A.11 显示了上述代码的输出。

拥有三个处理单元相比一个处理单元而言,极大地提高了模型捕捉两个类之间非线性边界的能力。注意,与前一个步骤相比,损失值大幅下降。

(11) 创建一个具有 6 个节点和一个 ReLU 激活函数的隐藏层及一个节点和一个 sigmoid 激活函数的输出层的神经网络。最后,编译模型。

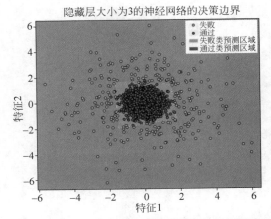

图 A.11　隐藏层大小为 3，具有 ReLU 激活函数的神经网络的决策边界

```
np.random.seed(seed)
random.set_seed(seed)
model = Sequential()
model.add(Dense(6, activation='relu', input_dim=2))
model.add(Dense(1, activation='sigmoid'))
model.compile(optimizer='sgd', loss='binary_crossentropy')
```

(12) 将模型与训练数据拟合。

```
model.fit(feats, target, batch_size=5, epochs=400, verbose=1, \
          validation_split=0.2, shuffle=False)
```

预期输出如图 A.12 所示，400 个轮次后的损失为 0.0231。

```
Epoch 396/400
2687/2687 [==============================] - 0s 174us/step - loss: 0.0072 - val_loss: 0.0232
Epoch 397/400
2687/2687 [==============================] - 0s 166us/step - loss: 0.0072 - val_loss: 0.0233
Epoch 398/400
2687/2687 [==============================] - 0s 180us/step - loss: 0.0072 - val_loss: 0.0232
Epoch 399/400
2687/2687 [==============================] - 0s 164us/step - loss: 0.0072 - val_loss: 0.0232
Epoch 400/400
2687/2687 [==============================] - 0s 165us/step - loss: 0.0072 - val_loss: 0.0231
```

图 A.12　400 个轮次中最后 5 个轮次的损失细节

(13) 绘制决策边界。

```
matplotlib.rcParams['figure.figsize'] = (10.0, 8.0)
plot_decision_boundary(lambda x: model.predict(x), feats, target)
plt.title("Decision Boundary for Neural Network with "\
          "hidden layer size 6")
```

图 A.13 显示了上述代码的输出。

通过将隐藏层的单元数增加一倍，模型的决策边界更接近真实的圆形形状，损失值比前一步更小。

(14) 创建一个包含三个节点和一个 tanh 激活函数的隐藏层及一个节点和一个 sigmoid 激活函数的输出层的神经网络。最后，编译模型。

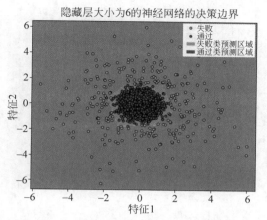

图 A.13 隐藏层大小为 6,具有 ReLU 激活函数的神经网络的决策边界

```
np.random.seed(seed)
random.set_seed(seed)
model = Sequential()
model.add(Dense(3, activation='tanh', input_dim=2))
model.add(Dense(1, activation='sigmoid'))
model.compile(optimizer='sgd', loss='binary_crossentropy')
```

（15）将模型与训练数据拟合。

```
model.fit(feats, target, batch_size=5, epochs=200, verbose=1, \
          validation_split=0.2, shuffle=False)
```

预期输出如图 A.14 所示,200 个轮次后的损失为 0.0426。

```
Epoch 196/200
2687/2687 [==============================] - 0s 173us/step - loss: 0.0278 - val_loss: 0.0427
Epoch 197/200
2687/2687 [==============================] - 0s 160us/step - loss: 0.0277 - val_loss: 0.0426
Epoch 198/200
2687/2687 [==============================] - 0s 161us/step - loss: 0.0277 - val_loss: 0.0426
Epoch 199/200
2687/2687 [==============================] - 0s 166us/step - loss: 0.0276 - val_loss: 0.0426
Epoch 200/200
2687/2687 [==============================] - 0s 169us/step - loss: 0.0275 - val_loss: 0.0426
```

图 A.14 200 个轮次中最后 5 个轮次的损失细节

（16）绘制决策边界。

```
plot_decision_boundary(lambda x: model.predict(x), feats, target)
plt.title("Decision Boundary for Neural Network with "\
          "hidden layer size 3")
```

图 A.15 显示了上述代码的输出。

利用 tanh 激活函数消除了判决边界的尖锐边缘。换句话说,它使决策边界更平滑。然而,模型并没有表现得更好,因为可以看到损失值是增加的。在测试数据集上评估时,可以获得类似的损失值和准确值,尽管前面提到 tanh 激活函数的学习比 ReLU 激活函数慢。

（17）创建一个具有 6 个节点和一个 tanh 激活函数的隐藏层及一个节点和一个 sigmoid 激活函数的输出层的神经网络。最后,编译模型。

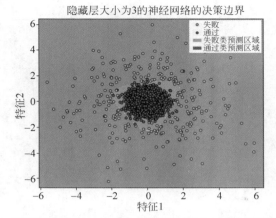

图 A. 15　隐藏层大小为 3，具有 tanh 激活函数的神经网络的决策边界

```
np.random.seed(seed)
random.set_seed(seed)
model = Sequential()
model.add(Dense(6, activation='tanh', input_dim=2))
model.add(Dense(1, activation='sigmoid'))
model.compile(optimizer='sgd', loss='binary_crossentropy')
```

（18）将模型与训练数据拟合。

```
model.fit(feats, target, batch_size=5, epochs=400, verbose=1, \
          validation_split=0.2, shuffle=False)
```

预期输出如图 A. 16 所示，400 个轮次后的损失为 0.0215。

```
Epoch 396/400
2687/2687 [==============================] - 0s 168us/step - loss: 0.0140 - val_loss: 0.0216
Epoch 397/400
2687/2687 [==============================] - 0s 169us/step - loss: 0.0139 - val_loss: 0.0216
Epoch 398/400
2687/2687 [==============================] - 0s 169us/step - loss: 0.0139 - val_loss: 0.0216
Epoch 399/400
2687/2687 [==============================] - 0s 172us/step - loss: 0.0139 - val_loss: 0.0215
Epoch 400/400
2687/2687 [==============================] - 1s 209us/step - loss: 0.0139 - val_loss: 0.0215
```

图 A. 16　400 个轮次中最后 5 个轮次的损失细节

（19）绘制决策边界。

```
matplotlib.rcParams['figure.figsize'] = (10.0, 8.0)
plot_decision_boundary(lambda x: model.predict(x), feats, target)
plt.title("Decision Boundary for Neural Network with "\
          "hidden layer size 6")
```

图 A. 17 所示显示了上述代码的输出。

使用 tanh 激活函数代替 ReLU 激活函数，并在隐藏层中添加更多的节点，可使决策边界上的曲线更加平滑，根据训练数据的准确性可更好地拟合训练数据。注意不要向隐藏层添加太多节点，因为模型可能会过拟合数据。可以通过评估测试集观察到，在测试集中，与有 3 个节点的神经网络相比，有 6 个节点的神经网络的准确性略有下降。

◆说明：源代码网址为 https://packt.live/3iv0wn1，在线运行代码网址为 https://

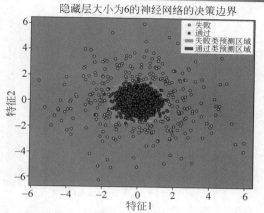

隐藏层大小为6的神经网络的决策边界

图 A.17　隐藏层大小为 6 和 tanh 激活函数的神经网络决策边界

packt. live/2BqumZt。

实践 3.02　神经网络与高级纤维化诊断

在这项实践中,使用真实的数据集,根据年龄、性别和 BMI 等测量数据来预测患者是否患有晚期肝纤维化。该数据集包含 1385 名接受丙型肝炎治疗的患者的信息。每个患者有 28 种不同的属性,以及一个类别标签,只能取两个值:1,表示晚期纤维化;0,表示没有晚期纤维化的迹象。这是一个输入维度为 28 的二元/二分类问题。

在本实践中,通过实现不同的深度神经网络架构来执行此分类,绘制训练误差率和测试误差率的趋势确定最终分类器需要训练多少个轮次。按照以下步骤完成此实践。

(1) 导入所有必要的库并使用 Pandas 库的 read_csv 函数加载数据集。

```
import pandas as pd
import numpy as np
from tensorflow import random
from sklearn.model_selection import train_test_split
from sklearn.preprocessing import StandardScaler
from keras.models import Sequential
from keras.layers import Dense

import matplotlib.pyplot as plt
import matplotlib
%matplotlib inline

X = pd.read_csv('../data/HCV_feats.csv')
y = pd.read_csv('../data/HCV_target.csv')
```

(2) 输出特征数据集中记录和特征的数量,以及目标数据集中为一类的数量。

```
print("Number of Examples in the Dataset = ", X.shape[0])
print("Number of Features for each example = ", X.shape[1])
print("Possible Output Classes = ", \
      y['AdvancedFibrosis'].unique())
```

预期输出如下。

```
Number of Examples in the Dataset = 1385
Number of Features for each example = 28
Possible Output Classes = [0 1]
```

（3）将数据标准化并可改变数据尺寸大小。接下来，将数据集分解为训练集和测试集。

```
seed = 1
np.random.seed(seed)

sc = StandardScaler()
X = pd.DataFrame(sc.fit_transform(X), columns=X.columns)
X_train, X_test, y_train, y_test = \
train_test_split(X, y, test_size=0.2, random_state=seed)

# Print the information regarding dataset sizes
print(X_train.shape)
print(y_train.shape)
print(X_test.shape)
print(y_test.shape)
print ("Number of examples in training set = ", X_train.shape[0])
print ("Number of examples in test set = ", X_test.shape[0])
```

预期输出如下。

```
(1108, 28)
(1108, 1)
(277, 28)
(277, 1)
Number of examples in training set = 1108
Number of examples in test set = 277
```

（4）实现一个具有大小为 3 的隐藏层和 tanh 激活函数的深度神经网络，一个具有一个节点的输出层和一个 sigmoid 激活函数的深度神经网络。最后，编译模型并打印模型摘要。

```
np.random.seed(seed)
random.set_seed(seed)

# define the keras model
classifier = Sequential()
classifier.add(Dense(units = 3, activation = 'tanh', \
                     input_dim=X_train.shape[1]))

classifier.add(Dense(units = 1, activation = 'sigmoid'))
classifier.compile(optimizer = 'sgd', loss = 'binary_crossentropy', \
                   metrics = ['accuracy'])

classifier.summary()
```

图 A.18 显示了上述代码的输出。

（5）将模型与训练数据拟合。

```
history=classifier.fit(X_train, y_train, batch_size = 20, \
                       epochs = 100, validation_split=0.1, \
                       shuffle=False)
```

（6）绘制每个时期的训练误差率和测试误差率。

```
plt.plot(history.history['loss'])
plt.plot(history.history['val_loss'])
plt.ylabel('loss')
plt.xlabel('epoch')
plt.legend(['train loss', 'validation loss'], loc='upper right')
```

预期输出如图 A.19 所示。

```
Model: "sequential_1"

Layer (type)              Output Shape          Param #
=================================================================
dense_1 (Dense)           (None, 3)             87

dense_2 (Dense)           (None, 1)             4
=================================================================
Total params: 91
Trainable params: 91
Non-trainable params: 0
```

图 A.18　神经网络的结构

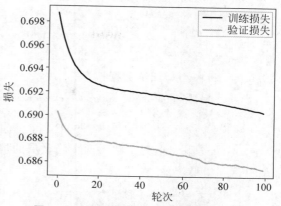

图 A.19　训练模型时训练误差率和测试误差率的图像

（7）输出在训练集和测试集上达到的最佳精度的值，以及在测试数据集上评估的损失值和精度。

```
print(f"Best Accuracy on training set = \
{max(history.history['accuracy'])*100:.3f}%")
print(f"Best Accuracy on validation set = \
{max(history.history['val_accuracy'])*100:.3f}%")

test_loss, test_acc = \
classifier.evaluate(X_test, y_test['AdvancedFibrosis'])

print(f'The loss on the test set is {test_loss:.4f} and \
the accuracy is {test_acc*100:.3f}%')
```

上述代码的输出如下。

```
Best Accuracy on training set = 52.959%
Best Accuracy on validation set = 58.559%
277/277 [==============================] - 0s 25us/step
The loss on the test set is 0.6885 and the accuracy is 55.235%
```

（8）实现一个具有大小为 4 和 2 两个隐藏层的深度神经网络，其中包含一个 tanh 激活函数，一个输出层包含一个节点，以及一个 sigmoid 激活函数。最后，编译模型并输出模型结果，如图 A.20 所示。

```
np.random.seed(seed)
random.set_seed(seed)

# define the keras model
classifier = Sequential()
classifier.add(Dense(units = 4, activation = 'tanh', \
                     input_dim = X_train.shape[1]))
```

```
classifier.add(Dense(units = 2, activation = 'tanh'))
classifier.add(Dense(units = 1, activation = 'sigmoid'))
classifier.compile(optimizer = 'sgd', loss = 'binary_crossentropy', \
                   metrics = ['accuracy'])

classifier.summary()
```

（9）将模型与训练数据拟合。

```
history=classifier.fit(X_train, y_train, batch_size = 20, \
                       epochs = 100, validation_split=0.1, \
                       shuffle=False)
```

（10）绘制大小为 4 和 2 两个隐藏层的训练误差率和测试误差率。输出在训练集和测试集上达到的最佳精度。

```
# plot training error and test error plots
plt.plot(history.history['loss'])
plt.plot(history.history['val_loss'])
plt.ylabel('loss')
plt.xlabel('epoch')
plt.legend(['train loss', 'validation loss'], loc='upper right')
```

预期输出如图 A.21 所示。

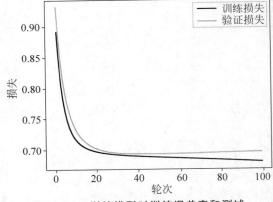

```
Model: "sequential_2"

Layer (type)              Output Shape         Param #
=================================================================
dense_3 (Dense)           (None, 4)            116

dense_4 (Dense)           (None, 2)            10

dense_5 (Dense)           (None, 1)            3
=================================================================
Total params: 129
Trainable params: 129
Non-trainable params: 0
```

图 A.20　神经网络的结构

图 A.21　训练模型时训练误差率和测试误差率的图像

（11）输出在训练集和测试集上获得的最佳精度的值，以及在测试数据集上评估的损失值和精度。

```
print(f"Best Accuracy on training set = \
{max(history.history['accuracy'])*100:.3f}%")
print(f"Best Accuracy on validation set = \
{max(history.history['val_accuracy'])*100:.3f}%")

test_loss, test_acc = \
classifier.evaluate(X_test, y_test['AdvancedFibrosis'])

print(f'The loss on the test set is {test_loss:.4f} and \
the accuracy is {test_acc*100:.3f}%')
```

上述代码的输出如下。

```
Best Accuracy on training set = 57.272%
Best Accuracy on test set = 54.054%
277/277 [==============================] - 0s 41us/step
The loss on the test set is 0.7016 and the accuracy is 49.819%
```

◆ 说明：源代码网址为 https://packt.live/2BrIRMF，在线运行代码网址为 https://packt.live/2NUl22A。

◆ **实践4.01** **使用交叉验证对晚期肝纤维化诊断分类器进行模型评估**

在这个实践中，通过所学的知识，使用 k-fold 交叉验证来训练和评估一个深度学习模型。我们将使用之前的实践中搭建的最佳测试错误率的模型，将交叉验证错误率与训练集/测试集接近错误率进行比较。使用的数据集是丙型肝炎数据集，在这个数据集中，建立一个分类模型来预测哪些患者出现了晚期肝纤维化。按照以下步骤完成此实践。

（1）加载数据集并打印数据集中的记录和特征的数量，以及目标数据集中可能的类的数量。

```
# Load the dataset
import pandas as pd
X = pd.read_csv('../data/HCV_feats.csv')
y = pd.read_csv('../data/HCV_target.csv')

# Print the sizes of the dataset
print("Number of Examples in the Dataset = ", X.shape[0])
print("Number of Features for each example = ", X.shape[1])
print("Possible Output Classes = ", \
      y['AdvancedFibrosis'].unique())
```

以下是预期输出。

```
Number of Examples in the Dataset = 1385
Number of Features for each example = 28
Possible Output Classes = [0 1]
```

（2）定义返回 Keras 模型的函数。首先，导入 Keras 所需的库。在函数内部，实例化序列模型，并添加两个密集层，第一个大小为 4，第二个大小为 2，都使用 tanh 激活函数。添加具有 sigmoid 激活函数的输出层。编译模型并从函数中返回模型。

```
from keras.models import Sequential
from keras.layers import Dense
# Create the function that returns the keras model
def build_model():
    model = Sequential()
    model.add(Dense(4, input_dim=X.shape[1], activation='tanh'))
    model.add(Dense(2, activation='tanh'))
    model.add(Dense(1, activation='sigmoid'))
    model.compile(loss='binary_crossentropy', optimizer='adam', \
                  metrics=['accuracy'])
    return model
```

（3）使用 StandardScaler 函数对训练数据进行缩放。设置 seed 以便模型是可复制的。定义 n_folds、epochs 和 batch_size 超参数。然后，使用 scikit-learn 构建 Keras 包装器，定义交叉验证迭代器,执行 k 次交叉验证,并存储分数。

```python
# import required packages
import numpy as np
from tensorflow import random
from keras.wrappers.scikit_learn import KerasClassifier
from sklearn.model_selection import StratifiedKFold
from sklearn.model_selection import cross_val_score
from sklearn.preprocessing import StandardScaler

sc = StandardScaler()
X = pd.DataFrame(sc.fit_transform(X), columns=X.columns)
"""
define a seed for random number generator so the result will be
reproducible
"""
seed = 1
np.random.seed(seed)
random.set_seed(seed)


"""
determine the number of folds for k-fold cross-validation, number of
epochs and batch size
"""
n_folds = 5
epochs = 100
batch_size = 20

# build the scikit-learn interface for the keras model
classifier = KerasClassifier(build_fn=build_model, \
                                epochs=epochs, \
                                batch_size=batch_size, \
                                verbose=1, shuffle=False)
# define the cross-validation iterator
kfold = StratifiedKFold(n_splits=n_folds, shuffle=True, \
                        random_state=seed)
"""
perform the k-fold cross-validation and store the scores in results
"""
results = cross_val_score(classifier, X, y, cv=kfold)
```

(4) 对于每一次折叠,输出结果参数中存储的精度。

```python
# print accuracy for each fold
for f in range(n_folds):
    print("Test accuracy at fold ", f+1, " = ", results[f])
print("\n")


"""
print overall cross-validation accuracy plus the standard deviation
of the accuracies
"""
print("Final Cross-validation Test Accuracy:", results.mean())
print("Standard Deviation of Final Test Accuracy:", results.std())
```

以下是预期输出。

```
Test accuracy at fold 1 = 0.5198556184768677
Test accuracy at fold 2 = 0.4693140685558319
Test accuracy at fold 3 = 0.512635350227356
Test accuracy at fold 4 = 0.5740072131156921
Test accuracy at fold 5 = 0.5523465871810913


Final Cross-Validation Test Accuracy: 0.5256317675113678
Standard Deviation of Final Test Accuracy: 0.03584760640500936
```

说明：源代码网址为 https://packt.live/3eWgR2b，在线运行代码网址为 https://packt.live/3iBYtOi。

实践 4.02　用交叉验证为高纤维化诊断分类器选择模型

在本次实践中，通过使用交叉验证进行模型选择和超参数选择来改进丙型肝炎数据集分类器。按照以下步骤完成此实践。

（1）导入所有必需的包并加载数据集。使用 StandardScaler 函数缩放数据集。

```
# import the required packages
from keras.models import Sequential
from keras.layers import Dense
from keras.wrappers.scikit_learn import KerasClassifier
from sklearn.model_selection import StratifiedKFold
from sklearn.model_selection import cross_val_score
import numpy as np
import pandas as pd
from sklearn.preprocessing import StandardScaler
from tensorflow import random

# Load the dataset
X = pd.read_csv('../data/HCV_feats.csv')
y = pd.read_csv('../data/HCV_target.csv')

sc = StandardScaler()
X = pd.DataFrame(sc.fit_transform(X), columns=X.columns)
```

（2）定义三个函数，每个函数返回不同的 Keras 模型。第一个模型有 3 个大小为 4 的隐藏层；第二个模型有 2 个隐藏层，第一个隐藏层大小为 4，第二个隐藏层大小为 2；第三个模型有 2 个大小为 8 的隐藏层。使用激活函数和优化器的函数参数，将它们传递给模型。找出这三种模型中哪一种的交叉验证误差率最低。

```
# Create the function that returns the keras model 1
def build_model_1(activation='relu', optimizer='adam'):
    # create model 1
    model = Sequential()
    model.add(Dense(4, input_dim=X.shape[1], \
                    activation=activation))
    model.add(Dense(4, activation=activation))
    model.add(Dense(4, activation=activation))
    model.add(Dense(1, activation='sigmoid'))
    # Compile model
    model.compile(loss='binary_crossentropy', \
                  optimizer=optimizer, metrics=['accuracy'])
    return model
```

```python
# Create the function that returns the keras model 2
def build_model_2(activation='relu', optimizer='adam'):
    # create model 2
    model = Sequential()
    model.add(Dense(4, input_dim=X.shape[1], \
                    activation=activation))
    model.add(Dense(2, activation=activation))
    model.add(Dense(1, activation='sigmoid'))
    # Compile model
    model.compile(loss='binary_crossentropy', \
                  optimizer=optimizer, metrics=['accuracy'])
    return model

# Create the function that returns the keras model 3
def build_model_3(activation='relu', optimizer='adam'):
    # create model 3
    model = Sequential()
    model.add(Dense(8, input_dim=X.shape[1], \
                    activation=activation))
    model.add(Dense(8, activation=activation))
    model.add(Dense(1, activation='sigmoid'))
    # Compile model
    model.compile(loss='binary_crossentropy', \
                  optimizer=optimizer, metrics=['accuracy'])
    return model
```

接下来,编写在 3 个模型上可以循环使用的代码,并执行 5 次交叉验证。设置 seed 以方便模型复制,并定义 n_folds、batch_size 和 epochs 超参数。另外,存储训练模型时应用 cross_val_score 函数的结果。

```python
"""
define a seed for random number generator so the result will be
reproducible
"""
seed = 2
np.random.seed(seed)
random.set_seed(seed)
"""
determine the number of folds for k-fold cross-validation, number of
epochs and batch size
"""
n_folds = 5
batch_size=20
epochs=100

# define the list to store cross-validation scores
results_1 = []

# define the possible options for the model
models = [build_model_1, build_model_2, build_model_3]

# loop over models
for m in range(len(models)):
```

```
      # build the scikit-learn interface for the keras model
      classifier = KerasClassifier(build_fn=models[m], \
                                   epochs=epochs, \
                                   batch_size=batch_size, \
                                   verbose=0, shuffle=False)
      # define the cross-validation iterator
      kfold = StratifiedKFold(n_splits=n_folds, shuffle=True, \
                              random_state=seed)
      """
      perform the k-fold cross-validation and store the scores
      in result
      """

      result = cross_val_score(classifier, X, y, cv=kfold)
      # add the scores to the results list
      results_1.append(result)

# Print cross-validation score for each model
for m in range(len(models)):
    print("Model", m+1,"Test Accuracy =", results_1[m].mean())
```

下面是一个示例输出。在这种情况下，第二个模型具有最好的交叉验证测试准确度，如下所示。

```
Model 1 Test Accuracy = 0.4996389865875244
Model 2 Test Accuracy = 0.5148014307022095
Model 3 Test Accuracy = 0.5097472846508027
```

(3) 选择准确度得分最高的模型，通过迭代 epochs ＝[100,200]和 batchs ＝[10,20]的值来重复步骤(2)，并进行 5 次交叉验证。

```
"""
define a seed for random number generator so the result will be
reproducible
"""
np.random.seed(seed)
random.set_seed(seed)
# determine the number of folds for k-fold cross-validation
n_folds = 5
# define possible options for epochs and batch_size
epochs = [100, 200]
batches = [10, 20]
# define the list to store cross-validation scores
results_2 = []
# loop over all possible pairs of epochs, batch_size
for e in range(len(epochs)):
    for b in range(len(batches)):
        # build the scikit-learn interface for the keras model
        classifier = KerasClassifier(build_fn=build_model_2, \
                                     epochs=epochs[e], \
                                     batch_size=batches[b], \
                                     verbose=0)
        # define the cross-validation iterator
        kfold = StratifiedKFold(n_splits=n_folds, shuffle=True, \
                                random_state=seed)
        # perform the k-fold cross-validation.
```

```
        # store the scores in result
        result = cross_val_score(classifier, X, y, cv=kfold)
        # add the scores to the results list
        results_2.append(result)


"""
Print cross-validation score for each possible pair of epochs, batch_
size
"""
c = 0
for e in range(len(epochs)):
    for b in range(len(batches)):
        print("batch_size =", batches[b],", epochs =", epochs[e], \
            ", Test Accuracy =", results_2[c].mean())
        c += 1
```

下面是一个输出示例。

```
batch_size = 10 , epochs = 100 , Test Accuracy = 0.5010830342769623
batch_size = 20 , epochs = 100 , Test Accuracy = 0.5126353740692139
batch_size = 10 , epochs = 200 , Test Accuracy = 0.5176895320416497
batch_size = 20 , epochs = 200 , Test Accuracy = 0.5075812220573426
```

在本例中,batch_size= 10, epochs=200 具有最好的交叉验证测试准确度。

(4) 选择具有最高准确度评分的批量大小和轮次,并通过 optimizers=['rmsprop', 'adam', 'sgd']和 activations=['relu','tanh']值来重复步骤(3),并执行 5 次交叉验证。

```
"""
define a seed for random number generator so the result will be
reproducible
"""
np.random.seed(seed)
random.set_seed(seed)
"""
determine the number of folds for k-fold cross-validation, number of
epochs and batch size
"""
n_folds = 5
batch_size = 10
epochs = 200
# define the list to store cross-validation scores
results_3 = []
# define possible options for optimizer and activation
optimizers = ['rmsprop', 'adam','sgd']
activations = ['relu', 'tanh']
# loop over all possible pairs of optimizer, activation
for o in range(len(optimizers)):
    for a in range(len(activations)):
        optimizer = optimizers[o]
        activation = activations[a]
        # build the scikit-learn interface for the keras model
        classifier = KerasClassifier(build_fn=build_model_2, \
                                     epochs=epochs, \
                                     batch_size=batch_size, \
                                     verbose=0, shuffle=False)
        # define the cross-validation iterator
        kfold = StratifiedKFold(n_splits=n_folds, shuffle=True, \
                                random_state=seed)
        # perform the k-fold cross-validation.
```

```
# store the scores in result
result = cross_val_score(classifier, X, y, cv=kfold)
# add the scores to the results list
results_3.append(result)

"""
Print cross-validation score for each possible pair of optimizer,
activation
"""
c = 0
for o in range(len(optimizers)):
    for a in range(len(activations)):
        print("activation = ", activations[a],", optimizer = ", \
              optimizers[o], ", Test accuracy = ", \
              results_3[c].mean())
        c += 1
```

以下是预期输出。

```
activation =  relu , optimizer =  rmsprop ,
Test accuracy =  0.5234657049179077
activation =  tanh , optimizer =  rmsprop ,
Test accuracy =  0.49602887630462644
activation =  relu , optimizer =  adam ,
Test accuracy =  0.5039711117744445
activation =  tanh , optimizer =  adam ,
Test accuracy =  0.4989169597625732
activation =  relu , optimizer =  sgd ,
Test accuracy =  0.48953068256378174
activation =  tanh , optimizer =  sgd ,
Test accuracy =  0.5191335678100586
```

在这里，activation＝'relu'和optimizer＝'rmsprop'具有最好的交叉验证测试准确度。此外，activation＝'tanh'和optimizer＝'sgd'的性能排名第二。

说明：源代码网址为 https://packt.live/2D3AIhD，在线运行代码网址为 https://packt.live/2NUpiiC。

实践 4.03　在Traffic Volume数据集上使用交叉验证进行模型选择

在这个实践中，将再次使用交叉验证来练习模型选择。这次使用一个模拟数据集，该数据集表示一个目标变量，该变量表示每小时通过一座城市桥梁的车辆流量，以及与交通数据相关的各种标准化特征，如当天与前一天的交通量。我们的目标是建立一个模型，根据不同的特征来预测城市大桥的交通量。按照以下步骤完成此实践。

（1）导入所有需要的包并加载数据集。

```
# import the required packages
from keras.models import Sequential
from keras.layers import Dense
from keras.wrappers.scikit_learn import KerasRegressor
from sklearn.model_selection import KFold
from sklearn.model_selection import cross_val_score
from sklearn.preprocessing import StandardScaler
from sklearn.pipeline import make_pipeline
```

```
import numpy as np
import pandas as pd
from tensorflow import random
```

（2）加载数据集，打印特征数据集的输入和输出大小，并打印目标数据集中可能的类，同时打印范围。

```
# Load the dataset
# Load the dataset
X = pd.read_csv('../data/traffic_volume_feats.csv')
y = pd.read_csv('../data/traffic_volume_target.csv')
# Print the sizes of input data and output data
print("Input data size = ", X.shape)
print("Output size = ", y.shape)
# Print the range for output
print(f"Output Range = ({y['Volume'].min()}, \
{ y['Volume'].max()})")
```

以下是预期输出。

```
Input data size =  (10000, 10)
Output size =  (10000, 1)
Output Range = (0.000000, 584.000000)
```

（3）定义三个函数，每个函数返回不同的 Keras 模型。第一个模型有一个大小为 10 的隐藏层，第二个模型有两个大小为 10 的隐藏层，第三个模型有三个大小为 10 的隐藏层。使用函数参数优化器，以便可以传递给模型。找出这三种模型中哪一种的交叉验证错误率最低。

```
# Create the function that returns the keras model 1
def build_model_1(optimizer='adam'):
    # create model 1
    model = Sequential()
    model.add(Dense(10, input_dim=X.shape[1], activation='relu'))
    model.add(Dense(1))
    # Compile model
    model.compile(loss='mean_squared_error', optimizer=optimizer)
    return model

# Create the function that returns the keras model 2
def build_model_2(optimizer='adam'):
    # create model 2
    model = Sequential()
    model.add(Dense(10, input_dim=X.shape[1], activation='relu'))
    model.add(Dense(10, activation='relu'))
    model.add(Dense(1))
    # Compile model
    model.compile(loss='mean_squared_error', optimizer=optimizer)
    return model

# Create the function that returns the keras model 3
def build_model_3(optimizer='adam'):
    # create model 3
    model = Sequential()
    model.add(Dense(10, input_dim=X.shape[1], activation='relu'))
    model.add(Dense(10, activation='relu'))
```

```
model.add(Dense(10, activation='relu'))
model.add(Dense(1))
# Compile model
model.compile(loss='mean_squared_error', optimizer=optimizer)
return model
```

（4）编写在三个模型上循环的代码，并执行 5-fold 交叉验证。设置 seed 以便模型是可重现的，并定义 n_folds 超参数。存储训练模型时应用 cross_val_score 函数的结果。

```
"""
define a seed for random number generator so the result will be
reproducible
"""
seed = 1
np.random.seed(seed)
random.set_seed(seed)
# determine the number of folds for k-fold cross-validation
n_folds = 5
# define the list to store cross-validation scores
results_1 = []
# define the possible options for the model
models = [build_model_1, build_model_2, build_model_3]
# loop over models
for i in range(len(models)):
    # build the scikit-learn interface for the keras model
    regressor = KerasRegressor(build_fn=models[i], epochs=100, \
                               batch_size=50, verbose=0, \
                               shuffle=False)
    """
    build the pipeline of transformations so for each fold training
    set will be scaled and test set will be scaled accordingly.
    """
    model = make_pipeline(StandardScaler(), regressor)
    # define the cross-validation iterator
    kfold = KFold(n_splits=n_folds, shuffle=True, \
                  random_state=seed)
    # perform the k-fold cross-validation.

    # store the scores in result
    result = cross_val_score(model, X, y, cv=kfold)
    # add the scores to the results list
    results_1.append(result)

# Print cross-validation score for each model
for i in range(len(models)):
    print("Model ", i+1," test error rate = ", \
          abs(results_1[i].mean()))
```

预期输出如下。

```
Model  1  test error rate =  25.48777518749237
Model  2  test error rate =  25.30460816860199
Model  3  test error rate =  25.390239462852474
```

第二个模型（两层神经网络）具有最低的测试错误率。

（5）选择测试错误率最低的模型，在 epochs ＝[80,100]和 batches ＝[50,25]上重复步骤（4），并进行 5 次交叉验证。

```
"""
define a seed for random number generator so the result will be
reproducible
"""
np.random.seed(seed)
random.set_seed(seed)
# determine the number of folds for k-fold cross-validation
n_folds = 5
# define the list to store cross-validation scores
results_2 = []
# define possible options for epochs and batch_size
epochs = [80, 100]
batches = [50, 25]
# loop over all possible pairs of epochs, batch_size
for i in range(len(epochs)):
    for j in range(len(batches)):
        # build the scikit-learn interface for the keras model
        regressor = KerasRegressor(build_fn=build_model_2, \
                                   epochs=epochs[i], \
                                   batch_size=batches[j], \
                                   verbose=0, shuffle=False)
        """
        build the pipeline of transformations so for each fold
        training set will be scaled and test set will be scaled
        accordingly.
        """
        model = make_pipeline(StandardScaler(), regressor)
        # define the cross-validation iterator
        kfold = KFold(n_splits=n_folds, shuffle=True, \
                      random_state=seed)
        # perform the k-fold cross-validation.
        # store the scores in result
        result = cross_val_score(model, X, y, cv=kfold)
        # add the scores to the results list
        results_2.append(result)

"""
Print cross-validation score for each possible pair of epochs, batch_
size
"""
c = 0
for i in range(len(epochs)):
    for j in range(len(batches)):
        print("batch_size = ", batches[j],\
              ", epochs = ", epochs[i], \
              ", Test error rate = ", abs(results_2[c].mean()))
        c += 1
```

以下是预期输出。

```
batch_size = 50 , epochs = 80 , Test error rate = 25.270704221725463
batch_size = 25 , epochs = 80 , Test error rate = 25.309741401672362
batch_size = 50 , epochs = 100 , Test error rate = 25.095393986701964
batch_size = 25 , epochs = 100 , Test error rate = 25.24592453837395
```

batch_size＝50 和 epochs ＝100 组合的测试错误率最低。

（6）选择准确度得分最高的模型，通过 optimizers＝['rmsprop','sgd','adam']重复步骤（2），

并执行 5-fold 交叉验证。

```
"""
define a seed for random number generator so the result will be
reproducible
"""
np.random.seed(seed)
random.set_seed(seed)
# determine the number of folds for k-fold cross-validation
n_folds = 5
# define the list to store cross-validation scores
results_3 = []
# define the possible options for the optimizer
optimizers = ['adam', 'sgd', 'rmsprop']
# loop over optimizers
for i in range(len(optimizers)):
    optimizer=optimizers[i]
    # build the scikit-learn interface for the keras model
    regressor = KerasRegressor(build_fn=build_model_2, \
                               epochs=100, batch_size=50, \
                               verbose=0, shuffle=False)
    """
    build the pipeline of transformations so for each fold training
    set will be scaled and test set will be scaled accordingly.
    """
    model = make_pipeline(StandardScaler(), regressor)
    # define the cross-validation iterator
    kfold = KFold(n_splits=n_folds, shuffle=True, \
                  random_state=seed)
    # perform the k-fold cross-validation.
    # store the scores in result
    result = cross_val_score(model, X, y, cv=kfold)
    # add the scores to the results list
    results_3.append(result)
# Print cross-validation score for each optimizer
for i in range(len(optimizers)):
    print("optimizer=", optimizers[i]," test error rate = ", \
          abs(results_3[i].mean()))
```

以下是预期输出。

```
optimizer= adam  test error rate =  25.391812739372256
optimizer= sgd  test error rate =  25.140230269432067
optimizer= rmsprop  test error rate =  25.217947859764102
```

Optimizer＝'sgd'具有最低的测试错误率,所以应该继续使用这个特定的模型。

说明:源代码网址为 https://packt.live/31TcYaD,在线运行代码网址为 https://packt.live/3iq6iqb。

实践 5.01　Avila模式分类器上的权重正则化

在这个实践中,构建一个 Keras 模型,根据给定的网络架构和超参数值对 Avila 模式数据集执行分类。对模型应用不同类型的权重正则化,即 L1 和 L2,并观察每种类型如何改变结果。按照以下步骤完成此实践。

(1)加载数据集,将数据集分成训练集和测试集。

```
# Load the dataset
import pandas as pd
X = pd.read_csv('../data/avila-tr_feats.csv')
y = pd.read_csv('../data/avila-tr_target.csv')

"""
Split the dataset into training set and test set with a 0.8-0.2 ratio
"""
from sklearn.model_selection import train_test_split
seed = 1
X_train, X_test, y_train, y_test = \
train_test_split(X, y, test_size=0.2, random_state=seed)
```

（2）定义一个 Keras 序列模型，包含三个隐藏层，第一个大小为 10，第二个大小为 6，第三个大小为 4，最后编译模型。

```
"""
define a seed for random number generator so the result will be
reproducible
"""
import numpy as np
from tensorflow import random
np.random.seed(seed)
random.set_seed(seed)

# define the keras model
from keras.models import Sequential
from keras.layers import Dense
model_1 = Sequential()
model_1.add(Dense(10, input_dim=X_train.shape[1], \
                 activation='relu'))
model_1.add(Dense(6, activation='relu'))
model_1.add(Dense(4, activation='relu'))
model_1.add(Dense(1, activation='sigmoid'))
model_1.compile(loss='binary_crossentropy', optimizer='sgd', \
               metrics=['accuracy'])
```

（3）将模型与训练数据拟合进行分类，保存训练过程的结果。

```
history=model_1.fit(X_train, y_train, batch_size = 20, epochs = 100, \
                   validation_data=(X_test, y_test), \
                   verbose=0, shuffle=False)
```

（4）导入绘制损失值和验证损失值的必要库，并将它们保存在模型适合训练过程时创建的变量中，从而绘制训练误差和测试误差的趋势。输出最大验证精度。

```
import matplotlib.pyplot as plt
import matplotlib
%matplotlib inline

# plot training error and test error
matplotlib.rcParams['figure.figsize'] = (10.0, 8.0)
plt.plot(history.history['loss'])
plt.plot(history.history['val_loss'])
plt.ylim(0,1)
plt.ylabel('loss')
```

```
plt.xlabel('epoch')
plt.legend(['train loss', 'validation loss'], loc='upper right')

# print the best accuracy reached on the test set
print("Best Accuracy on Validation Set =", \
        max(history.history['val_accuracy']))
```

预期输出如图 A.22 所示。

验证损失值随着训练损失值的减少而减少。尽管没有正则化,但训练过程是一个很好的例子,因为偏差和方差相当低。

（5）重新定义模型,在模型的每个隐藏层中加入 lambda＝0.01 的 L2 正则化器。重复步骤（3）和步骤（4）对模型进行训练,并绘制训练误差和验证误差。

```
"""
set up a seed for random number generator so the result will be
reproducible
"""
np.random.seed(seed)
random.set_seed(seed)
# define the keras model with l2 regularization with lambda = 0.01
from keras.regularizers import l2
l2_param = 0.01
model_2 = Sequential()
model_2.add(Dense(10, input_dim=X_train.shape[1], \
                activation='relu', \
                kernel_regularizer=l2(l2_param)))
model_2.add(Dense(6, activation='relu', \
                kernel_regularizer=l2(l2_param)))
model_2.add(Dense(4, activation='relu', \
                kernel_regularizer=l2(l2_param)))
model_2.add(Dense(1, activation='sigmoid'))
model_2.compile(loss='binary_crossentropy', optimizer='sgd', \
                metrics=['accuracy'])

# train the model using training set while evaluating on test set
history=model_2.fit(X_train, y_train, batch_size = 20, epochs = 100, \
                validation_data=(X_test, y_test), \
                verbose=0, shuffle=False)

plt.plot(history.history['loss'])
plt.plot(history.history['val_loss'])
plt.ylim(0,1)
plt.ylabel('loss')
plt.xlabel('epoch')
plt.legend(['train loss', 'validation loss'], loc='upper right')
# print the best accuracy reached on the test set
print("Best Accuracy on Validation Set =", \
        max(history.history['val_accuracy']))
```

预期输出如图 A.23 所示。

从图 A.23 中可以看出,试验误差在减小到一定程度后几乎趋于平稳。训练误差与训练结束时验证误差之间的差距（偏差）略小,说明训练样例的模型过拟合减少。

验证集的最佳准确度=0.8024927973747253

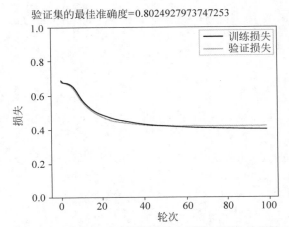

图 A.22　未进行正则化的模型在训练过程中的训练
　　　　　误差和验证误差趋势图

验证集的最佳准确度=0.797698974609375

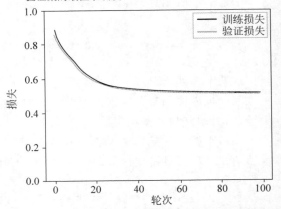

图 A.23　L2 权重正则化模型训练过程中的训练误差
　　　　　和验证误差趋势图（lambda＝0.01）

（6）L2 参数用 lambda＝0.1 重复上一步——用新的 lambda 参数重新定义模型，将模型
与训练数据拟合，并重复步骤（4）绘制训练误差和验证误差。

```python
"""
set up a seed for random number generator so the result will be
reproducible
"""
np.random.seed(seed)
random.set_seed(seed)
from keras.regularizers import l2
l2_param = 0.1
model_3 = Sequential()
model_3.add(Dense(10, input_dim=X_train.shape[1], \
                activation='relu', \
                kernel_regularizer=l2(l2_param)))

model_3.add(Dense(6, activation='relu', \
                kernel_regularizer=l2(l2_param)))

model_3.add(Dense(4, activation='relu', \
                kernel_regularizer=l2(l2_param)))
model_3.add(Dense(1, activation='sigmoid'))
model_3.compile(loss='binary_crossentropy', optimizer='sgd', \
                metrics=['accuracy'])

# train the model using training set while evaluating on test set
history=model_3.fit(X_train, y_train, batch_size = 20, \
                epochs = 100, validation_data=(X_test, y_test), \
                verbose=0, shuffle=False)

# plot training error and test error
matplotlib.rcParams['figure.figsize'] = (10.0, 8.0)
plt.plot(history.history['loss'])
plt.plot(history.history['val_loss'])
plt.ylim(0,1)
plt.ylabel('loss')
```

```
plt.xlabel('epoch')
plt.legend(['train loss', 'validation loss'], loc='upper right')
# print the best accuracy reached on the test set
print("Best Accuracy on Validation Set =", \
      max(history.history['val_accuracy']))
```

预期输出如图 A.24 所示。

与 L2 参数较低的模型相比,训练误差和验证误差很快趋于稳定,并且远远高于创建的模型,这表明我们对模型进行了如此多的惩罚,以至于它没有灵活地学习训练数据的基础功能。接下来,将减小正则化参数的值,以防止它对模型造成同样影响。

(7) 重复上一步,这次使用 lambda＝0.005。重复步骤(4)绘制训练误差和验证误差。

```
"""
set up a seed for random number generator so the result will be
reproducible
"""
np.random.seed(seed)
random.set_seed(seed)

# define the keras model with l2 regularization with lambda = 0.05
from keras.regularizers import l2
l2_param = 0.005
model_4 = Sequential()
model_4.add(Dense(10, input_dim=X_train.shape[1], \
                  activation='relu', \
                  kernel_regularizer=l2(l2_param)))
model_4.add(Dense(6, activation='relu', \
                  kernel_regularizer=l2(l2_param)))
model_4.add(Dense(4, activation='relu', \
                  kernel_regularizer=l2(l2_param)))
model_4.add(Dense(1, activation='sigmoid'))
model_4.compile(loss='binary_crossentropy', optimizer='sgd', \
                metrics=['accuracy'])

# train the model using training set while evaluating on test set
history=model_4.fit(X_train, y_train, batch_size = 20, \
                    epochs = 100, validation_data=(X_test, y_test), \
                    verbose=0, shuffle=False)

# plot training error and test error
matplotlib.rcParams['figure.figsize'] = (10.0, 8.0)
plt.plot(history.history['loss'])
plt.plot(history.history['val_loss'])
plt.ylim(0,1)
plt.ylabel('loss')
plt.xlabel('epoch')
plt.legend(['train loss', 'validation loss'], loc='upper right')
# print the best accuracy reached on the test set
print("Best Accuracy on Validation Set =", \
      max(history.history['val_accuracy']))
```

预期输出如图 A.25 所示。

验证集的最佳准确度=0.5910834074020386

验证集的最佳准确度=0.8024927973747253

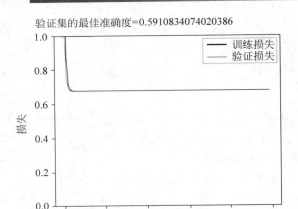

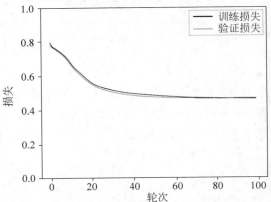

图 A.24　L2 权重正则化模型训练过程中的训练误差
和验证误差趋势图(lambda=0.1)

图 A.25　L2 权重正则化模型的训练误差和验证
误差的趋势图(lambda=0.005)

　　在所有进行 L2 正则化模型的验证数据上,L2 权重正则化的精度最高,但略低于未进行正则化的模型。再次将测试误差减小到一定值后并没有明显增加,说明模型没有对训练样例进行过拟合。L2 权重正则化 lambda=0.005 似乎达到了最低的验证误差,同时防止了模型过拟合。

　　(8)将 lambda=0.01 的 L1 正则化添加到模型的隐藏层中。使用新的 lambda 参数重新定义模型,将模型与训练数据拟合,重复步骤(4)绘制训练误差和验证误差。

```
"""
set up a seed for random number generator so the result will be
reproducible
"""
np.random.seed(seed)
random.set_seed(seed)

# define the keras model with l1 regularization with lambda = 0.01
from keras.regularizers import l1
l1_param = 0.01
model_5 = Sequential()
model_5.add(Dense(10, input_dim=X_train.shape[1], \
                activation='relu', \
                kernel_regularizer=l1(l1_param)))
model_5.add(Dense(6, activation='relu', \
                kernel_regularizer=l1(l1_param)))
model_5.add(Dense(4, activation='relu', \
                kernel_regularizer=l1(l1_param)))
model_5.add(Dense(1, activation='sigmoid'))
model_5.compile(loss='binary_crossentropy', optimizer='sgd', \
                metrics=['accuracy'])

# train the model using training set while evaluating on test set
history=model_5.fit(X_train, y_train, batch_size = 20, \
                epochs = 100, validation_data=(X_test, y_test), \
                verbose=0, shuffle=True)

# plot training error and test error
matplotlib.rcParams['figure.figsize'] = (10.0, 8.0)
```

```
plt.plot(history.history['loss'])
plt.plot(history.history['val_loss'])
plt.ylim(0,1)
plt.ylabel('loss')
plt.xlabel('epoch')
plt.legend(['train loss', 'validation loss'], loc='upper right')
# print the best accuracy reached on the test set
print("Best Accuracy on Validation Set =", \
      max(history.history['val_accuracy']))
```

预期输出如图 A.26 所示。

（9）L1 参数用 lambda＝0.005 重复上一步——用新的 lambda 参数重新定义模型，将模型与训练数据拟合，并重复步骤(4)绘制训练误差和验证误差。

```
"""
set up a seed for random number generator so the result will be
reproducible
"""
np.random.seed(seed)
random.set_seed(seed)

# define the keras model with l1 regularization with lambda = 0.1
from keras.regularizers import l1
l1_param = 0.005
model_6 = Sequential()
model_6.add(Dense(10, input_dim=X_train.shape[1], \
                  activation='relu', \
                  kernel_regularizer=l1(l1_param)))
model_6.add(Dense(6, activation='relu', \
                  kernel_regularizer=l1(l1_param)))
model_6.add(Dense(4, activation='relu', \
                  kernel_regularizer=l1(l1_param)))
model_6.add(Dense(1, activation='sigmoid'))
model_6.compile(loss='binary_crossentropy', optimizer='sgd', \
                metrics=['accuracy'])

# train the model using training set while evaluating on test set
history=model_6.fit(X_train, y_train, batch_size = 20, \
                    epochs = 100, validation_data=(X_test, y_test), \
                    verbose=0, shuffle=False)

# plot training error and test error
matplotlib.rcParams['figure.figsize'] = (10.0, 8.0)
plt.plot(history.history['loss'])
plt.plot(history.history['val_loss'])
plt.ylim(0,1)
plt.ylabel('loss')
plt.xlabel('epoch')
plt.legend(['train loss', 'validation loss'], loc='upper right')
# print the best accuracy reached on the test set
print("Best Accuracy on Validation Set =", \
      max(history.history['val_accuracy']))
```

预期输出如图 A.27 所示。

lambda＝0.005 时 L1 权重正则化可以获得更好的测试误差，同时防止模型过拟合，因为

验证集的最佳准确度=0.5910834074020386

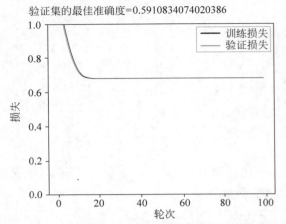

验证集的最佳准确度=0.7794822454452515

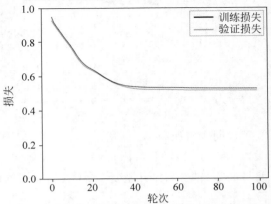

图 A.26　L1 权重正则化模型训练过程中的训练误差
和验证误差趋势图(lambda=0.01)

图 A.27　L1 权重正则化模型训练时的训练误差
和验证误差趋势图(lambda=0.005)

lambda=0.01 的值局限性太大,阻碍了模型学习训练数据的底层函数。

(10) 添加 L1 和 L2 正则化,L1 =0.005 和 L2 =0.005 到模型的隐藏层。然后重复步骤
(4)绘制训练误差和验证误差。

```python
"""
set up a seed for random number generator so the result will be
reproducible
"""
np.random.seed(seed)
random.set_seed(seed)


"""
define the keras model with l1_l2 regularization with l1_lambda =
0.005 and l2_lambda = 0.005
"""

from keras.regularizers import l1_l2
l1_param = 0.005
l2_param = 0.005
model_7 = Sequential()
model_7.add(Dense(10, input_dim=X_train.shape[1], \
          activation='relu', \
          kernel_regularizer=l1_l2(l1=l1_param, l2=l2_param)))
model_7.add(Dense(6, activation='relu', \
              kernel_regularizer=l1_l2(l1=l1_param, \
                                       l2=l2_param)))
model_7.add(Dense(4, activation='relu', \
              kernel_regularizer=l1_l2(l1=l1_param, \
                                       l2=l2_param)))
model_7.add(Dense(1, activation='sigmoid'))
model_7.compile(loss='binary_crossentropy', optimizer='sgd', \
            metrics=['accuracy'])

# train the model using training set while evaluating on test set
history=model_7.fit(X_train, y_train, batch_size = 20, \
              epochs = 100, validation_data=(X_test, y_test), \
              verbose=0, shuffle=True)
```

```
# plot training error and test error
matplotlib.rcParams['figure.figsize'] - (10.0, 8.0)
plt.plot(history.history['loss'])
plt.plot(history.history['val_loss'])
plt.ylim(0,1)
plt.ylabel('loss')
plt.xlabel('epoch')
plt.legend(['train loss', 'validation loss'], loc-'upper right')
# print the best accuracy reached on the test set
print("Best Accuracy on Validation Set -", \
        max(history.history['val_accuracy']))
```

预期输出如图 A.28 所示。

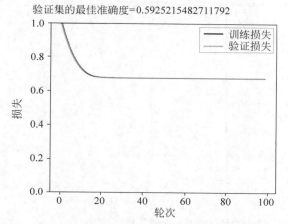

图 A.28　L1(lambda＝0.005)和 L2(lambda＝0.005)模型训练期间的训练误差和验证误差趋势图

虽然 L1 正则化和 L2 正则化可以成功地防止模型过拟合,但模型中的方差很低,在验证数据上获得的准确性,并不像未经正则化训练的模型或单独使用 L2 正则化 lambda＝0.005 或 L1 正则化 lambda＝0.005 参数训练的模型那样高。

说明:源代码网址为 https://packt.live/31BUf34,在线运行代码网址为 https://packt.live/38n291s。

实践 5.02　Traffic Volume数据集的丢弃正则化

本实践从第 4 章的实践 4.03 开始。将使用训练集/测试集的方法对模型进行训练和评估,绘制训练误差和验证误差的趋势图,并观察模型对数据示例的过拟合。然后,尝试通过使用丢弃正则化来解决过拟合问题,从而提高模型性能。尝试找出应该将丢弃正则化添加到哪些层,以及什么 rate 值将最有效地改进这个特定的模型。按照以下步骤来完成这个训练。

(1) 使用 Pandas 库中的 read_csv 函数加载数据集,使用 train_test_split 将数据集按照 80∶20 的比例分割为训练集和测试集,并使用 StandardScaler 对输入数据进行缩放。

```
# Load the dataset
import pandas as pd
X = pd.read_csv('../data/traffic_volume_feats.csv')
y = pd.read_csv('../data/traffic_volume_target.csv')
```

```
"""
Split the dataset into training set and test set with an 80-20 ratio
"""
from sklearn.model_selection import train_test_split
seed=1
X_train, X_test, y_train, y_test = \
train_test_split(X, y, test_size=0.2, random_state=seed)
```

（2）设置 seed 以便可以复制模型。接下来，定义一个 Keras 序列模型，有两个大小为 10 的隐藏层，都带有 ReLU 激活函数。添加一个没有激活函数的输出层，并使用给定的超参数编译模型。

```
"""
define a seed for random number generator so the result will be
reproducible
"""
import numpy as np
from tensorflow import random
np.random.seed(seed)
random.set_seed(seed)

from keras.models import Sequential
from keras.layers import Dense
# create model
model_1 = Sequential()
model_1.add(Dense(10, input_dim=X_train.shape[1], \
                  activation='relu'))
model_1.add(Dense(10, activation='relu'))
model_1.add(Dense(1))
# Compile model
model_1.compile(loss='mean_squared_error', optimizer='rmsprop')
```

（3）给定超参数，在训练数据上训练模型。

```
# train the model using training set while evaluating on test set
history=model_1.fit(X_train, y_train, batch_size = 50, \
                    epochs = 200, validation_data=(X_test, y_test), \
                    verbose=0)
```

（4）绘制训练误差和验证误差的趋势图。输出训练和验证集的最佳精度。

```
import matplotlib.pyplot as plt
import matplotlib
%matplotlib inline
matplotlib.rcParams['figure.figsize'] = (10.0, 8.0)
# plot training error and test error plots
plt.plot(history.history['loss'])
plt.plot(history.history['val_loss'])
plt.ylim((0, 25000))
plt.ylabel('loss')
plt.xlabel('epoch')
plt.legend(['train loss', 'validation loss'], loc='upper right')

# print the best accuracy reached on the test set
print("Lowest error on training set = ", \
      min(history.history['loss']))
print("Lowest error on validation set = ", \
      min(history.history['val_loss']))
```

预期输出如图 A.29 所示。

```
Lowest error on training set = 24.673954981565476
Lowest error on validation set =  25.11553382873535
```

在训练误差和验证误差值中，训练误差和验证误差之间的差距很小，说明模型的方差很小。

（5）通过创建相同的模型体系结构重新定义模型。但是，在模型的第一个隐藏层添加一个 rate＝0.1 的丢弃正则化。重复步骤（3）在训练数据上训练模型，重复步骤（4）绘制训练和验证误差的趋势图。然后，输出验证集中的最佳精度。

```
"""
define a seed for random number generator so the result will be
reproducible
"""
np.random.seed(seed)
random.set_seed(seed)

from keras.layers import Dropout
# create model
model_2 = Sequential()
model_2.add(Dense(10, input_dim=X_train.shape[1], \
                  activation='relu'))
model_2.add(Dropout(0.1))
model_2.add(Dense(10, activation='relu'))
model_2.add(Dense(1))
# Compile model
model_2.compile(loss='mean_squared_error', \
                optimizer='rmsprop')
# train the model using training set while evaluating on test set
history=model_2.fit(X_train, y_train, batch_size = 50, \
                    epochs = 200, validation_data=(X_test, y_test), \
                    verbose=0, shuffle=False)

matplotlib.rcParams['figure.figsize'] = (10.0, 8.0)
plt.plot(history.history['loss'])
plt.plot(history.history['val_loss'])
plt.ylim((0, 25000))
plt.ylabel('loss')
plt.xlabel('epoch')
plt.legend(['train loss', 'validation loss'], loc='upper right')

# print the best accuracy reached on the test set
print("Lowest error on training set = ", \
      min(history.history['loss']))
print("Lowest error on validation set = ", \
      min(history.history['val_loss']))
```

预期输出如图 A.30 所示。

```
Lowest error on training set =  407.8203821182251
Lowest error on validation set =  54.58488750457764
```

（6）重复上一步，这次将丢弃正则化的 rate＝0.1 添加到模型的两个隐藏层。重复步骤（3）在训练数据上训练模型，重复步骤（4）绘制训练和验证误差的趋势图。然后，输出验证集中

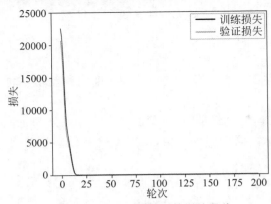

图 A. 29 未正则化模型的训练误差
和验证误差趋势图

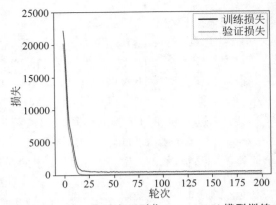

图 A. 30 第一层丢弃正则化（rate＝0. 1）模型训练
时的训练误差和验证误差趋势图

达到的最佳精度。

```
"""
define a seed for random number generator so the result will be
reproducible
"""
np.random.seed(seed)
random.set_seed(seed)

# create model
model_3 = Sequential()
model_3.add(Dense(10, input_dim=X_train.shape[1], \
                  activation='relu'))
model_3.add(Dropout(0.1))
model_3.add(Dense(10, activation='relu'))
model_3.add(Dropout(0.1))
model_3.add(Dense(1))
# Compile model
model_3.compile(loss='mean_squared_error', \
                optimizer='rmsprop')
# train the model using training set while evaluating on test set
history=model_3.fit(X_train, y_train, batch_size = 50, \
                    epochs = 200, validation_data=(X_test, y_test), \
                    verbose=0, shuffle=False)

matplotlib.rcParams['figure.figsize'] = (10.0, 8.0)
plt.plot(history.history['loss'])
plt.plot(history.history['val_loss'])
plt.ylim((0, 25000))
plt.ylabel('loss')
plt.xlabel('epoch')
plt.legend(['train loss', 'validation loss'], loc='upper right')


# print the best accuracy reached on the test set
print("Lowest error on training set = ", \
     min(history.history['loss']))
print("Lowest error on validation set = ", \
     min(history.history['val_loss']))
```

预期输出如图 A.31 所示。

```
Lowest error on training set = 475.9299939632416
Lowest error on validation set = 61.646054649353026
```

这里的训练误差和验证误差之间的差距略大,主要是由于模型的第二层隐藏层的额外正则化增加了训练误差。

(7) 重复上一步,这次在模型的第一层添加 rate=0.2 丢弃正则化,在第二层添加 rate=0.1。重复步骤(3)在训练数据上训练模型,重复步骤(4)绘制训练误差和验证误差的趋势图。然后,输出测试的最佳精度。

```
"""
define a seed for random number generator so the result will be
reproducible
"""
np.random.seed(seed)
random.set_seed(seed)

# create model
model_4 = Sequential()
model_4.add(Dense(10, input_dim=X_train.shape[1], \
                activation='relu'))
model_4.add(Dropout(0.2))
model_4.add(Dense(10, activation='relu'))
model_4.add(Dropout(0.1))
model_4.add(Dense(1))
# Compile model
model_4.compile(loss='mean_squared_error', optimizer='rmsprop')
# train the model using training set while evaluating on test set
history=model_4.fit(X_train, y_train, batch_size = 50, epochs = 200, \
                validation_data=(X_test, y_test), verbose=0)

matplotlib.rcParams['figure.figsize'] = (10.0, 8.0)
plt.plot(history.history['loss'])
plt.plot(history.history['val_loss'])
plt.ylim((0, 25000))
plt.ylabel('loss')
plt.xlabel('epoch')
plt.legend(['train loss', 'validation loss'], loc='upper right')

# print the best accuracy reached on the test set
print("Lowest error on training set = ", \
        min(history.history['loss']))
print("Lowest error on validation set = ", \
        min(history.history['val_loss']))
```

预期输出如图 A.32 所示。

```
Lowest error on training set = 935.1562484741211
Lowest error on validation set = 132.39965686798095
```

由于正则化的增加,训练误差和验证误差之间的差距略大。在这种情况下,原始模型没有过拟合。正则化增加了训练和验证数据集的错误率。

◆ 说明:源代码网址为 https://packt.live/38mtDo7,在线运行代码网址为 https://packt.live/31Isdmu。

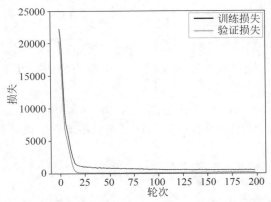

图 A.31 两层均采用丢弃正则化（rate＝0.1）的模型
训练时的训练误差和验证误差趋势图

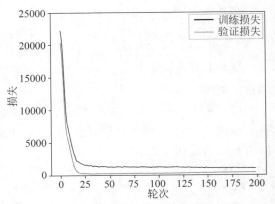

图 A.32 使用丢弃正则化训练模型时的训练误差
和验证误差趋势图（第一层 rate＝0.2，
第二层 rate＝0.1）

实践 5.03 对Avila模式分类器进行超参数调优

在这个实践中，构建一个类似于前面实践中的 Keras 模型，但是这一次，还要向模型添加正则化方法。然后，使用 scikit-learn 优化器对模型超参数进行调优，包括正则化器的超参数。按照以下步骤完成此实践。

（1）加载数据集并导入库。

```
# Load The dataset
import pandas as pd
X = pd.read_csv('../data/avila-tr_feats.csv')
y = pd.read_csv('../data/avila-tr_target.csv')
```

（2）定义一个函数，返回一个 Keras 模型，它有三个隐藏层，第一个大小是 10，第二个大小是 6，第三个大小是 4，并对每个隐藏层应用 L2 权重正则化和一个 ReLU 激活函数。用给定的参数编译模型并从模型中返回。

```
# Create the function that returns the keras model
from keras.models import Sequential
from keras.layers import Dense
from keras.regularizers import l2
def build_model(lambda_parameter):
    model = Sequential()
    model.add(Dense(10, input_dim=X.shape[1], \
                    activation='relu', \
                    kernel_regularizer=l2(lambda_parameter)))
    model.add(Dense(6, activation='relu', \
                    kernel_regularizer=l2(lambda_parameter)))
    model.add(Dense(4, activation='relu', \
                    kernel_regularizer=l2(lambda_parameter)))
model.add(Dense(1, activation='sigmoid'))
model.compile(loss='binary_crossentropy', \
              optimizer='sgd', metrics=['accuracy'])
return model
```

（3）设置一个 seed，使用一个 scikit-learn 包装器来包装在前面步骤中创建的模型，并定义要扫描的超参数。最后，使用超参数的网格对模型执行 GridSearchCV()，并拟合模型。

```python
from keras.wrappers.scikit_learn import KerasClassifier
from sklearn.model_selection import GridSearchCV
"""
define a seed for random number generator so the result will be
reproducible
"""
import numpy as np
from tensorflow import random
seed = 1
np.random.seed(seed)
random.set_seed(seed)
# create the Keras wrapper with scikit learn
model = KerasClassifier(build_fn=build_model, verbose=0, \
                        shuffle=False)
# define all the possible values for each hyperparameter
lambda_parameter = [0.01, 0.5, 1]
epochs = [50, 100]
batch_size = [20]
"""
create the dictionary containing all possible values of
hyperparameters
"""
param_grid = dict(lambda_parameter=lambda_parameter, \
                  epochs=epochs, batch_size=batch_size)
# perform 5-fold cross-validation for ??????? store the results
grid_seach = GridSearchCV(estimator=model, \
                          param_grid=param_grid, cv=5)
results_1 = grid_seach.fit(X, y)
```

（4）输出存储在匹配过程中创建的变量中的最佳交叉验证分数的结果。遍历所有参数，并输出所有折线的精度均值、精度标准差和参数本身。

```python
print("Best cross-validation score =", results_1.best_score_)
print("Parameters for Best cross-validation score=", \
      results_1.best_params_)

# print the results for all evaluated hyperparameter combinations
accuracy_means = results_1.cv_results_['mean_test_score']
accuracy_stds = results_1.cv_results_['std_test_score']
parameters = results_1.cv_results_['params']
for p in range(len(parameters)):
    print("Accuracy %f (std %f) for params %r" % \
          (accuracy_means[p], accuracy_stds[p], parameters[p]))
```

预期输出如下。

```
Best cross-validation score = 0.7673058390617371
Parameters for Best cross-validation score= {'batch_size': 20,
'epochs': 100, 'lambda_parameter': 0.01}
Accuracy 0.764621 (std 0.004330) for params {'batch_size': 20,
'epochs': 50, 'lambda_parameter': 0.01}
Accuracy 0.589070 (std 0.008244) for params {'batch_size': 20,
'epochs': 50, 'lambda_parameter': 0.5}
Accuracy 0.589070 (std 0.008244) for params {'batch_size': 20,
```

```
'epochs': 50, 'lambda_parameter': 1}
Accuracy 0.767306 (std 0.015872) for params {'batch_size': 20,
'epochs': 100, 'lambda_parameter': 0.01}
Accuracy 0.589070 (std 0.008244) for params {'batch_size': 20,
'epochs': 100, 'lambda_parameter': 0.5}
Accuracy 0.589070 (std 0.008244) for params {'batch_size': 20,
'epochs': 100, 'lambda_parameter': 1}
```

（5）使用 GridSearchCV()，lambda_parameter＝[0.001,0.01,0.05,0.1]，batch_size ＝[20]
和 epoch ＝[100]重复步骤(3)。使用 5 次交叉验证将模型与训练数据拟合，并输出整个网格
的结果。

```
"""
define a seed for random number generator so the result will be
reproducible
"""
np.random.seed(seed)
random.set_seed(seed)
# create the Keras wrapper with scikit learn
model = KerasClassifier(build_fn=build_model, verbose=0, shuffle=False)
# define all the possible values for each hyperparameter
lambda_parameter = [0.001, 0.01, 0.05, 0.1]
epochs = [100]
batch_size = [20]
"""
create the dictionary containing all possible values of
hyperparameters
"""
param_grid = dict(lambda_parameter=lambda_parameter, \
                  epochs=epochs, batch_size=batch_size)
"""
search the grid, perform 5-fold cross-validation for each possible
combination, store the results
"""
grid_seach = GridSearchCV(estimator=model, \
                          param_grid=param_grid, cv=5)
results_2 = grid_seach.fit(X, y)

# print the results for best cross-validation score
print("Best cross-validation score =", results_2.best_score_)
print("Parameters for Best cross-validation score =", \
      results_2.best_params_)

# print the results for the entire grid
accuracy_means = results_2.cv_results_['mean_test_score']
accuracy_stds = results_2.cv_results_['std_test_score']
parameters = results_2.cv_results_['params']
for p in range(len(parameters)):
    print("Accuracy %f (std %f) for params %r" % \
          (accuracy_means[p], accuracy_stds[p], parameters[p]))
```

预期输出如下。

```
Best cross-validation score = 0.786385428905487
Parameters for Best cross-validation score = {'batch_size': 20,
'epochs': 100, 'lambda_parameter': 0.001}
Accuracy 0.786385 (std 0.010177) for params {'batch_size': 20,
```

```
'epochs': 100, 'lambda_parameter': 0.001}
Accuracy 0.693960 (std 0.084994) for params {'batch_size': 20,
'epochs': 100, 'lambda_parameter': 0.01}
Accuracy 0.589070 (std 0.008244) for params {'batch_size': 20,
'epochs': 100, 'lambda_parameter': 0.05}
Accuracy 0.589070 (std 0.008244) for params {'batch_size': 20,
'epochs': 100, 'lambda_parameter': 0.1}
```

（6）重新定义一个函数，该函数返回一个 Keras 模型，有三个隐藏层，第一个大小是 10，第二个大小是 6，第三个大小是 4，并对每个隐藏层应用丢弃正则化和一个 ReLU 激活函数。用给定的参数编译模型并将函数返回。

```python
# Create the function that returns the keras model
from keras.layers import Dropout
def build_model(rate):
    model = Sequential()
    model.add(Dense(10, input_dim=X.shape[1], activation='relu'))
    model.add(Dropout(rate))
    model.add(Dense(6, activation='relu'))
    model.add(Dropout(rate))
    model.add(Dense(4, activation='relu'))
    model.add(Dropout(rate))
    model.add(Dense(1, activation='sigmoid'))
    model.compile(loss='binary_crossentropy', \
                  optimizer='sgd', metrics=['accuracy'])
    return model
```

（7）用 rate＝[0,0.1,0.2] 和 epoch ＝[50,100]，并在模型上执行 GridSearchCV()。使用 5 次交叉验证将模型与训练数据拟合，并输出整个网格的结果。

```python
"""
define a seed for random number generator so the result will be
reproducible
"""
np.random.seed(seed)
random.set_seed(seed)
# create the Keras wrapper with scikit learn
model = KerasClassifier(build_fn=build_model, verbose=0, shuffle=False)
# define all the possible values for each hyperparameter
rate = [0, 0.1, 0.2]
epochs = [50, 100]
batch_size = [20]
"""
create the dictionary containing all possible values of
hyperparameters
"""
param_grid = dict(rate=rate, epochs=epochs, batch_size=batch_size)
"""
perform 5-fold cross-validation for 10 randomly selected
combinations, store the results
"""
grid_seach = GridSearchCV(estimator=model, \
                          param_grid=param_grid, cv=5)
results_3 = grid_seach.fit(X, y)
```

```
# print the results for best cross-validation score
print("Best cross-validation score =", results_3.best_score_)
print("Parameters for Best cross-validation score =", \
      results_3.best_params_)

# print the results for the entire grid
accuracy_means = results_3.cv_results_['mean_test_score']
accuracy_stds = results_3.cv_results_['std_test_score']
parameters = results_3.cv_results_['params']
for p in range(len(parameters)):
    print("Accuracy %f (std %f) for params %r" % \
          (accuracy_means[p], accuracy_stds[p], parameters[p]))
```

预期输出如下。

```
Best cross-validation score= 0.7918504476547241
Parameters for Best cross-validation score= {'batch_size': 20,
'epochs': 100, 'rate': 0}
Accuracy 0.786769 (std 0.008255) for params {'batch_size': 20,
'epochs': 50, 'rate': 0}
Accuracy 0.764717 (std 0.007691) for params {'batch_size': 20,
'epochs': 50, 'rate': 0.1}
Accuracy 0.752637 (std 0.013546) for params {'batch_size': 20,
'epochs': 50, 'rate': 0.2}
Accuracy 0.791850 (std 0.008519) for params {'batch_size': 20,
'epochs': 100, 'rate': 0}
Accuracy 0.779291 (std 0.009504) for params {'batch_size': 20,
'epochs': 100, 'rate': 0.1}
Accuracy 0.767306 (std 0.005773) for params {'batch_size': 20,
'epochs': 100, 'rate': 0.2}
```

（8）使用 rate ＝[0.0，0.05，0.1]和 epoch ＝[100]重复步骤（5）。使用 5 次交叉验证将
模型与训练数据拟合，并输出整个网格的结果。

```
"""
define a seed for random number generator so the result will be
reproducible
"""
np.random.seed(seed)
random.set_seed(seed)
# create the Keras wrapper with scikit learn
model = KerasClassifier(build_fn=build_model, verbose=0, shuffle=False)
# define all the possible values for each hyperparameter
rate = [0.0, 0.05, 0.1]
epochs = [100]
batch_size = [20]
"""
create the dictionary containing all possible values of
hyperparameters
"""
param_grid = dict(rate=rate, epochs=epochs, batch_size=batch_size)
"""
perform 5-fold cross-validation for 10 randomly selected
combinations, store the results
"""
grid_seach = GridSearchCV(estimator=model, \
```

```
                                   param_grid=param_grid, cv=5)
results_4 = grid_seach.fit(X, y)

# print the results for best cross-validation score
print("Best cross-validation score =", results_4.best_score_)
print("Parameters for Best cross-validation score =", \
      results_4.best_params_)

# print the results for the entire grid
accuracy_means = results_4.cv_results_['mean_test_score']
accuracy_stds = results_4.cv_results_['std_test_score']
parameters = results_4.cv_results_['params']
for p in range(len(parameters)):
    print("Accuracy %f (std %f) for params %r" % \
          (accuracy_means[p], accuracy_stds[p], parameters[p]))
```

预期输出如下。

```
Best cross-validation score= 0.7862895488739013
Parameters for Best cross-validation score= {'batch_size': 20,
'epochs': 100, 'rate': 0.0}
Accuracy 0.786290 (std 0.013557) for params {'batch_size': 20,
'epochs': 100, 'rate': 0.0}
Accuracy 0.786098 (std 0.005184) for params {'batch_size': 20,
'epochs': 100, 'rate': 0.05}
Accuracy 0.772004 (std 0.013733) for params {'batch_size': 20,
'epochs': 100, 'rate': 0.1}
```

➡ **说明**：源代码网址为 https://packt.live/2D7HN0L，本节目前没有在线交互式示例，需要在本地运行。

◆ **实践 6.01** **改变训练/测试比例，计算神经网络的准确率和零精度**

在这个实践中，将看到零精度和准确率将会因为训练/测试数据集比例的改变而受到影响。为了实现这一点，定义训练/测试数据集比例的代码部分必须更改。使用与训练 6.02 相似的数据集。按照以下步骤完成此实践。

（1）导入所需的库。使用 Pandas 库的 read_csv 函数加载数据集，并查看数据集的前 5 行。

```
# Import the libraries
import numpy as np
import pandas as pd

# Load the Data
X = pd.read_csv("../data/aps_failure_training_feats.csv")
y = pd.read_csv("../data/aps_failure_training_target.csv")

# Use the head function to get a glimpse data
X.head()
```

上述代码输出如图 A.33 所示。

（2）将 test_size 和 random_state 分别从 0.20 改为 0.3，从 42 改为 13。

```
# Split the data into training and testing sets
from sklearn.model_selection import train_test_split
seed = 13
```

```
X_train, X_test, y_train, y_test = \
train_test_split(X, y, test_size=0.3, random_state=seed)
```

	aa_000	ab_000	ac_000	ad_000	ae_000	af_000	ag_000	ag_001	ag_002	ag_003	...	ee_002	ee_003	ee_004	ee_005	ee_006	ee_007
0	76698	0.0	2.130706e+09	280.0	0.0	0.0	0.0	0.0	0.0	0.0	...	1240520.0	493384.0	721044.0	469792.0	339156.0	157956.0
1	33058	0.0	0.000000e+00	0.0	0.0	0.0	0.0	0.0	0.0	0.0	...	421400.0	178064.0	293306.0	245416.0	133654.0	81140.0
2	41040	0.0	2.280000e+02	100.0	0.0	0.0	0.0	0.0	0.0	0.0	...	277378.0	159812.0	423992.0	409564.0	320746.0	158022.0
3	12	0.0	7.000000e+01	66.0	0.0	10.0	0.0	0.0	0.0	318.0	...	240.0	46.0	58.0	44.0	10.0	0.0
4	60874	0.0	1.368000e+03	458.0	0.0	0.0	0.0	0.0	0.0	0.0	...	622012.0	229790.0	405298.0	347188.0	286954.0	311560.0

5 rows × 170 columns

图 A.33　初始化数据集的前 5 行

◈ **说明**：如果使用不同的 random_state，可能会得到不同的训练/测试数据集比例，这可能会产生略有不同的最终结果。

（3）使用 StandardScaler 函数缩放数据，并使用缩放器缩放测试数据。将两者转换为 DataFrame。

```
# Initialize StandardScaler
from sklearn.preprocessing import StandardScaler
sc = StandardScaler()

# Transform the training data
X_train = sc.fit_transform(X_train)
X_train = pd.DataFrame(X_train, columns=X_test.columns)

# Transform the testing data
X_test = sc.transform(X_test)
X_test = pd.DataFrame(X_test, columns = X_train.columns)
```

◈ **说明**：sc.fit_transform()函数对数据进行转换，数据也被转换为 NumPy 数组。由于稍后可能需要将数据作为 DataFrame 对象进行分析，因此 pd.DataFrame()函数将数据重新转换为 DataFrame。

（4）导入构建神经网络架构所需的库。

```
# Import the relevant Keras libraries
from keras.models import Sequential
from keras.layers import Dense
from keras.layers import Dropout
from tensorflow import random
```

（5）初始化 Sequential 类。

```
# Initiate the Model with Sequential Class
np.random.seed(seed)
random.set_seed(seed)
model = Sequential()
```

（6）使用丢弃正则化向网络添加 5 个 Dense 层。第一个隐藏层大小为 64，丢弃率为 0.5；第二个隐藏层大小为 32，丢弃率为 0.4；第三个隐藏层大小为 16，丢弃率为 0.3；第四个隐藏层大小为 8，丢弃率为 0.2；最后一个隐藏层大小为 4，丢弃率为 0.1。将所有激活函数设置为 ReLU。

```
# Add the hidden dense layers and with dropout Layer
model.add(Dense(units=64, activation='relu', \
                kernel_initializer='uniform', \
                input_dim=X_train.shape[1]))
model.add(Dropout(rate=0.5))
model.add(Dense(units=32, activation='relu', \
                kernel_initializer='uniform', \
                input_dim=X_train.shape[1]))
model.add(Dropout(rate=0.4))
model.add(Dense(units=16, activation='relu', \
                kernel_initializer='uniform', \
                input_dim=X_train.shape[1]))
model.add(Dropout(rate=0.3))
model.add(Dense(units=8, activation='relu', \
                kernel_initializer='uniform', \
                input_dim=X_train.shape[1]))
model.add(Dropout(rate=0.2))
model.add(Dense(units=4, activation='relu', \
                kernel_initializer='uniform'))
model.add(Dropout(rate=0.1))
```

（7）使用 sigmoid 激活函数添加一个输出 Dense 层。

```
# Add Output Dense Layer
model.add(Dense(units=1, activation='sigmoid', \
                kernel_initializer='uniform'))
```

◆说明：因为输出是二进制的，所以用的是 sigmoid 函数。如果输出是多类（即多于两个类），则应该使用 softmax 功能。

（8）编译网络，拟合模型。这里使用的度量标准是 accuracy。

```
# Compile the Model
model.compile(optimizer='adam', loss='binary_crossentropy', \
              metrics=['accuracy'])
```

◆说明：度量名称（在例子中是 accuracy）在前面的代码中定义。

（9）将模型拟合为 100 个轮次，批量大小为 20，验证间隔为 0.2。

```
# Fit the Model
model.fit(X_train, y_train, epochs=100, batch_size=20, \
          verbose=1, validation_split=0.2, shuffle=False)
```

（10）评估测试数据集上的模型，并输出 loss 和 accuracy 的值。

```
test_loss, test_acc = model.evaluate(X_test, y_test)
print(f'The loss on the test set is {test_loss:.4f} and \
the accuracy is {test_acc*100:.4f}%')
```

上面的代码产生如下输出。

```
18000/18000 [==============================] - 0s 19us/step
The loss on the test set is 0.0766 and the accuracy is 98.9833%
```

该模型返回的准确率为 98.9833%。但这就足够好了吗？通过将其与零精度进行比较来得到这个问题的答案。

（11）现在，计算零精度。零精度可以使用 Pandas 库的 value_count 函数来计算，在本章训练 6.01 计算太平洋飓风数据集的零精度中使用了这个函数。

```
# Use the value_count function to calculate distinct class values
y_test['class'].value_counts()
```

上面的代码产生如下输出。

```
0      17700
1        300
Name: class, dtype: int64
```

（12）计算零精度。

```
# Calculate the null accuracy
y_test['class'].value_counts(normalize=True).loc[0]
```

上面的代码产生如下输出。

```
0.9833333333333333
```

➡️ 说明：源代码网址为 https://packt.live/3eY7y1E，在线运行代码网址为 https://packt.live/2BzBO4n。

◀◀◀ **实践 6.02**   **计算ROC曲线和AUC评分**

ROC 曲线和 AUC 评分是一种简便评价二元分类器性能的有效方法。在这个实践中，绘制 ROC 曲线，计算模型的 AUC 评分。使用与训练 6.03 相同的数据集训练相同的模型。继续使用相同的 APS 故障数据，绘制 ROC 曲线，并计算模型的 AUC 评分。按照以下步骤完成此实践。

（1）使用 Pandas 库的 read_csv 函数导入必要的库并加载数据。

```
# Import the libraries
import numpy as np
import pandas as pd


# Load the Data
X = pd.read_csv("../data/aps_failure_training_feats.csv")
y = pd.read_csv("../data/aps_failure_training_target.csv")
```

（2）使用 train_test_split 函数将数据拆分为训练数据集和测试数据集。

```
from sklearn.model_selection import train_test_split
seed = 42
X_train, X_test, y_train, y_test = \
train_test_split(X, y, test_size=0.20, random_state=seed)
```

（3）使用 StandardScaler 函数对特征数据进行缩放，使其均值为 0，标准差为 1。将训练数据中的标量拟合并应用于测试数据。

```
from sklearn.preprocessing import StandardScaler
sc = StandardScaler()

# Transform the training data
X_train = sc.fit_transform(X_train)
X_train = pd.DataFrame(X_train,columns=X_test.columns)

# Transform the testing data
X_test = sc.transform(X_test)
X_test = pd.DataFrame(X_test,columns=X_train.columns)
```

（4）导入创建模型所需的 Keras 库。实例化 Sequential 类的 Keras 模型，并向模型添加五个隐藏层，包括每一层的丢弃正则化。第一个隐藏层大小为 64，丢弃率为 0.5；第二个隐藏层大小为 32，丢弃率为 0.4；第三个隐藏层大小为 16，丢弃率为 0.3；第四个隐藏层大小为 8，丢弃率为 0.2；最后一个隐藏层大小为 4，丢弃率为 0.1。所有隐藏层都应该有 ReLU 激活函数，并设置 kernel_initializer = 'uniform'。使用 sigmoid 激活函数向模型添加最终输出层。通过计算训练过程中的准确率来编译模型。

```python
# Import the relevant Keras libraries
from keras.models import Sequential
from keras.layers import Dense
from keras.layers import Dropout
from tensorflow import random

np.random.seed(seed)
random.set_seed(seed)
model = Sequential()

# Add the hidden dense layers with dropout Layer
model.add(Dense(units=64, activation='relu', \
                kernel_initializer='uniform', \
                input_dim=X_train.shape[1]))
model.add(Dropout(rate=0.5))
model.add(Dense(units=32, activation='relu', \
                kernel_initializer='uniform'))
model.add(Dropout(rate=0.4))
model.add(Dense(units=16, activation='relu', \
                kernel_initializer='uniform'))
model.add(Dropout(rate=0.3))
model.add(Dense(units=8, activation='relu', \
           kernel_initializer='uniform'))
model.add(Dropout(rate=0.2))
model.add(Dense(units=4, activation='relu', \
                kernel_initializer='uniform'))
model.add(Dropout(rate=0.1))

# Add Output Dense Layer
model.add(Dense(units=1, activation='sigmoid', \
                kernel_initializer='uniform'))

# Compile the Model
model.compile(optimizer='adam', loss='binary_crossentropy', \
                metrics=['accuracy'])
```

（5）通过 batch_size=20 和 validation_split=0.2 对模型进行 100 个轮次的训练，使模型与训练数据相适应。

```python
model.fit(X_train, y_train, epochs=100, batch_size=20, \
          verbose=1, validation_split=0.2, shuffle=False)
```

（6）一旦模型完成了对训练数据的拟合，使用模型的 predict_proba 方法创建一个变量，该变量是模型对测试数据的预测结果。

```python
y_pred_prob = model.predict_proba(X_test)
```

（7）从 scikit-learn 中导入 roc_curve 并运行如下代码。

```
from sklearn.metrics import roc_curve
fpr, tpr, thresholds = roc_curve(y_test, y_pred_prob)
```

其中：

fpr＝假阳性率（1－特异性）。

tpr＝真阳性率（灵敏度）。

thresholds＝y_pred_prob 的阈值。

（8）运行以下代码，使用 matplotlib.pyplot 绘制 ROC 曲线。

```
import matplotlib.pyplot as plt
plt.plot(fpr, tpr)
plt.title("ROC Curve for APS Failure")
plt.xlabel("False Positive rate (1-Specificity)")
plt.ylabel("True Positive rate (Sensitivity)")
plt.grid(True)
plt.show()
```

图 A.34 显示了上述代码的输出。

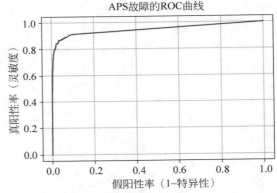

图 A.34　APS 故障数据集的 ROC 曲线

（9）使用 roc_auc_score 函数计算 AUC 分数。

```
from sklearn.metrics import roc_auc_score
roc_auc_score(y_test,y_pred_prob)
```

上述代码产生如下的输出。

```
0.944787151628455
```

AUC 得分为 94.4479％，根据上面显示的一般可接受的 AUC 得分，表明模型是优秀的。

◈说明：源代码网址为 https://packt.live/2NUOgyh，在线运行代码网址为 https://packt.live/2As33NH。

◢ **实践 7.01** **用多个卷积层和softmax层对模型进行修复**

有许多方法可以改进图像分类算法的性能，本次实践学习最直接的方法之一——向模型添加多个神经网络层。把 sigmoid 激活函数改为 softmax 激活函数。然后,将结果与前一训练的结果进行比较。按照以下步骤完成此实践。

（1）导入 NumPy 库和必要的 Keras 库和类。

```
# Import the Libraries
from keras.models import Sequential
from keras.layers import Conv2D, MaxPool2D, Flatten, Dense
import numpy as np
from tensorflow import random
```

（2）现在,用 Sequential 类初始化模型。

```
# Initiate the classifier
seed = 1
np.random.seed(seed)
random.set_seed(seed)
classifier=Sequential()
```

（3）添加 CNN 的第一层,设置输入形状为(64,64,3),设置每个图像的尺寸,设置激活函数为 ReLU。然后增加 32 个大小为(3,3)的特征检测器。增加两个卷积层,它们有 32 个大小为(3,3)的特征检测器,激活函数为 ReLU。

```
classifier.add(Conv2D(32,(3,3),input_shape=(64,64,3),\
              activation='relu'))
classifier.add(Conv2D(32,(3,3),activation = 'relu'))
classifier.add(Conv2D(32,(3,3),activation = 'relu'))
```

32,(3,3)表示有 32 个大小为 3×3 的特征检测器。作为练习,总是从 32 开始,以后可以添加 64 或 128。

（4）现在,添加图像大小为 2×2 的池化层。

```
classifier.add(MaxPool2D(pool_size=(2,2)))
```

（5）通过在 CNN 模型中添加一个扁平化层,将池化层的输出扁平化。

```
classifier.add(Flatten())
```

（6）添加人工神经网络的第一密集层。这里,128 是节点数的输出。作为练习,128 是一个开始。激活函数为 relu,2 的幂是首选的。

```
classifier.add(Dense(units=128,activation='relu'))
```

（7）在相同大小的 ANN 中再添加三层,大小为 128,激活函数为 ReLU。

```
classifier.add(Dense(128,activation='relu'))
classifier.add(Dense(128,activation='relu'))
classifier.add(Dense(128,activation='relu'))
```

（8）添加 ANN 的输出层。将 sigmoid 激活函数替换为 softmax 激活函数。

```
classifier.add(Dense(units=1,activation='softmax'))
```

（9）使用 Adam 优化器编译网络,并在训练过程中计算准确率。

```
# Compile The network
classifier.compile(optimizer='adam', loss='binary_crossentropy', \
                  metrics=['accuracy'])
```

（10）创建训练和测试数据生成器。将训练和测试图像重新缩放为 1/255，使所有值都在 0 和 1 之间。仅为训练数据生成器设置这些参数：shear_range＝0.2，zoom_range＝0.2，horizontal_flip＝True。

```
from keras.preprocessing.image import ImageDataGenerator

train_datagen = ImageDataGenerator(rescale = 1./255, \
                                   shear_range = 0.2, \
                                   zoom_range = 0.2, \
                                   horizontal_flip = True)

test_datagen = ImageDataGenerator(rescale = 1./255)
```

（11）从训练集文件夹创建一个训练集。'../dataset/training_set'是存放数据的文件夹。CNN 模型的图像大小是 64×64，所以这里也应该传递相同大小的图像。Batch_size 是单个批处理中的图像数量，为 32。研究二进制分类器时 class_mode 被设置为 binary。

```
training_set = \
train_datagen.flow_from_directory('../dataset/training_set', \
                                  target_size = (64, 64), \
                                  batch_size = 32, \
                                  class_mode = 'binary')
```

（12）对测试重复步骤（6），将文件夹设置为测试图像的位置，即'../dataset/test_set'。

```
test_set = \
test_datagen.flow_from_directory('../dataset/test_set', \
                                 target_size = (64, 64), \
                                 batch_size = 32, \
                                 class_mode = 'binary')
```

（13）最后，拟合数据。将 step_per_epoch 设置为 10000，将 validation_steps 设置为 2500，执行以下步骤可能需要一些时间。

```
classifier.fit_generator(training_set, steps_per_epoch = 10000, \
                         epochs = 2, validation_data = test_set, \
                         validation_steps = 2500, shuffle=False)
```

上面的代码产生如下输出。

```
Epoch 1/2
10000/10000 [==============================] - 2452s 245ms/step -
loss: 8.1783 - accuracy: 0.4667 - val_loss: 11.4999 - val_accuracy:
0.4695
Epoch 2/2
10000/10000 [==============================] - 2496s 250ms/step -
loss: 8.1726 - accuracy: 0.4671 - val_loss: 10.5416 - val_accuracy:
0.4691
```

注意，由于新的 softmax 激活函数，精度已经下降到 46.91%。

　　说明：源代码网址为 https://packt.live/3gj0TiA，在线运行代码网址为 https://packt.live/2VIDj7e。

实践 7.02　对另一个新图像进行分类

在这个实践中，尝试对另一个新图像进行分类，就像在前面的训练中所做的那样。图像没有暴露在算法中,所以使用这个实践来测试算法。可以运行本章中的任何一种算法(最高准确率的算法是首选),然后使用该模型对图像进行分类。按照以下步骤完成此实践。

(1) 运行本章中的一个算法。

(2) 加载并处理图像。'test_image_2.jpg'是测试图像的路径。在保存数据集的代码中更改路径。

```
from keras.preprocessing import image
new_image = \
image.load_img('../test_image_2.jpg', target_size = (64, 64))
new_image
```

(3) 可以使用以下代码查看类标签。

```
training_set.class_indices
```

(4) 通过使用 img_to_array 函数将图像转换为 NumPy 数组来处理图像。然后,使用 NumPy 的 expand_dims 函数沿着第 0 轴添加一个额外维度。

```
new_image = image.img_to_array(new_image)
new_image = np.expand_dims(new_image, axis = 0)
```

(5) 调用分类器的预测方法对新图像进行预测。

```
result = classifier.predict(new_image)
```

(6) 使用 class_indices 方法和 if…else 语句将预测的 0 或 1 输出映射到类标签。上面的代码产生如下输出。

```
It is a flower
```

Test_image_2 正是一朵花的图像,说明预测正确。

◆ 说明: 源代码网址为 https://pack.live/38ny95E,在线运行代码网址为 https://packt.live/2VIM4Ow。

实践 8.01　使用VGG16网络训练深度学习网络识别图像

使用 VGG16 网络预测给定的图像(test_image_1)。在开始之前,确保已经将图像(test_image_1)下载到工作目录。按照以下步骤完成此实践。

(1) 导入 NumPy 库和必要的 Keras 库。

```
import numpy as np
from keras.applications.vgg16 import VGG16, preprocess_input
from keras.preprocessing import image
```

(2) 初始化模型(注意,此时还可以查看网络的架构,如以下代码所示)。

```
classifier = VGG16()
classifier.summary()
```

classifier.summary()展示了网络的体系结构。需要注意的是。它有一个四维输入形状(None,224,224,3),还有三个卷积层。

输出的最后四层如图 A.35 所示。

(3) 加载图像。'../Data/Prediction/test_image_1.jpg'是图像在系统中的路径,在不同的

系统上路径是不同的。

```
new_image = \
image.load_img('../Data/Prediction/test_image_1.jpg', \
                target_size=(224, 224))
new_image
```

上述代码的输出如图 A.36 所示。

```
flatten (Flatten)         (None, 25088)        0

fc1 (Dense)               (None, 4096)         102764544

fc2 (Dense)               (None, 4096)         16781312

predictions (Dense)       (None, 1000)         4097000
=================================================================
Total params: 138,357,544
Trainable params: 138,357,544
Non-trainable params: 0

None
```

图 A.35 网络结构

图 A.36 摩托车的样本图像

目标大小应该是 224×224，因为 VGG16 只接受(224,224)。

（4）使用 img_to_array 函数将图像更改为数组。

```
transformed_image = image.img_to_array(new_image)
transformed_image.shape
```

上面的代码输出如下。

```
(224, 224, 3)
```

（5）对于 VGG16 来说，图像应该是四维的，以便进一步处理。

```
transformed_image = np.expand_dims(transformed_image, axis=0)
transformed_image.shape
```

上面的代码输出如下。

```
(1, 224, 224, 3)
```

（6）进行图像预处理。

```
transformed_image = preprocess_input(transformed_image)
transformed_image
```

上述代码的输出如图 A.37 所示。

（7）创建预测变量。

```
y_pred = classifier.predict(transformed_image)
y_pred
```

上述代码的输出如图 A.38 所示。

（8）检查图像的形状。应该是(1,1000)，正如前面提到的，ImageNet 数据集有 1000 个类别的图像。预测变量显示了图像成为这些图像之一的概率。

```
y_pred.shape
```

上面的代码输出如下。

```
array([[[[-6.3939003e+01, -7.4778999e+01, -7.3680000e+01],
         [-2.1939003e+01, -3.5778999e+01, -3.8680000e+01],
         [-6.3939003e+01, -7.3778999e+01, -8.2680000e+01],
         ...,
         [-6.0939003e+01, -1.3778999e+01, -3.1680000e+01],
         [-7.0939003e+01, -2.2778999e+01, -4.3680000e+01],
         [-4.9939003e+01, -2.7789993e+00, -2.0680000e+01]],

        [[-2.4939003e+01, -3.3778999e+01, -3.9680000e+01],
         [-2.4939003e+01, -3.7778999e+01, -4.4680000e+01],
         [-2.9939003e+01, -3.9778999e+01, -4.8680000e+01],
         ...,
         [-6.7939003e+01, -1.8778999e+01, -3.7680000e+01],
         [-6.9939003e+01, -1.9778999e+01, -4.2680000e+01],
         [-7.9939003e+01, -2.8778999e+01, -4.9680000e+01]],
```

图 A.37　图像预处理

```
array([[4.47333122e-07, 1.20946552e-07, 2.04147545e-06, 2.52621180e-06,
        6.90441425e-07, 7.73563841e-07, 2.69352967e-08, 9.62914100e-07,
        6.33308375e-08, 6.05552808e-09, 2.51603876e-08, 9.76482681e-08,
        9.47899537e-09, 4.40654730e-08, 4.79781761e-08, 1.10820743e-07,
        2.04076400e-07, 4.44985687e-07, 1.60248101e-06, 6.54645405e-08,
        9.36074329e-08, 2.09197353e-08, 1.36711648e-07, 6.79247250e-07,
        3.08072252e-08, 1.54558663e-07, 7.95182942e-09, 5.78766723e-09,
        1.74166360e-07, 1.18604691e-08, 7.84424614e-08, 2.26142323e-08,
        2.74102891e-08, 1.43111308e-07, 3.23035920e-06, 1.86695772e-07,
        5.57133092e-07, 3.49134872e-08, 1.87623090e-08, 1.51712968e-07,
        5.65604736e-08, 5.61646516e-08, 6.08605362e-08, 7.24316562e-09,
        2.91796027e-08, 1.61771148e-08, 4.54049882e-08, 1.36796743e-08,
        2.08325321e-08, 5.60503537e-08, 1.18806507e-07, 5.85347323e-07,
        6.61164279e-08, 3.45125919e-08, 4.91632761e-08, 4.12874961e-08,
        1.63845334e-06, 9.55561390e-08, 2.63248324e-07, 1.92033252e-08,
        2.32172539e-07, 2.96318120e-07, 1.38388089e-07, 1.73430777e-07,
        3.53732439e-08, 5.24874565e-07, 3.06662287e-08, 9.41523126e-08,
        6.36892707e-08, 5.16330516e-08, 1.57478812e-08, 8.49807691e-07,
        2.93759058e-07, 4.58372995e-07, 1.58948055e-07, 8.83325640e-07,
```

图 A.38　创建预测变量

```
(1, 1000)
```

（9）使用 decode_forecasts 函数输出图像前 5 个概率，并将预测变量 y_pred 的函数、预测的数量和相应的标签传递给输出。

```
from keras.applications.vgg16 import decode_predictions
decode_predictions(y_pred, top=5)
```

上面的代码输出如下。

```
[[('n03785016', 'moped', 0.8433369),
  ('n03791053', 'motor_scooter', 0.14188054),
  ('n03127747', 'crash_helmet', 0.007004856),
  ('n03208938', 'disk_brake', 0.0022349996),
  ('n04482393', 'tricycle', 0.0007717237)]]
```

数组的第一列是内部代码号，第二列是标签，第三列是图像成为标签的概率。

（10）将预测转换为人类可读的格式。从输出中提取最可能的标签，如下所示。

```
label = decode_predictions(y_pred)
"""
Most likely result is retrieved, for example, the highest probability
"""
decoded_label = label[0][0]
# The classification is printed
print('%s (%.2f%%)' % (decoded_label[1], decoded_label[2]*100 ))
```

上面的代码输出如下。

```
moped (84.33%)
```

在这里,可以看到网络以 84.33% 的概率识别出图像是一辆轻便摩托车,这与摩托车非常接近,代表了 ImageNet 数据集中的摩托车被标记为轻便摩托车。

🔊 **说明**:源代码网址为 https://packt.live/2C4nqRo,在线运行代码网址为 https://packt.live/31JMPL4。

◆ **实践 8.02**　**使用ResNet进行图像分类**

在这个实践中,使用另一个预训练的网络 ResNet。有一个位于"../Data/Prediction/test_image_4"的电视图像。使用 ResNet50 网络来预测图像。按照以下步骤完成。

(1) 导入 NumPy 库和必要的 Keras 库。

```
import numpy as np
from keras.applications.resnet50 import ResNet50, preprocess_input
from keras.preprocessing import image
```

(2) 初始化 ResNet50 模型并调用 summary 函数。

```
classifier = ResNet50()
classifier.summary()
```

classifier.summary()展示了网络的体系结构。输出的最后四层如图 A.39 所示。

add_16 (Add)	(None, 7, 7, 2048)	0	bn5c_branch2c[0][0] activation_46[0][0]
activation_49 (Activation)	(None, 7, 7, 2048)	0	add_16[0][0]
avg_pool (GlobalAveragePooling2	(None, 2048)	0	activation_49[0][0]
fc1000 (Dense)	(None, 1000)	2049000	avg_pool[0][0]

```
Total params: 25,636,712
Trainable params: 25,583,592
Non-trainable params: 53,120
```

图 A.39　输出的最后四层

🔊 **说明**:最后一层预测(density)有 1000 个值,这意味着 VGG16 总共有 1000 个标签,图像是这 1000 个标签中的一个。

(3) 加载图像。'../Data/Prediction/test_image_4.jpg'是图像在系统中的路径。在不同的系统上是不同的。

图 A.40　电视机的样本图像

```
new_image = \
image.load_img('../Data/Prediction/test_image_4.jpg', \
                target_size=(224, 224))
new_image
```

上述代码的输出,如图 A.40 所示。

目标大小应该是 224×224,因为 ResNet50 只接受大小为(224,224)。

(4) 使用 img_to_array 函数将图像更改为数组。

```
transformed_image = image.img_to_array(new_image)
transformed_image.shape
```

（5）对于 ResNet50 来说，图像必须是四维形式，以便对图像进一步处理。使用 expand_dims 函数沿第 0 轴扩展图像的尺寸。

```
transformed_image = np.expand_dims(transformed_image, axis=0)
transformed_image.shape
```

（6）使用 preprocess_input 函数对图像进行预处理。

```
transformed_image = preprocess_input(transformed_image)
transformed_image
```

（7）利用分类器创建预测变量，利用分类器的 predict 方法对图像进行预测。

```
y_pred = classifier.predict(transformed_image)
y_pred
```

（8）检查图像的形状。应该是(1,1000)。

```
y_pred.shape
```

上面的代码输出如下。

```
(1, 1000)
```

（9）选择使用 decode_forecasting 函数的图像所处位置前 5 个预测正确概率，传递预测变量 y_pred 作为参数，预测次数最多的图像和对应的标签。

```
from keras.applications.resnet50 import decode_predictions
decode_predictions(y_pred, top=5)
```

上面的代码输出如下。

```
[[('n04404412', 'television', 0.99673873),
  ('n04372370', 'switch', 0.0009829825),
  ('n04152593', 'screen', 0.00095111143),
  ('n03782006', 'monitor', 0.0006477369),
  ('n04069434', 'reflex_camera', 8.5398955e-05)]]
```

数组的第一列是内部代码号，第二列是标签，第三列是图像与标签匹配的概率。

（10）用可读的格式进行预测。从 decode_forecasts 函数结果的输出中输出最有可能的标签。

```
label = decode_predictions(y_pred)
"""
Most likely result is retrieved, for example,
the highest probability
"""
decoded_label = label[0][0]
# The classification is printed
print('%s (%.2f%%)' % (decoded_label[1], decoded_label[2]*100 ))
```

上面的代码产生如下输出。

```
television (99.67%)
```

❖ 说明：源代码网址为 https://packt.live/38rEe0M，在线运行代码网址为 https://packt.live/2YV5xxo。

◆ 实践 9.01　**使用50个单元（神经元）的LSTM预测亚马逊股价趋势**

在这个实践中，考察亚马逊过去 5 年的股价，从 2014 年 1 月 1 日到 2018 年 12 月 31 日。

尝试使用 RNN 和 LSTM 来预测该公司 2019 年 1 月的趋势。有 2019 年 1 月的实际值,所以可以稍后将预测值与实际值进行比较。按照以下步骤完成此实践。

(1) 导入所需的库。

```
import numpy as np
import matplotlib.pyplot as plt
import pandas as pd
from tensorflow import random
```

(2) 使用 Pandas 库的 read_csv 函数导入数据集,使用 head 方法查看数据集的前 5 行。

```
dataset_training = pd.read_csv('../AMZN_train.csv')
dataset_training.head()
```

上述代码的输出如图 A.41 所示。

	Date	Open	High	Low	Close	Adj Close	Volume
0	2014-01-02	398.799988	399.359985	394.019989	397.970001	397.970001	2137800
1	2014-01-03	398.290009	402.709991	396.220001	396.440002	396.440002	2210200
2	2014-01-06	395.850006	397.000000	388.420013	393.630005	393.630005	3170600
3	2014-01-07	395.040009	398.470001	394.290009	398.029999	398.029999	1916000
4	2014-01-08	398.470001	403.000000	396.040009	401.920013	401.920013	2316500

图 A.41 数据集的前 5 行

(3) 使用 Open 股价进行预测。因此,从数据集中选择 Open 股价列并输出值。

```
training_data = dataset_training[['Open']].values
training_data
```

上面的代码产生如下输出。

```
array([[ 398.799988],
       [ 398.290009],
       [ 395.850006],
       ...,
       [1454.199951],
       [1473.349976],
       [1510.800049]])
```

(4) 然后,使用 MinMaxScaler 对数据进行规范化,并设置特征的范围,使其最小值为 0,最大值为 1,从而执行特征缩放。对训练数据使用缩放的 fit_transform 方法。

```
from sklearn.preprocessing import MinMaxScaler
sc = MinMaxScaler(feature_range = (0, 1))
training_data_scaled = sc.fit_transform(training_data)

training_data_scaled
```

上面的代码产生如下输出。

```
array([[0.06523313],
       [0.06494233],
       [0.06355099],
       ...,
       [0.66704299],
       [0.67796271],
       [0.69931748]])
```

（5）从当前实例获得 60 个时间戳创建数据。选择 60 个数据足以了解趋势；从技术上讲，这可以是任何数字，但 60 是最优值。此外，这里的上界值是 1258，是训练集中的行（或记录）的索引或计数。

```
X_train = []
y_train = []
for i in range(60, 1258):
    X_train.append(training_data_scaled[i-60:i, 0])
    y_train.append(training_data_scaled[i, 0])
X_train, y_train = np.array(X_train), np.array(y_train)
```

（6）使用 NumPy 的 reshape 函数对数据进行重塑，以便在 X_train 的末尾添加额外的维度。

```
X_train = np.reshape(X_train, (X_train.shape[0], \
                     X_train.shape[1], 1))
```

（7）导入以下库构建 RNN。

```
from keras.models import Sequential
from keras.layers import Dense, LSTM, Dropout
```

（8）设置 seed 并初始化序列模型，如下所示。

```
seed = 1
np.random.seed(seed)
random.set_seed(seed)
model = Sequential()
```

（9）向网络添加一个具有 50 个单元的 LSTM 层，将 return_sequences 参数设置为 True，并将 input_shape 参数设置为（X_train. shape[1], 1），添加三个额外的 LSTM 层，每个层有 50 个单元，并将前两个的 return_sequences 参数设置为 True。添加一个大小为 1 的最终输出层。

```
model.add(LSTM(units = 50, return_sequences = True, \
          input_shape = (X_train.shape[1], 1)))

# Adding a second LSTM layer
model.add(LSTM(units = 50, return_sequences = True))

# Adding a third LSTM layer
model.add(LSTM(units = 50, return_sequences = True))

# Adding a fourth LSTM layer
model.add(LSTM(units = 50))

# Adding the output layer
model.add(Dense(units = 1))
```

（10）用 adam 优化器编译网络，并使用均方误差来弥补损失。将模型与 100 个轮次的训练数据拟合，批处理大小为 32。

```
# Compiling the RNN
model.compile(optimizer = 'adam', loss = 'mean_squared_error')

# Fitting the RNN to the Training set
model.fit(X_train, y_train, epochs = 100, batch_size = 32)
```

（11）加载并处理测试数据（此处将测试数据作为实际数据），选择表示 Open 股票数据值的列。

```
dataset_testing = pd.read_csv('../AMZN_test.csv')
actual_stock_price = dataset_testing[['Open']].values
actual_stock_price
```

（12）将数据连接起来，因为需要 60 个先例来获得每天的股价，所以需要训练数据和测试数据。

```
total_data = pd.concat((dataset_training['Open'], \
                        dataset_testing['Open']), axis = 0)
```

（13）重塑并缩放输入图像来准备测试数据。预测的是 1 月份的趋势，其中有 21 个财务日，因此为了准备测试集，取下限为 60，上限为 81，确保有 21 的差值。

```
inputs = total_data[len(total_data) \
         - len(dataset_testing) - 60:].values
inputs = inputs.reshape(-1,1)
inputs = sc.transform(inputs)
X_test = []
for i in range(60, 81):
    X_test.append(inputs[i-60:i, 0])
X_test = np.array(X_test)
X_test = np.reshape(X_test, (X_test.shape[0], \
                             X_test.shape[1], 1))
predicted_stock_price = model.predict(X_test)
predicted_stock_price = \
sc.inverse_transform(predicted_stock_price)
```

（14）通过绘制实际股价和预测股价来可视化结果。

```
# Visualizing the results
plt.plot(actual_stock_price, color = 'green', \
         label = 'Real Amazon Stock Price',ls='--')
plt.plot(predicted_stock_price, color = 'red', \
         label = 'Predicted Amazon Stock Price',ls='-')
plt.title('Predicted Stock Price')
plt.xlabel('Time in days')
plt.ylabel('Real Stock Price')
plt.legend()
plt.show()
```

注意，预测结果可能与亚马逊的实际股价略有不同，如图 A.42 所示。

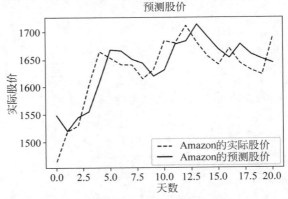

图 A.42 实际股价与预测股价的对比

由图 A.42 可知,预测价格和实际价格的趋势几乎是相同的,这条线有相同的波峰和波谷。LSTM 有记忆排序数据的能力,传统的前馈神经网络无法预测这一结果,这就是 LSTM 和 RNN 的真正力量。

◆ 说明:源代码网址为 https://packt.live/3goQO3I,在线运行代码网址为 https://packt.live/2VIMq7O。

实践 9.02 通过添加正则化预测亚马逊股价

这个实践研究亚马逊过去 5 年的股价,从 2014 年 1 月 1 日到 2018 年 12 月 31 日。为此,使用 RNN 和 LSTM 来预测该公司 2019 年 1 月的股票趋势。有 2019 年 1 月的实际值,所以可以将预测值与实际值进行比较。最初,使用带有 50 个单元(或神经元)的 LSTM 来预测亚马逊股价的趋势。在这个实践中,添加丢弃正则化,并将结果与实践 9.01 进行比较。按照以下步骤完成此实践。

(1)导入库。

```
import numpy as np
import matplotlib.pyplot as plt
import pandas as pd
from tensorflow import random
```

(2)使用 Pandas 库的 read_csv 函数导入数据集,使用 head 方法查看数据集的前 5 行。

```
dataset_training = pd.read_csv('../AMZN_train.csv')
dataset_training.head()
```

(3)使用 Open 股价进行预测,因此从数据集中选择 Open 股价列并打印值。

```
training_data = dataset_training[['Open']].values
training_data
```

上面的代码产生如下输出。

```
array([[ 398.799988],
       [ 398.290009],
       [ 395.850006],
       ...,
       [1454.199951],
       [1473.349976],
       [1510.800049]])
```

(4)使用 MinMaxScaler 对数据进行规范化,并设置特征范围,使其最小值为 0,最大值为 1,再执行特征缩放。对训练数据使用缩放的 fit_transform 方法。

```
from sklearn.preprocessing import MinMaxScaler
sc = MinMaxScaler(feature_range = (0, 1))
training_data_scaled = sc.fit_transform(training_data)

training_data_scaled
```

上面的代码产生如下输出。

```
array([[0.06523313],
       [0.06494233],
       [0.06355099],
```

```
...,
[0.66704299],
[0.67796271],
[0.69931748]])
```

（5）从当前实例获得 60 个时间戳创建数据。选择 60 个先例就足以理解趋势；从技术上讲，这可以是任何数字，但 60 是最优值。这里的上界值是 1258，它是训练集中的行（或记录）的索引或计数。

```
X_train = []
y_train = []
for i in range(60, 1258):
    X_train.append(training_data_scaled[i-60:i, 0])
    y_train.append(training_data_scaled[i, 0])
X_train, y_train = np.array(X_train), np.array(y_train)
```

（6）使用 NumPy 的 reshape 函数对数据进行重塑，以便在 X_train 的末尾添加额外的维度。

```
X_train = np.reshape(X_train, (X_train.shape[0], \
                               X_train.shape[1], 1))
```

（7）导入以下 Keras 库来构建 RNN。

```
from keras.models import Sequential
from keras.layers import Dense, LSTM, Dropout
```

（8）设置 seed 并初始化顺序模型，如下所示。

```
seed = 1
np.random.seed(seed)
random.set_seed(seed)
model = Sequential()
```

（9）向网络添加一个具有 50 个单元的 LSTM 层，将 return_sequences 参数设置为 True，并将 input_shape 参数设置为（X_train. shape[1]，1）。添加丢弃正则化到模型，rate＝0.2。添加另外三个 LSTM 层，每个层有 50 个单元，并将前两个的 return_sequences 参数设置为 True。在每一层 LSTM 之后，添加一个丢弃正则化，rate＝0.2。添加一个大小为 1 的最终输出层。

```
model.add(LSTM(units = 50, return_sequences = True, \
               input_shape = (X_train.shape[1], 1)))
model.add(Dropout(0.2))

# Adding a second LSTM layer and some Dropout regularization
model.add(LSTM(units = 50, return_sequences = True))
model.add(Dropout(0.2))

# Adding a third LSTM layer and some Dropout regularization
model.add(LSTM(units = 50, return_sequences = True))
model.add(Dropout(0.2))

# Adding a fourth LSTM layer and some Dropout regularization
model.add(LSTM(units = 50))
model.add(Dropout(0.2))

# Adding the output layer
model.add(Dense(units = 1))
```

（10）用 adam 优化器编译网络，并使用均方误差来弥补损失。将模型与 100 个轮次的训练数据拟合，批处理大小为 32。

```
# Compiling the RNN
model.compile(optimizer = 'adam', loss = 'mean_squared_error')

# Fitting the RNN to the Training set
model.fit(X_train, y_train, epochs = 100, batch_size = 32)
```

（11）加载并处理测试数据（此处将测试数据作为实际数据），选择表示 Open 股票数据值的列。

```
dataset_testing = pd.read_csv('../AMZN_test.csv')
actual_stock_price = dataset_testing[['Open']].values
actual_stock_price
```

（12）将数据连接起来，因为需要 60 个先例来获得每天的股价，所以需要训练数据和测试数据。

```
total_data = pd.concat((dataset_training['Open'], \
                        dataset_testing['Open']), axis = 0)
```

（13）重塑并缩放输入图像，以准备测试数据。预测的是 1 月份的趋势，其中有 21 个财务日，因此为了准备测试集，取下限为 60，上限为 81，确保有 21 的差值。

```
inputs = total_data[len(total_data) \
        - len(dataset_testing) - 60:].values
inputs = inputs.reshape(-1,1)
inputs = sc.transform(inputs)
X_test = []
for i in range(60, 81):
    X_test.append(inputs[i-60:i, 0])
X_test = np.array(X_test)
X_test = np.reshape(X_test, (X_test.shape[0], \
                             X_test.shape[1], 1))
predicted_stock_price = model.predict(X_test)
predicted_stock_price = \
sc.inverse_transform(predicted_stock_price)
```

（14）通过绘制实际股价和预测股价来可视化结果。

```
# Visualizing the results
plt.plot(actual_stock_price, color = 'green', \
        label = 'Real Amazon Stock Price',ls='--')
plt.plot(predicted_stock_price, color = 'red', \
        label = 'Predicted Amazon Stock Price',ls='-')
plt.title('Predicted Stock Price')
plt.xlabel('Time in days')
plt.ylabel('Real Stock Price')
plt.legend()
plt.show()
```

结果可能与实际股价略有不同，如图 A.43 所示。

在图 A.44 中，第一个曲线显示了来自实践 9.02 的预测输出，第二个曲线显示了来自实践 9.01 的预测输出，由此可知，是否添加正则化并不能准确地拟合数据。因此，这种情况下，最好不要使用正则化或者丢弃率更低的丢弃正则化。

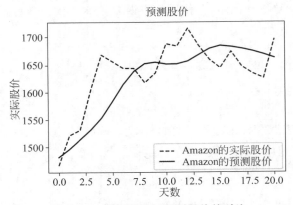

图 A.43   实际股价与预测股价的对比

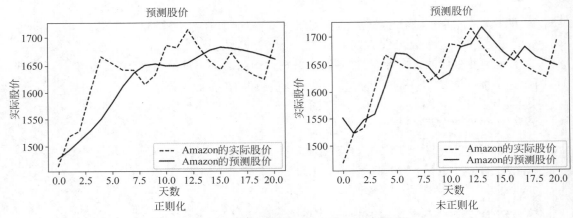

图 A.44   比较实践 **9.01** 和实践 **9.02** 的结果

说明：源代码网址为 https://packt.live/2YTpxR7。在线运行代码网址为 https://packt.live/3dY5Bku。

实践 9.03   使用100个单元(神经元)的LSTM预测亚马逊股价趋势

这个实践研究了亚马逊从 2014 年 1 月 1 日到 2018 年 12 月 31 日的股价。使用具有 4 个 LSTM 层(每个层 100 个单元)的 RNN 来预测该公司 2019 年 1 月的股价趋势。有 2019 年 1 月的实际值,所以可以将预测值与实际值进行比较。还可以将输出值与实践 9.01 进行比较。按照以下步骤完成此实践。

(1) 导入所需的库。

```
import numpy as np
import matplotlib.pyplot as plt
import pandas as pd
from tensorflow import random
```

(2) 使用 Pandas 库的 read_csv 函数导入数据集,使用 head 方法查看数据集的前 5 行。

```
dataset_training = pd.read_csv('../AMZN_train.csv')
dataset_training.head()
```

（3）使用 Open 股价进行预测，从数据集中选择 Open 股价列并输出值。

```
training_data = dataset_training[['Open']].values
training_data
```

（4）使用 MinMaxScaler 对数据进行规范化，并设置特征的范围，使其最小值为 0，最大值为 1，从而执行特征缩放。对训练数据使用缩放的 fit_transform 方法。

```
from sklearn.preprocessing import MinMaxScaler
sc = MinMaxScaler(feature_range = (0, 1))
training_data_scaled = sc.fit_transform(training_data)
training_data_scaled
```

（5）以当前实例获得 60 个时间戳创建数据。选择 60 个先例就足以理解趋势；从技术上讲，这可以是任何数字，但 60 是最优值。这里的上界值是 1258，它是训练集中的行（或记录）的索引或计数。

```
X_train = []
y_train = []
for i in range(60, 1258):
    X_train.append(training_data_scaled[i-60:i, 0])
    y_train.append(training_data_scaled[i, 0])
X_train, y_train = np.array(X_train), np.array(y_train)
```

（6）使用 NumPy 的 reshape 函数对数据进行重塑，以便在 X_train 的末尾添加额外的维度。

```
X_train = np.reshape(X_train, (X_train.shape[0], \
                               X_train.shape[1], 1))
```

（7）导入以下 Keras 库来构建 RNN。

```
from keras.models import Sequential
from keras.layers import Dense, LSTM, Dropout
```

（8）设置 seed 并初始化序列模型。

```
seed = 1
np.random.seed(seed)
random.set_seed(seed)
model = Sequential()
```

（9）向网络添加一个具有 100 个单元的 LSTM 层，将 return_sequences 参数设置为 True，并将 input_shape 参数设置为（X_train.shape[1], 1）。添加三个额外的 LSTM 层，每个层有 100 个单元，并将前两个的 return_sequences 参数设置为 True。添加一个大小为 1 的最终输出层。

```
model.add(LSTM(units = 100, return_sequences = True, \
               input_shape = (X_train.shape[1], 1)))

# Adding a second LSTM layer
model.add(LSTM(units = 100, return_sequences = True))

# Adding a third LSTM layer
model.add(LSTM(units = 100, return_sequences = True))
```

```
# Adding a fourth LSTM layer
model.add(LSTM(units = 100))

# Adding the output layer
model.add(Dense(units = 1))
```

（10）用 adam 优化器编译网络，并使用均方误差来弥补损失。将模型与 100 个轮次的训练数据拟合，批处理大小为 32。

```
# Compiling the RNN
model.compile(optimizer = 'adam', loss = 'mean_squared_error')

# Fitting the RNN to the Training set
model.fit(X_train, y_train, epochs = 100, batch_size = 32)
```

（11）加载并处理测试数据（将测试数据作为实际数据），选择表示 Open 股票数据值的列。

```
dataset_testing = pd.read_csv('../AMZN_test.csv')
actual_stock_price = dataset_testing[['Open']].values
actual_stock_price
```

（12）将数据连接起来，因为需要 60 个以前的实例来获得每天的股价，所以需要训练数据和测试数据。

```
total_data = pd.concat((dataset_training['Open'], \
                        dataset_testing['Open']), axis = 0)
```

（13）重塑并缩放输入，以测试数据。预测的是 1 月份的趋势，其中有 21 个财务日，因此为了准备测试集，取下限为 60，上限为 81，确保有 21 的差值。

```
inputs = total_data[len(total_data) \
         - len(dataset_testing) - 60:].values
inputs = inputs.reshape(-1,1)
inputs = sc.transform(inputs)
X_test = []
for i in range(60, 81):
    X_test.append(inputs[i-60:i, 0])
X_test = np.array(X_test)
X_test = np.reshape(X_test, (X_test.shape[0], \
                             X_test.shape[1], 1))
predicted_stock_price = model.predict(X_test)
predicted_stock_price = \
sc.inverse_transform(predicted_stock_price)
```

（14）通过绘制实际股价和预测股价来可视化结果。

```
plt.plot(actual_stock_price, color = 'green', \
        label = 'Actual Amazon Stock Price',ls='--')
plt.plot(predicted_stock_price, color = 'red', \
        label = 'Predicted Amazon Stock Price',ls='-')
plt.title('Predicted Stock Price')
plt.xlabel('Time in days')
plt.ylabel('Real Stock Price')
plt.legend()
plt.show()
```

结果可能与实际股价略有不同，如图 A.45 所示。

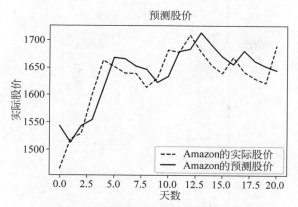

图 A.45　实际股价与预测股价的对比

50 个单元的 LSTM 和 100 个单元的 LSTM 的比较结果如图 A.46 所示。另外,运行 100 个单元的 LSTM 时,计算时间比 50 个单元的 LSTM 要多。在这种情况下,需要考虑权衡。

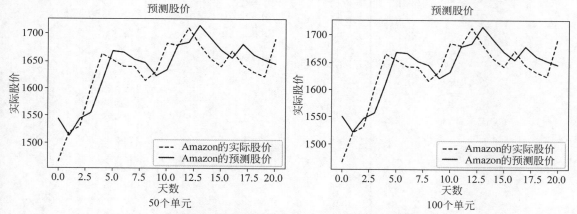

图 A.46　用 50 个单元和 100 个单元比较实际股价和预测股价

◆ 说明:源代码网址为 https://packt.live/31NQkQy,在线运行代码网址为 https://packt.live/2ZCZ4GR。